低碳水泥生产技术

赵洪义　李兰勇　编著

中国建材工业出版社

图书在版编目（CIP）数据

低碳水泥生产技术/赵洪义，李兰勇编著．--北京：中国建材工业出版社，2022.2
ISBN 978-7-5160-3349-4

Ⅰ.①低… Ⅱ.①赵…②李… Ⅲ.①水泥—节能—生产工艺 Ⅳ.①TQ172.6

中国版本图书馆 CIP 数据核字（2021）第 232022 号

内 容 提 要

本书介绍了在水泥企业先进工艺装备基础上通过水泥工艺外加剂技术实现水泥低碳生产的技术，重点介绍了几种常用的水泥工艺外加剂技术，如水泥矿化剂、水泥生料速烧剂、水泥助磨剂、水泥激发剂等。在水泥粉磨系统中利用水泥外加剂，可以提高磨机产量，降低粉磨电耗，减少水泥熟料用量，增加混合材料用量，降低水泥成本，改善水泥性能，合成包括部分特种水泥在内的绿色高性能系列水泥。水泥烧成系统利用水泥外加剂技术，能够提高熟料产量、质量，降低能耗，减少有害气体 CO_2、NO_x、SO_2 的排放。此外，本书对替代原料、燃料、材料以及碳捕集技术进行了探讨，分析如何在不增加固定资产投资、不改变生产工艺的情况下，实现低碳水泥的生产。通过水泥工艺外加剂技术生产低碳水泥对水泥工业碳减排具有重大意义。

本书可供从事水泥与混凝土生产行业的科学研究人员与工程技术人员使用，亦可作为无机非金属材料科学与工程专业本科生、研究生的教材。

低碳水泥生产技术
Ditan Shuini Shengchan Jishu
赵洪义　李兰勇　编著

出版发行　中国建材工业出版社
地　　址：北京市海淀区三里河路 1 号
邮　　编：100044
经　　销：全国各地新华书店
印　　刷：北京雁林吉兆印刷有限公司
开　　本：787mm×1092mm　1/16
印　　张：13.75
字　　数：330 千字
版　　次：2022 年 2 月第 1 版
印　　次：2022 年 2 月第 1 次
定　　价：**98.00 元**

序　言

2030 年实现碳达峰，2060 年实现碳中和，这是我国向全世界发出的庄严承诺，也是我国的国家发展战略，必将引起我国产业结构的深度调整。我国水泥产量自 1985 年以来连续多年居世界第一位，2019 年产量为 23.5 亿吨，占世界水泥总产量的 57.3%；2020 年产量为 23.77 亿吨，占世界水泥总产量的 59.3%。我国水泥工业碳排放量占世界碳排放量的 7%，占我国工业碳排放量的 12%。在水泥熟料生产中，CO_2 的排放 60% 来自石灰石中碳酸盐的分解，30% 来自燃料的燃烧排放，10% 来自电力消耗的间接排放。随着人们对能源、资源和生态环境的日益重视，世界各国对节能减排、降低环境负荷的水泥生产技术做了大量研究。我国在该领域的研究更加活跃。低碳水泥的研究和生产可归纳为如下几种：

一是在水泥熟料制备时降低 CO_2 的排放。其一是少用碳酸盐矿物，即配料时少用石灰石；其二是节约煤炭；其三是节约电耗。

二是在水泥制备过程中，除先进工艺装备外，利用水泥助磨剂技术，同等情况下，减少水泥熟料用量，多使用工业固体废弃物，可节约电耗、降低 CO_2 的排放。

三是在熟料制备中采取降低 CO_2 排放的技术措施，主要有以下三种技术：

1. 利用多功能外加剂技术，可提高熟料产量 10% 以上，降低电耗 10% 以上，提高熟料 3d、28d 强度 10% 以上，降低煤耗 10% 以上，进而降低 CO_2 的排放，提高熟料强度；也可在水泥粉磨时，利用更少的熟料，进一步降低 CO_2 的排放。

2. 在熟料制备中，通过熟料矿物组合设计，减少石灰石用量，制备特种水泥熟料，如高贝利特水泥、硫铝酸盐水泥、贝利特硫铝酸盐水泥、铁铝酸盐水泥等熟料，降低石灰石用量，节约能耗，降低 CO_2 的排放；同时，应用多功能复合外加剂技术，进一步提高熟料产量、降低电耗，提高熟料强度，降低煤耗，进而降低 CO_2 的排放。在水泥粉磨中利用外加剂技术可进一步降低熟料用量，降低电耗，大幅度降低 CO_2 的排放。

3. 利用替代燃料，降低 CO_2 的排放。

四是利用高细粉磨技术、工业废渣优化组合技术、水泥外加剂技术等生产少熟料或无熟料水泥，如砌筑水泥、无熟料装饰水泥、石膏矿渣水泥、碱-矿渣水泥、地聚物水泥、聚合物水泥等，可大大降低 CO_2 排放。

五是碳捕集技术。海螺集团已在其水泥厂成功形成 5 万吨/年工业示范案例，从此 CO_2 捕集技术在水泥工业拉开序幕。捕集后的 CO_2 深加工，可生产干冰、纳米

$CaCO_3$、碳酸甘油酯等产品，具有广阔的前景。

六是碳交易。上海碳交易市场的建立必将极大地推动各行各业碳减排技术的发展，有利于促进碳达峰和碳中和任务的完成。

通过各方努力，水泥工业碳达峰和碳中和的目标会早日实现，水泥工业的明天会更好！

本书编写过程中参考了一些专家学者的相关著作，在此表示衷心的感谢，同时感谢中国建材工业出版社对本书出版的大力支持。由于编者水平有限，书中不足之处在所难免，请广大读者批评指正。

安徽海螺新材料科技有限公司副董事长

目 录

第一章 低碳水泥概述

2030年碳达峰和2060年碳中和是我国对世界的庄严承诺,亦是我国的发展战略,必将引起我国经济结构的深度调整。水泥工业是国民经济发展的重要基础材料产业,我国水泥产量多年来居世界第一位,占世界水泥总产量近60%,其中,CO_2排放量占全球排放总量的7%,占我国工业CO_2总排放量的12%,所以水泥工业节能减排、低碳发展是必由之路。

一、水泥生产CO_2排放的来源

(1)水泥生产原料石灰石中碳酸盐($CaCO_3$和$MgCO_3$)分解产生CO_2,约占水泥生产CO_2排放量的60%。

(2)水泥生产过程中所用燃料(窑的烧成和烘干用煤)燃烧产生CO_2,约占水泥生产CO_2排放量的30%。

(3)水泥生产过程中所消耗的全部电能,折算成火力发电煤耗,所产生的CO_2约占水泥生产CO_2排放量的10%。

二、降低CO_2排放的技术措施

(1)提高水泥生产能效,即节煤、节电技术应用。

(2)水泥生产中替代石灰质原料和燃料的利用技术应用。

(3)采用水泥外加剂和高细粉磨技术,降低熟料系数,节约熟料用量,提高工业固体废弃物用量,调整水泥品种。

(4)利用多功能外加剂技术生产节能低碳水泥。一是常规情况下,利用多功能生料速烧剂技术,提高熟料强度、产量,节约煤耗、电耗,进而减少CO_2排放;二是利用多功能生料速烧剂技术生产低碳特种水泥,如高贝利特水泥、硫铝酸盐水泥、地聚物水泥等。

三、CO_2排放限额及计算方法

(一)CO_2排放限额

(1)以《环境标志产品技术要求·水泥》(HJ 2519—2012)认证标准中的熟料和水泥CO_2排放限量标准为依据,确定水泥产品是否为低碳水泥。本标准将单位水泥熟料CO_2排放量暂定为不超过840kg/t。

(2)通用硅酸盐水泥单位产品CO_2排放量限值如表1-1-1所示。

表 1-1-1　通用硅酸盐水泥单位产品 CO_2 排放量限值

品种	代号	熟料＋石膏含量（%）	强度等级	单位产品 CO_2 排放量限值（kg/t）
硅酸盐水泥	P·Ⅰ P·Ⅱ	100 ≥95	42.5	≤700
			42.5R	≤705
			52.5	≤740
			52.5R	≤745
			62.5	≤780
			62.5R	≤785
普通硅酸盐水泥	P·O	≥80且<95	42.5	≤620
			42.5R	≤625
			52.5	≤735
			52.5R	≤740
矿渣硅酸盐水泥	P·S·A P·S·B	≥50且<80 ≥30且<50	32.5	≤260
			32.5R	≤265
			42.5	≤420
			42.5R	≤425
			52.5	≤580
			52.5R	≤585
火山灰质硅酸盐水泥	P·P	≥60且<80	32.5	≤460
			32.5R	≤465
			42.5	≤540
			42.5R	≤545
			52.5	≤620
			52.5R	≤625
粉煤灰硅酸盐水泥	P·F	≥60且<80	32.5	≤460
			32.5R	≤465
			42.5	≤540
			42.5R	≤545
			52.5	≤620
			52.5R	≤625
复合硅酸盐水泥	P·C	≥50且<80	42.5	≤500
			42.5R	≤505
			52.5	≤620
			52.5R	≤625

（3）其他特种水泥或新品种水泥 CO_2 排放限额，参考上述通用水泥最低值。

（4）所有通过技术或管理手段使单位产品 CO_2 排放量低于限额排放标准的水泥，都可叫低碳水泥。

（二）水泥生产 CO_2 排放标准计算方法

以即将颁布的国家标准《水泥生产企业二氧化碳排放量计算方法》为依据统一计算。水泥生产中 CO_2 排放理论计算实例如下：

在水泥生产过程中，CO_2 气体主要由水泥窑和烘干机设备排放，应从三个方面分析计算：

（1）在水泥窑中排放的 CO_2 气体，来源之一为水泥原料中的碳酸盐分解。目前，国内生产的水泥产品 95％是通用硅酸盐水泥，主要原料为石灰石。水泥熟料中，CaO 约占 65％，根据化学反应方程式（$CaCO_3 \longrightarrow CaO + CO_2$）可知，每生成一份质量的 CaO，同时生成 0.7857 份质量的 CO_2。所以，每生产 1 吨熟料，就生成 0.511 吨 CO_2。

（2）在水泥生产过程中，CO_2 排放的另一个重要来源是燃料燃烧。很明显，燃料燃烧产生的 CO_2 与燃煤的热值和数量有关。水泥厂用的燃煤热值一般为 22000kJ/kg，约含有 65％的固定碳，根据化学反应方程式（$C + O_2 \longrightarrow CO_2$）可知，碳完全燃烧时，1 吨煤产生 2.38 吨 CO_2；水泥生产过程中所用燃煤分为熟料煅烧和原料烘干用燃煤。熟料煅烧煤耗与工艺设备和煅烧方法有关，新型干法水泥生产 1 吨熟料用煤量约为 0.141 吨。按每生产 1 吨熟料需烘干 0.5 吨左右原料计算，1 吨熟料烘干用煤约 0.02 吨。可见生产 1 吨熟料大约需要燃烧 0.161 吨燃煤，所产生的 CO_2 约为 0.383 吨。

（3）水泥生产过程中所消耗的全部电能，折算成火力发电等量煤耗，燃煤所产生的 CO_2，谓之"间接"排放。每节约 1 度电相当于减少燃烧 0.4kg 标准煤，减排 0.997kgCO_2。国内新型干法水泥厂每生产 1 吨熟料平均耗电 80 度，可折算成 0.08 吨 CO_2 排放。

总计三部分之和，每生产 1 吨熟料累计生成 0.974 吨（0.511 + 0.383 + 0.08）CO_2。

四、发展低碳水泥的重要意义

发展低碳水泥是水泥工业发展的必由之路，对水泥工业利用新技术、新装备、新材料，提升改造传统企业，调整产业及产品结构，淘汰落后产能，实施供给侧结构性改革，实现水泥工业高质量发展与绿色化、低碳化、智能化可持续发展具有重要意义。

第二章　低碳水泥生产替代原、燃、材料

水泥工业既有"两高一资"的特性，也有大量吸纳固体工业废弃物变废为宝的优势，选用替代原、燃、材料是实现水泥低碳生产的重要途径之一。

第一节　低碳水泥生产替代原料

大量钙质固体废弃物可代替石灰石作为水泥生料配料的重要原料，从水泥生产的源头减少CO_2的排放。例如，电石渣是电石法生产乙炔产生的工业废渣，我国每年排放量达2000万t以上，历年积累量超亿吨。干基电石渣主要成分Ca（OH）$_2$达70%以上，采用电石渣完全代替石灰石原料，每生产1t水泥熟料，即可减少约550kg CO_2排放，若每年电石渣全部利用，可减少CO_2排放1100万t。另外，煤矸石既含CaO、Fe_2O_3、Al_2O_3、SiO_2等氧化物，又有一定的发热量，可代替或部分代替黏土配料。赤泥、粉煤灰、钢渣、有色金属尾矿、铜、铁、锌、铝等矿山尾矿以及建筑废料，都可作为生料配料的组分。有些尾矿还具有矿化作用，能改善生料易烧性，达到提高产量、提高质量、降低煤耗，从而降低CO_2排放量的目的。

第二节　低碳水泥生产替代燃料

一、世界水泥工业替代燃料与协同处置技术的应用

水泥行业中常规燃料主要为煤、天然气、重油等化石能源，水泥生产过程会产生大量的气体排放物。为实现节能减排的可持续发展战略，废弃物替代燃料的协同处置应用技术发展迅速，前景广阔。

1. 替代燃料协同处置的必要性

近年来，CO_2排放导致的"温室效应"日益严重，威胁到全球生态环境。一方面，随着我国经济的飞速发展及城市化的加速，城市垃圾产生量每年以近10%的速度增长，但是无害化处理率非常低，传统的填埋处置方法造成土地资源的污染及大量浪费。另一方面，我国水泥产能过剩，新型干法水泥生产过程会产生大量的CO_2、氮氧化物、硫化物等废气，每生产1t水泥产生约1tCO_2。研究表明，如果采用城市垃圾作为燃料，可减少10%的CO_2排放量。加之干法水泥工艺生产中，烧成系统工作工况提供了处理废弃物合适的环境。所以如果能有效利用水泥窑协同处置废弃物作为替代燃料，将是双赢的结果。

使用科学化、规范化的方式进行废弃物处理，可以获得减少化石燃料使用、降低燃料总成本、获得可观处置废弃物补贴、减少水泥生产过程中的氮氧化物及CO_2排放等诸

多收益。2008年北京奥运会期间，政府暂停了北京及周边地区大型工业生产活动，但是北京水泥厂却从未停窑，因为它承担着城市生活垃圾的处置工作。所以水泥窑协同处置可以作为一项重要的环保产业进行规划。

2. 水泥工业中替代燃料种类

水泥工业可处理多种类替代燃料。根据废弃物物理状态可分为固态、液态及气态废弃物。固态废弃物主要有轮胎、包装废料、果壳等生物质废弃物、塑料、干污泥、木料等；液态废弃物主要包含淤泥、废油、沥青浆、废溶剂、化工废料等；气态废弃物包含裂解气、垃圾分解废气等。按照废弃物来源途径不同，替代燃料主要分为生活垃圾、商业和工业垃圾、建筑和拆解垃圾、生物质垃圾、医疗垃圾、废旧轮胎、干污泥沉渣等。

垃圾的种类复杂多样，水泥窑较强的兼容性使其能处理多种废弃物，但替代燃料物料较差的均质化、生产过程中复杂的工艺控制等因素给协同处置技术提出较高的要求，料源供应的稳定性也直接影响协同处置技术的推广。

3. 替代燃料与协同处置技术概要

水泥回转窑内气氛温度高、烧成系统内停留时间长以及回转窑内氧化气氛的特点，提供了水泥窑协同处置废弃物垃圾作为替代燃料的可能性。大部分替代燃料的热值低、水分含量高、腐蚀性强等特点，会影响熟料的产量、质量及烧成系统设备的寿命，把垃圾引入烧成系统面临一系列的技术挑战，要求设备适应性强、工艺操控性高、系统安全性高。

从替代燃料产业链角度，从废弃物到能源的转变过程需要经过以下环节：废物来源→废物制备→废料储运→废料分拣→高温焚烧→质量控制。

生活垃圾处置由垃圾预处理系统、焚烧系统、臭气处理系统、渗滤液处理系统构成。预处理环节非常重要，分类是否清晰、均质化效果及稳定性对烧成系统工况的控制有很大影响。垃圾预处理需要经过原生态垃圾储存破碎—发酵—脱水—长距离输送喂料的处理流程。水泥生产过程需要大量的热源，分解原料会产生大量气体，替代燃料的复杂成分会大大影响烧成系统的内部环境，降低产能，影响熟料质量，在实际应用过程中，企业需要针对不同的物料设置最佳的投料点以达到最佳效果。例如，丹麦史密斯公司开发了外加热盘炉的处理方式，加大了有效燃烧空间，降低了替代燃料对烧成系统的影响，可有效提高燃料替代率。

在协同处置操控中，应该注意尽可能减少系统漏风、优化燃料配置，保持合理的燃料比、保证连续给料。废旧轮胎有热值高、水分含量低、碳含量高、来源稳定等优势，可作为主要替代燃料之一。水泥生产过程中，企业可以将整轮胎或轮胎碎片投入烧成系统的分解炉或烟室处适当的喂料点进行处置。

由于废弃物腐蚀性强，会降低耐火材料寿命，因此烧成系统设备需用抗腐蚀性、高强耐碱、抗结皮耐火材料。在高要求耐火材料的研发及质量控制上，我国企业的技术与世界先进水平存在较大的差距，这也会制约我国协同处置技术的发展与应用，成本控制压力较大。

4. 世界水泥工业中替代燃料与协同处置应用现状

从目前的经济现状及世界各国对环保要求的发展趋势看，水泥厂大量使用替代燃料有着积极的社会效益及经济效益。基于目前的市场需求，世界水泥市场多处于超饱和状态，对水泥的需求不足，产能过剩。而生活垃圾等废弃物越来越成为困扰世界的难题，所以各国政府对垃圾处置给予大量补贴，从而使市场、社会及工厂产生了良性循环互动，为替代燃料与协同处置技术大规模的应用与发展提供了有利的环境。

我国水泥行业使用替代燃料技术时间短，燃料种类少，燃料供应不够持续。近些年，我国政府对环保要求提升，产业技术升级加速，协同处置技术投入应用快速增加，但整体来讲，替代燃料使用还不够规模，替代率不足 40％。目前，在协同处置系统所使用的机械装备领域，我国还不具备强大的国际竞争力，还无法提供领先的成套设计及装备，核心关键设备依托于欧洲供货商支持，投资成本及维护费用都比较高，这也是未来行业需要发展的领域之一。

在欧洲地区，受制于欧盟严格的环保政策及水泥市场需求不足的双重导向，欧盟内水泥生产企业已经在此领域探究二十余年。荷兰于 2005 年将可燃废物替代率提高到80％以上，法国的水泥厂也已经实现 85％以上的替代率，并且理论上可实现 100％的替代率。

东南亚、非洲等欠发达地区环保要求低，替代废弃物收集分拣未成体系，目前使用协同处置技术的案例比较少，但是塞内加尔、摩洛哥、南非等国家已经先行尝试使用此技术。

某公司在替代燃料的设计与使用上取得了重大突破：2008 年，在塞浦路斯项目、摩洛哥 FES 项目中替代燃料只能使用破碎轮胎；2012 年，在保加利亚项目中实现了替代率的大幅提升，并且能处理更多种类的替代燃料；2019 年，在法国图卢兹项目上已经实现了 85％的替代率，能够处理木屑、低热值污泥、纸张污泥、轮胎、棉毛废物、花生壳、芦苇等生物质多种废弃物。

水泥厂替代燃料的使用及协同处置首先是环保项目，承担着重要的社会责任。该技术的发展需要更多专业的工程技术人员持续不断地探索，提升处置技术及操作水平，完善产业链布局。只有水泥厂协同处置与专业焚烧站相互补充，才能切实降低大量的生活垃圾对社会带来的压力。因各国国情不同，产业结构及能源结构差异巨大，所以，我国水泥工业在应用替代燃料及协同处置技术时，不能照搬同样的技术及设备，需要因地制宜，采取各具特色的多种技术路线。水泥厂协同处置具有无害化、减量化、资源化的特色，具有"吃干榨尽"的优势，政府及整个行业都应该积极推广，建立科学完善的垃圾管理机制，这样才能获得利用垃圾协同处置带来的好处，切实为全球环境改善作出贡献。

二、加快我国水泥工业替代燃料的技术措施

1. 国内外水泥工业替代燃料现状分析

替代燃料，也称作二次燃料、辅助燃料，指替代天然化石燃料进行水泥窑熟料生产的可燃废物。可燃废物在水泥工业中的应用不仅可以节约一次能源，同时有助于环境保护，具有显著的经济、环境和社会效益。20 世纪 70 年代发达国家开始使用替代燃料以来，替代燃料的数量和种类不断扩大，水泥工业成为这些国家利用废物的首选行业。根据欧盟统计，欧洲 18％的可燃废物被工业领域利用，其中有一半用于水泥行业，是电

力、钢铁、制砖、玻璃等行业用量的总和。

发达国家政府已经认识到替代燃料在水泥工业中的利用对节能减排和环境保护的重要作用，都在积极推动替代燃料的普及，替代率越来越高。使用替代燃料能够在熟料生产能耗基本不变的情况下节约一次能源的使用，所产生的 CO_2 享受无组织排放待遇，同时实现利废、减排和降低成本的目的，可谓一举多得，备受国外政府和企业的推崇。经过 30 多年的探索，欧美发达国家逐步建立起贯穿于废物产生、分选、收集、运输、储存、预处理和处置、污染物排放、水泥和混凝土质量安全的一系列法规和标准，水泥行业替代燃料技术和经验已经成熟，成为发达国家水泥行业节能减排的重要手段。发达国家有三分之二的水泥厂使用替代燃料，可燃废物在水泥工业中的应用替代比率平均达 20%。

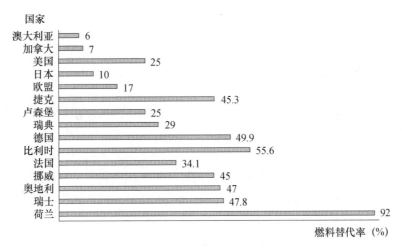

图 2-2-1　部分发达国家及地区水泥行业燃料替代率

注：2008 年收集整理的数据，各国年度不同。

图 2-2-1 是部分发达国家及地区水泥行业燃料替代率，可见发达国家均有较高的替代比率。美国的替代率是 25%；德国水泥行业的替代率从 2000 年的 25.7% 迅速上升为 2006 年的 49.9%，6 年几乎翻一番（图 2-2-2）；荷兰是世界上水泥行业使用燃料替代率最高的国家，从 2001 年的 83% 上升为 2007 年的 92%；2004 年，欧洲水泥行业共使用替代燃料 620 万吨，燃料替代率达 17%。根据欧洲水泥协会报道，1995 年，欧洲水泥行业使用替代燃料替代了 10% 的燃料热耗，相当于替代 250 万吨标准煤。2001 年，欧洲水泥协会又把废物利用提到战略高度，提出"废物利用行动计划"（Action Plan for the Use of Waste），提出 2010 年燃料替代率达到 24% 的目标，现在一些成员国燃料替代率已达到 60%。

发达国家大量的生产实践和试验结果表明，水泥行业通过使用替代燃料和处置废物回收废物中的能量和物质符合废物管理模型。新型干法水泥窑的工艺特点决定其技术优势，它能够在生产合格产品的同时，利用和处置废物，避免二次污染，是实现产品质量和环保指标双达标、保证技术和经济均合理的有效途径。

与此相对照，我国在水泥窑可燃废物替代应用方面虽然有近 30 年的国外跟踪、20 年的推动和 10 年的探索，但仍与发达国家存在较大差距。我国水泥行业采用替代燃料

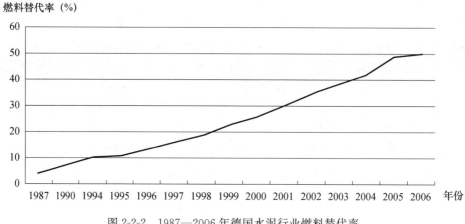

图 2-2-2　1987—2006 年德国水泥行业燃料替代率

数据来源：VDZ，2007

的时间短，燃料种类少，约 5000 座水泥厂中只有北京水泥厂等 10 余家水泥厂使用替代燃料，年替代量不足 5 万吨标准煤，行业总体的燃料替代率几乎为零。到目前为止，我国进行的工业化试点和试烧仍存在面窄、量少的问题，不能为制定有关标准和法规提供有力支持。

我国水泥窑替代燃料工作起步晚，进展慢，既有经济方面的原因，也有政策、技术和相关配套体系的制约。我国水泥行业利用粉煤灰等固体废物作为替代原料的数量每年约 3 亿吨，是固体废物利用的重要行业，国家有关于此方面的比较完备的政策、技术标准和鼓励措施，而在替代燃料方面的相关政策还基本是空白。

水泥工业是我国高能耗、高污染的行业之一，是我国节能减排的重点行业。水泥窑使用可燃废物作为替代燃料，不仅是我国水泥工业发展的战略方向，而且是我国废物处置的发展方向，是我国发展循环经济和走可持续发展道路的必然选择，是一项功在当代、利在千秋的事业。水泥行业具备使用替代燃料和处置废物的基本条件，欧、美、日等发达国家和地区在政策、管理、生产技术、污染物控制等方面有成熟的经验可兹我国借鉴，目前只欠政策"东风"，其中，经济激励政策是促进水泥窑使用替代燃料的关键，环保政策是水泥窑使用替代燃料健康发展的保障。

我国应按照政府推动、企业主导、公众参与的思路，积极稳妥地大力推进利用水泥回转窑处置和利用废物的工作，根据工作的先后顺序和内在联系，明确促进我国水泥窑替代燃料使用的基本思路，在试点基础上建立和完善环保法规和激励政策。首先，在学习借鉴国外先进经验的同时，加大试验研究，逐步摸清我国替代燃料资源和排放容量等基本情况，以可燃工业废物、危险废物和污泥为重点，加大对工业化试点和示范基地的扶持力度，严格控制环保排放指标，确保达标排放，为制定相应法规、标准和下一步推广提供可靠的管理和技术支持；同时，在扩大试点和示范的基础上，完善相关环保法规和标准，在废物处置专项规划中明确水泥窑是处置废物的有效技术手段，明确水泥窑使用替代燃料是资源综合利用的合理途径；建立健全水泥窑处置废物的技术、管理条件和操作规范，制定水泥窑替代燃料的技术政策，提出替代燃料发展目标、合理的技术和管理措施；替代燃料的质量和性能要能满足水泥窑的要求，在基本保证水泥窑的正常运转和产质量的前提下，尽可能采用替代燃料和替代原料；制定和推行替代燃料许可证制度，研究制定可燃废物利用和处置的市场形成机制，建议研究制定废油、污泥和垃圾等废物处置基金制度，解决经费来源不足的问题。同时，以培育市场机制为核心，鼓励企业科研开发和能力建设，扶持废物收集和处理的专业化企业，使废物处置企业在经济上有利可图，使水泥窑处置废物可持续化。

2. 促进我国水泥行业处置废物的指导原则

第一，以科学发展观为指导，按照建设资源节约型、环境友好型社会的要求和循环经济发展模式，以保证水泥产品质量为前提；

第二，坚持环保优先的方针，有效控制污染物排放，避免生产过程和产品对环境产生二次污染；

第三，切实保障企业的职业健康、卫生和安全；

第四，建立废物管理体系，科学合理地利用废物资源，有效回收废物中的能量和物质，消减必须填埋或者焚烧的废物总量，理顺废物来源渠道，因地制宜，扩大利用可燃废物的种类；

第五，技术装备条件方面，发挥水泥窑处置废物的技术优势，技术装备与自动控制系统应先进、可靠和完备，工艺过程稳定，废物管理监测和污染物监控系统完备，保障替代燃料的利用能力；

第六，规范化操作，包括水泥厂的废物检验、接收、储存、质量控制和生产操作；

第七，践行水泥企业的社会责任，促进与工业行业、市政部门、环卫部门和其他利益相关者的信息沟通，包括建立信息和数据报送机制，分享有关废物产生的信息、废物处置信息和污染物排放监测数据。

图 2-2-3 所示为促进水泥行业处置废物的指导原则。

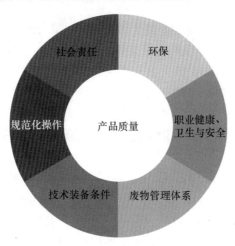

图 2-2-3 促进水泥行业处置废物的指导原则

我国水泥窑替代燃料工作目前正处于政策导入期。参照发达国家水泥工业替代燃料方面的发展水平，按照一般发展模式，我国提出 2030 年替代率目标是 25％，相当于美国目前状况和欧盟 2010 年目标。我国水泥行业替代燃料的发展阶段如图 2-2-4 所示，发展目标和模式如图 2-2-5 所示。

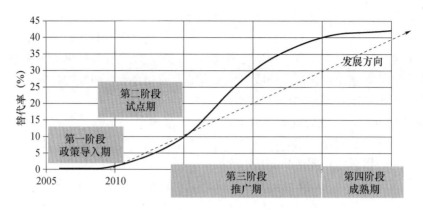

图 2-2-4　我国水泥行业替代燃料的发展阶段

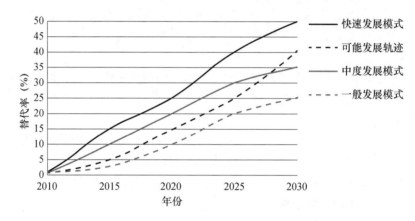

图 2-2-5　我国水泥行业替代燃料发展目标和模式

为积极稳妥地加快我国水泥工业替代燃料工作，笔者建议相关部委统一组织相关主管部门和行业协会协调水泥窑燃料替代工作，尽早制定"水泥窑替代燃料专项规划"，制订工作目标和综合实施计划，研究制定和完善环保专项规划、政策法规、标准和经济激励制度，有组织、有保障地推进相关工作。

第三节　低碳水泥生产替代材料

在高细粉磨和水泥外加剂作用下，众多固体工业废弃物都可代替部分熟料生产不同等级、不同品种、不同性能的各类水泥。例如，高细粉磨的工业废渣掺在水泥中叫混合材料，掺在混凝土中叫高活性掺和料。各种废渣的科学匹配可大幅度降低熟料用量并改善水泥性能。高细粉磨（物理激发）和水泥外加剂（化学激发）的掺入将最大限度地激发固体工业废弃物的活性，同等情况下，能代替更多的熟料（甚至全部代替）生产水泥，进而减少 CO_2 排放。

可替代水泥熟料的工业废弃物大约有以下几类：

（1）具有潜在水硬性的废渣，如粒化高炉矿渣、铁合金渣、铝渣、增钙液态渣、化铁炉渣、粒化电炉磷渣、钢渣等。

（2）具有火山灰活性的工业废渣，如粉煤灰、煤矸石、锂渣、硫酸渣、流化床煤灰、硫酸铝渣、煤渣、液态渣、硅灰、稻壳灰等。

（3）其他废渣，如镁渣、镍渣、铬渣、窑灰、铜渣、钛矿渣、合金渣、锰渣、石灰石粉、石英砂尾矿、建筑混凝土等。

以上工业废渣应用要注意以下几个问题：

（1）有标准的要符合国家或行业标准，无标准的企业使用时要有内控标准；

（2）应用工业废渣要合理搭配，确保水泥产品质量稳定；

（3）应用工业废渣要重点关注并严格控制重金属离子含量、放射性和有害成分的排放量。

第三章　利用水泥工艺外加剂技术合成绿色高性能低碳水泥

第一节　水泥工艺外加剂对水泥工业节能减排低碳发展的重要意义

一、珍惜资源

根据有关资料报道，我国矿产人均资源量仅为世界水平的 58%，终端资源支出占 GDP 的 13%，是美国的 2 倍，每万元 GDP 资源消耗是日本的 9.7 倍。我们从小受到的教育是以"地大物博，矿产丰富"为自豪，但上述数字告诉我们，我们必须改变观念，必须珍惜有限的不可再生资源（包括石灰石和黏土）。我国水泥产量超过 20 亿吨/年，所需石灰石为 18 亿吨/年，消耗黏土 2.5 亿吨/年，然而，我国目前探明的石灰石资源储量约为 550 亿吨，可开采利用的约为 250 亿吨，每年耗用量若按 18 亿吨计，服务年限不足 30 年；我国人均耕地资源不到世界平均水平的 40%，耕地面积仅占国土面积的 10%，其中 30% 的市、县人均地面积已低于联合国规定的人均 0.8 亩的警戒线。

如何解决水泥生产所需的资源，已经迫在眉睫。实际上，目前各类工业生产排放出的大量副产品和废弃物总量约为每年 12 亿吨，其中，大多数可以作为生产水泥的原料，它们涉及范围广、产量大。2005 年以来，水泥工业每年利用的工业废弃物仅为 2 亿吨左右，仍然有大部分没有得到利用，不仅占用土地，也对环境造成污染。因此，充分利用工业废弃物，将其作为水泥原料的主要来源，可以减少对天然原料的开采，对于保护不可再生资源、保护生态环境和减少能源消耗都有积极作用。水泥工艺外加剂可以加速工业废弃物转化为胶凝材料的物理化学变化过程，是水泥工业中不可或缺的重要组分。

二、节约能源

水泥行业是燃料消耗大户，据不完全统计，目前，全水泥行业每年消耗标准煤 15000 万吨，占全年标准煤生产量的 9% 左右，而我国煤炭储采比不足百年。虽然全国电力装机总容量达到 22 亿千瓦，但各地用电量激增，许多城市不得不采取限电措施。我国水泥生产单位产品电耗比世界先进水平高出 30%，水泥行业每年总电耗超过 1800 多亿千瓦时，可见节约资源和能源势在必行。为了减少燃料消耗，水泥行业除了要对传统生产工艺进行技术改造之外，还必须寻找新的节能降耗措施，水泥工艺外加剂就是最经济适用的得力帮手。2016—2020 年水泥行业资源、能源消耗情况及预测见表 3-1-1。

表 3-1-1 水泥行业资源、能源消耗情况及预测（2016—2020 年）

年份	水泥产量 （亿吨）	熟料产量 （亿吨）	电耗 （亿 kW·h）	标准煤耗 （万吨）	石灰石 （万吨）	黏土 （万吨）
2016	24.10	13.76	1928	15270	178880	24768
2017	23.31	14.00	1865	15400	182000	25200
2018	22.36	14.23	1788	15650	185000	25600
2019	23.44	15.23	1876	16750	198000	27400
2020	23.77	15.79	1900	17370	205270	28400

三、保护环境

根据目前技术经济状况测算，每生产 1 吨水泥熟料需排放粉尘 20kg、CO_2 1000kg、SO_2 0.24kg、NO_x 0.15kg。水泥工业是粉尘、CO_2 和 SO_2 的排放大户，其排放量分别为全国工业生产总排放量的 27.10%、21.8% 和 4.85%。CO_2、SO_2 和 NO_x 是造成地球温室效应和酸雨的有害气体，因此，我们要想尽一切办法减少这类气体的排放。2016—2020 年水泥生产对环境的污染情况及预测见表 3-1-2。

表 3-1-2 水泥工业大气污染物排放情况及预测（2016—2020 年）

年份	粉尘（万吨）	CO_2（万吨）	SO_2（万吨）	NO_x（万吨）
2016	4820	118336	330	206
2017	4662	120400	336	210
2018	4472	122378	342	213
2019	4688	130978	366	228
2020	4754	135794	379	237

水泥工艺外加剂在水泥生产中的应用，可以降低熟料的煅烧温度，抑制 NO_x 的生成量；同时，可以在烧成反应中加大水泥熟料对某些有害元素的固化量，减少对外排放；更重要的是，在制成水泥时，水泥工艺外加剂的应用可以增加工业废弃物的掺加量，减少熟料的使用量，从两个方面加大对环境保护的作用；此外，它可以在满足社会对水泥需求的同时，促进工业废弃物的循环再利用，减小水泥生产对资源、能源消耗的力度。

第二节 几种重要的水泥工艺外加剂技术

一、水泥矿化剂技术

（一）水泥生料易烧性研究

1. 易烧性的定义及其试验方法

水泥生料易烧性是评价水泥原料和生料质量的重要工艺指标，是正确选择原料、设计生料配比、确定生产工艺方法、设备选型及保证优质高产低耗的重要依据和参数。要研究生料的易烧性，首先要研究原料的地质、矿物和物理特性，其次是研究影响易烧性的各种生料制备因素，如生料化学成分、生料细度、生料均匀性等。

易烧性是指生料在煅烧过程中形成熟料的难易程度，理论上是指生料组分经过煅烧转变成熟料相时传质的数量。通常，易烧性用生料在一定温度（T）下煅烧一定时间（t）后的 f-CaO 含量来度量。

易烧性试验可按照《水泥生料易烧性试验方法》（GB/T 26566—2011）进行。具体方法如下：取代表性生料试样 100g，加入 20mL 蒸馏水，拌和均匀；每次取湿生料（3.6±0.1）g，置于试样成型模内，手工捶制成规格为 ϕ13mm×13mm 的试体；将试体在 105～110℃的烘箱内烘 60min 以上，然后放入 950℃恒温的高温炉内预烧 30min，再将试体分别置于 1350℃、1400℃、1450℃的高温炉内煅烧 30min，之后让试体自然冷却；把煅烧后的试体磨细，测定其 f-CaO 含量，并以此表示该生料在各种煅烧温度下的易烧性。

2. 原料性能试验研究方法

原料性能研究主要是探究石灰质原料和黏土质原料的性能。诸多性能中，对易烧性影响最大的是原料的分解性能和反应活性。随着现代测试技术的进步，我们已经可以对石灰质原料和黏土质原料的化学成分、矿物组成和微观结构进行定量研究，从而揭示原料性能对易烧性的影响及其作用机理。

（1）石灰质原料性能的研究内容和测试方法

石灰质原料在生料配比中占 70％～75％（在回转窑的生料中占 80％左右），其物理化学性质决定了熟料煅烧过程中的碳酸盐分解过程，进而影响固相反应和熟料烧结反应过程。因此，对石灰质原料的性能研究极为重要。其研究内容和测试方法如下：

①用化学分析方法定量确定石灰质原料中各种元素（或氧化物）的含量，从而确定其品位；

②用差热分析法确定石灰质原料的分解温度；

③用 X 射线衍射方法进行物相定性分析，确定石灰质原料中的主要矿物组成；

④用透射电子显微镜来研究方解石晶粒形态、晶粒大小、分布均匀程度；

⑤用电子探针研究杂质组分的形态、含量、颗粒大小、分布均匀程度。

技术人员在进行上述分析的基础上，综合分析测试结果，找出影响易烧性的主要因素，并采取相应的技术措施，以提高石灰质原料的反应活性。

（2）黏土质原料性能的研究内容和测试方法

黏土质原料的矿物颗粒比较细小，大部分颗粒为 0.1～1μm，研究起来要困难一些。一般用化学分析方法测定其化学组成；用 X 射线衍射和透射电镜观察其矿物组成和矿物形态；用差热分析法确定黏土质原料的脱水温度，尤其要查明粗粒石英的含量、晶粒大小和形态，因为石英在含量≥0.5％、粒径≥0.5mm 时，会显著影响生料的易烧性。

3. 影响生料易烧性的因素

（1）生料的矿物组成

生料中的石灰质组分主要为含 CaO 的方解石，它的反应活性与其类型、晶体结构、晶体粒度和存在的杂质有关。试验表明，微晶或隐晶质的石灰石反应很快，石灰石中杂质含量高、分布广也有助于石灰石反应活性的提高。

生料中黏土质组分的主导矿物有高岭土、蒙脱石、绿泥石、伊利石、云母等，它们和石灰石的反应活性通常按下列次序增强：

云母－蒙脱石－绿泥石－伊利石－高岭土

非结晶型的 SiO_2 或与 Al_2O_3 和 CaO（或与 Al_2O_3 和 Fe_2O_3）相结合的 SiO_2，比游离 SiO_2 表现出更好的活性。与 CaO 反应的各种形态的 SiO_2 的反应活性通常按下列次序增强：

石英－玉髓－α方石英－α磷石英－云母中的 SiO_2－黏土中的 SiO_2－非结晶型的 SiO_2

（2）生料的化学组成

生料的主要化学组成可集中地反映在其三率值（即饱和比 KH、硅酸率 n、铝氧率 p）上。表 3-2-1 为生料的率值和少（微）量组分对易烧性的影响。

表 3-2-1　生料的率值和少（微）量组分对易烧性的影响

率值或组分	极限范围	最佳范围	作用与影响
饱和比 KH	0.85～1.0	0.88～0.96	较高的饱和比 KH： a. 生料煅烧困难； b. 有使安定性不良的趋向（高 f-CaO）； c. 增加 C_3S 含量； d. 减少 C_2S 含量； e. 导致快硬和早强，水化热增大，耐久性下降
硅酸率 n	1.6～2.5	1.9～2.2	较高的硅酸率 n： a. 液相量低； b. 导致煅烧较难和热耗高； c. 产生安定性不良的趋向（高 f-CaO）； d. 导致水泥的凝结和硬化缓慢
铝氧率 p	0.8～2.5	1.0～1.6	较高的铝氧率 p： a. 煅烧较难，且热耗较高； b. 增加 C_3A 和减少 C_4AF 的比例； c. C_3S 和 C_2S 含量提高，前者尤甚； d. 减少液相量并降低窑的产量； e. 液相黏度增高； f. 有助于水泥快凝和早期强度的提高； g. 水泥水化热大，耐久性差
游离 SiO_2	0～3.0%	尽可能低	含量较高的游离二氧化硅 f-SiO_2： a. 增加粉磨电耗和煅烧热耗； b. 产生安定性不良的趋向（高 f-CaO）
氧化镁 MgO	0～5.0%	0～2.0%	含量较高的氧化镁 MgO： a. 降低熟料液相的黏度和表面张力； b. 有利于 C_2S 和 f-CaO 在较高温度下的溶解，并使 C_3S 形成加速； c. 煅烧时易结大块，影响操作； d. 当 MgO≥2% 时，形成方镁石晶体，导致安定性不良； e. 当 MgO≤2% 时，增加 C_3S 和液相，但对 C_2S 无影响

续表

率值或组分	极限范围	最佳范围	作用与影响
氧化钛 TiO_2	0～4.0%	1.5%～2.0%	含量较高的氧化钛 TiO_2： a. 导致 C_3S 含量急剧减少，C_2S 含量不变，其他相无明显变化； b. 降低熟料液相的黏度和表面张力； c. 阿利特和贝利特的晶粒尺寸变小； d. 使凝结较慢和早期强度降低
碱性氧化物 Na_2O+K_2O	0～1.0%	0.2%～0.3%	含量较高的碱性氧化物（Na_2O+K_2O）： a. 改善在较低温度下的易烧性，恶化在较高温度下的易烧性，尤其当（Na_2O+K_2O）$\geqslant 1\%$ 时； b. 增加液相量； c. 降低 CaO 在液相中的溶解度； d. 破坏阿利特和贝利特相
硫化合物	0～4%	0.5%～2.0%	含量较高的硫： a. 可当作有效的矿化剂； b. 降低液相出现的温度 100℃ 以上，并降低液相的黏度和表面张力； c. 增加贝利特的生成量，但对阿利特和液相没有影响； d. 低温时改善生料的煅烧，而在较高温时则恶化煅烧； e. 降低熟料强度
氟离子	0～0.6%	0.03%～0.08%	含量较高的氟化物： a. 降低 C_3S 的形成温度 150～200℃； b. 改善烧结； c. 降低熟料的机械强度
五氧化二磷	0～1.0%	0.3%～0.5%	含量较高的五氧化二磷： a. 加速熟料的形成反应； b. 降低早期强度； c. 降低 C_3S 含量

当潜在的 C_3S 量增加是依靠降低其他熟料组分的含量时，生料的易烧性变坏；增加 C_3A 和 C_4AF 的潜在含量，生料的易烧性就能得到改善，而 C_4AF 在这方面有更显著的影响。

（3）生料的颗粒组成

生料的细度和颗粒组成显著地影响生料的易烧性。生料颗粒越细，其比表面积和反应活性也越大，固相反应迅速，烧结容易。但对于某些生料，进一步磨细对其易烧性影响并不明显。含铝的组分或石灰石粒度变粗，对易烧性会产生轻微影响，但石英粒度变粗则影响显著。1% 大于 $100\mu m$ 的石英颗粒与 6% 同样粒度的方解石对易烧性的影响类同。在 1550℃ 煅烧时，若 SiO_2 颗粒从 90～150μm 增大至 300～460μm，则 f-CaO 含量从 0.5% 增加至 0.8%；但是当 SiO_2 颗粒增大到 2000μm，在 1550℃ 仅煅烧 30min，f-CaO 含量就会增加到 3.7%。在生料组分中，大于 2000μm 的 SiO_2 颗粒不应超过 0.5%，90～200μm 的 SiO_2 颗粒不应超过 1.0%。有人建议石英和方解石颗粒的最大许可尺寸分别为 44μm 和 125μm。

颗粒大小的控制很重要，因为生料的反应速率大致上与颗粒大小成反比关系，水泥生料的活性与方解石和石英平均颗粒乘积的二次方的倒数呈线性关系。

（4）烧成制度

生料的易烧性差，煅烧过程就要提高烧成温度，增加煅烧时间。此外，加快生料煅烧过程中的升温速率，也有利于提高新生态产物的活性，改善易烧性。

煅烧温度从1360℃提高到1420℃，将使烧成周期减少一半左右，但过高的温度会损坏窑衬和增加热耗，并使阿利特晶体粗大，对熟料强度反而不利。生料的煅烧温度一般在1450～1500℃之间，最高温度可由下式确定：

$$T（℃）=1300+4.51C_3S-3.74C_3A-12.64C_4AF$$

增加煅烧时间可以使反应充分进行，产生的具体影响如下：

①C_3A含量减少，C_4AF含量增加；

②C_2S含量减少，C_3S含量增加；

③后期强度增高，早期强度降低；

④早期水化热减少；

⑤即使f-CaO含量较高，未烧透的熟料也可生产出高质量的水泥。

此外，提高升温速率可使$CaCO_3$和黏土矿物的分解重叠，因此，在原料选择上可以适当放宽生料的细度，对生料颗粒级配的要求也可以降低。此外，提高升温速率，即快速煅烧，有助于固相反应的进行和细小C_2S的形成，进而加快f-CaO的吸收和C_3S的形成。

（5）液相量和液相性质

生料中Al_2O_3、Fe_2O_3、MgO和其他微量组分决定了液相的生成量及其有关性质，并影响生料的易烧性。

熟料主要矿物——硅酸三钙的大量形成是在液相出现以后。熟料烧结形成阿利特的过程，与液相形成的温度、液相量、液相黏度等有着直接关系。

（1）最低共融温度

物料在加热过程中，两种或两种以上组分开始出现液相的温度称为最低共融温度。最低共融温度取决于组成系统的组分的性质和数目。表3-2-2为硅酸盐水泥熟料中部分系统的最低共融温度。

表 3-2-2　部分系统的最低共融温度

系统	最低共融温度（℃）	系统	最低共融温度（℃）
$C_3S-C_2S-C_3A$	1450	$C_3S-C_2S-C_3A-C_4AF$	1338
$C_3S-C_2S-Na_2O$	1430	$C_3S-C_2S-C_3A-Na_2O-Fe_2O_3$	1315
$C_3S-C_2S-C_3A-MgO$	1375	$C_3S-C_2S-C_3A-Fe_2O_3-MgO$	1300
$C_3S-C_2S-C_3A-Na_2O-MgO$	1365	$C_3S-C_2S-C_3A-Na_2O-MgO-Fe_2O_3$	1280

硅酸盐水泥熟料矿物含有氧化镁、氧化钠、氧化钾、硫酐、氧化钛等次要氧化物，因此最低共融温度约为1250℃。

（2）液相量

液相量与生料组分的性质、含量及煅烧温度有关。生料组分与烧成温度直接影响着液相量的多寡。在研究$CaO-Al_2O_3-SiO_2-Fe_2O_3$四元系统以及碱和氧化镁对液相形成的影响后发现，对一般工厂的生料来说，任何给定温度下的液相生成量可以用下列公式近似地计算出来，这些公式适用于组分在一般硅酸盐水泥组成区域内的任何生料。

1) 在 1338℃时：

①$Al_2O_3/Fe_2O_3 \geqslant 1.38$：液相生成百分数$=6.1Fe_2O_3+MgO+R_2O$；

②$Al_2O_3/Fe_2O_3 < 1.38$：液相生成百分数$=8.5Al_2O_3-2.2Fe_2O_3+MgO+R_2O$；

2) 在 1400℃时：液相生成百分数$=2.95Al_2O_3+2.2Fe_2O_3+MgO+R_2O$；

3) 在 1450℃时：液相生成百分数$=3.0Al_2O_3+2.25Fe_2O_3+MgO+R_2O$。

一般硅酸盐水泥熟料在烧成阶段的液相量为 20%～30%。

（3）烧结范围

烧结范围指水泥生料加热至出现烧结所必需的最少液相量时的温度（开始烧结的温度）与开始出现结大块（超过正常液相量）时的温度的差值。生料中的液相量随温度升高而缓慢增加，其烧结范围就较宽；若生料中的液相量随温度升高而迅速增加，其烧结范围就较窄。若降低铁含量，增加铝含量，烧结范围则变宽。烧结范围宽的生料，在热耗和烧成温度波动时不易出现生烧或结大块的现象。通常硅酸盐水泥熟料的烧结范围约为 150℃。

（4）液相黏度

水泥熟料在煅烧过程中的部分熔融大大加速了熟料组分中各种化合物的形成。一切熔融物主要的性质中首先是黏度，它决定了反应质点在液相中扩散过的速度。

根据煅烧温度和熟料组成的不同，硅酸盐熔融物的黏度变动范围很大。实验研究表明，提高温度会使离子动能增加，减弱离子间的相互作用力，因而降低液相黏度。液相组成改变，其黏度也随之改变：如铝氧率提高则黏度增高，增加氧化铁则可大幅度降低硅酸盐熔融物的黏度；加入 3%～4% 的 MgO 或 SO_3 将分别使液相黏度从 0.16Pa·s 降至 0.13Pa·s 和 0.04Pa·s；在原始熔融物中加入 0.72% 的 CaF_2，则硅酸盐熔融物在高温区的黏度也大大降低。但当温度为 1410～1420℃时，再提高 CaF_2 的浓度，则会因其在熔融物中过饱和而产生强烈的结晶，反而使熔融物黏度增高；其他附加剂的影响比较和缓。

4. 生料易烧性的评价

许多学者根据生料的物理、化学性质提出了关于计算易烧性的经验公式，见表 3-2-3。

表 3-2-3　计算生料的易烧性指（系）数的经验公式

易烧性指数	经验公式	提出者
BI_1	$C_3S/(C_3A+C_4AF)$	H. Kuchl
BI_2	$C_3S/(C_3A+C_4AF+MgO+K_2O+Na_2O)$	H. N. Banerjee
BF_1	$LSF+10SM-3(MgO+K_2O+Na_2O)$	E. Peraylk 等
BF_2	$LSF+6(SM-2)-(MgO+K_2O+Na_2O)$	H. N. Banerjee
B_{th}	$55.5+11.9R_{90\mu m}+1.58(LSF_3-90)^2-0.43L_c^2$	U. Ludwig 等

表 3-2-3 中相关变量如下：

（1）$LSF=100CaO/(2.8SiO_2+1.65Al_2O_3+Fe_2O_3)$；

（2）$LSF_3 = 100$（$CaO + 1.5MgO$）$/$（$2.8SiO_2 + 1.18Al_2O_3 + 0.65Fe_2O_3$）；

（3）$R_{90\mu m} = 90\mu m$ 孔筛筛余量（%）；

（4）$L_c^2 = 1350℃$下的液相（%）；

（5）$SM = $硅酸率；

（6）BF 指数包括石灰石饱和系数和硅酸率，比较实用；B_{th} 指数不仅考虑了化学成分，还兼顾了生料粉的颗粒组成与煅烧过程中的液相量，更加精确。

（二）水泥复合矿化剂技术

1. 复合矿化原理

矿化剂的种类不同，其矿化机理不尽相同，但基本原理相似。氟-硫复合矿化剂的原理如下：

（1）反应机理

CaF_2、$CaSO_4$ 掺入 CaO-Al_2O_3-SiO_2-Fe_2O_3 系统后形成一些重要的新矿物或过渡性新矿物。

①CaO-SiO_2-CaF_2 系统有两个三元化合物：$2C_2S\cdot CaF_2$ 和 $C_{11}S_7\cdot 2CaF_2$；

②CaO-SiO_2-$CaSO_4$ 系统有一个三元化合物：$2C_3S\cdot CaSO_4$，在 1200℃ 形成，1290～1300℃ 分解，矿物无水硬性；

③CaO-SiO_2-CaF_2-$CaSO_4$ 系统有三个化合物：$2C_2S\cdot CaSO_4$、$3C_3S\cdot CaF_2$、$3C_2S\cdot 3CaSO_4\cdot CaF_2$。其中，$3C_3S\cdot 3CaSO_4\cdot CaF_2$ 在 950℃ 开始形成，在 1270℃ 生成一致熔融化合物，在 1350℃ 分解，析出 C_2S。实验证明，$3C_3S\cdot 3CaSO_4\cdot CaF_2$ 无水硬性；

④CaO-Al_2O_3-CaF_2 系统有一个化合物：$C_{11}A_7\cdot CaF_2$，在 1100℃ 以前出现，在 1450℃ 分解为 C_3A、CaF_2 和 CA；

⑤CaO-Al_2O_3-$CaSO_4$ 系统有一个化合物：$3CA\cdot CaSO_4$，在 1000℃ 形成，在 1350℃ 分解为 C_3A 和 $CaSO_4$；

⑥此外，还有两个有限固溶体 C_2SW 和 C_3SW，它们之中固溶 $CaSO_4$ 含量为 1.35%，C_3S 中固溶 CaF_2 含量为 1.5%。

CaO-Al_2O_3-SiO_2-Fe_2O_3 系统在掺加 CaF_2 和 $CaSO_4$ 以后，形成水硬性矿物，也可能形成某些无水硬性或水硬性很弱的矿物，同时形成一些过渡性矿物，如 $C_{19}S_7\cdot 2CaF_2$，它促进了 C_3S 在较低温度下形成；又如 $2C_2S\cdot CaF_2$，它促进了 C_3S 在更低温度下形成。

（2）煅烧过程

掺加氟-硫复合矿化剂后，水泥煅烧过程如下：

①预热：从室温到 200℃ 为干燥、脱水阶段，主要是自由水蒸发和石膏脱水；500～600℃，黏土脱水形成偏高岭土或游离氧化物；

②600～1100℃：碳酸盐分解；

③800～1500℃：矿物形成。

主要的熟料矿物 C_3S、C_2S、C_3A、C_4AF、$C_4A_3\bar{S}$、$C_{11}A_7\cdot CaF_2$，通过固相反应或者通过液相反应，都在 1300℃ 以前形成，并成长为较大、较稳定的结晶相；在低温条件下它们形成四种过渡性矿物：$2C_2S\cdot CaF_2$、$2C_2S\cdot CaSO_4$、$C_{19}S_7\cdot 2CaF_2$（$3C_3S\cdot CaF_2$）和 $3C_2S\cdot 3CaSO_4\cdot CaF_2$。在 F/S<0.58 时，$2C_2S\cdot CaF_2$、$C_{19}S_7\cdot 2CaF_2$ 较难形成。$2C_2S\cdot CaSO_4\cdot CaF_2$ 在 1200～1300℃ 分解消失，此时游离钙含量降到最低值，标志着

烧成达到完善程度。这一烧成温度比通常的烧成温度（1450～1500℃）要降低150～200℃，不仅降低了热耗，还延长了水泥窑的寿命。

掺加 CaF_2 和 $CaSO_4$ 之后，熟料矿物组分得到调整，C_3S 含量增加，C_2S 含量减少。用高强的 $C_{11}A_7 \cdot CaF_2$ 和 $C_4A_3\bar{S}$ 来替代强度较低的 C_2A，或将硫、氟等掺入 A 矿，增加 A 矿的强度和数量，能使 CaO 的吸收更加完全，从而提高熟料强度，降低游离氧化钙含量。

（3）矿化机理

对硅酸盐水泥来说，C_3S 的形成是烧成的关键，C_3S 的形成量及其结晶形态直接影响水泥的质量。单独掺入少量 CaF_2 或 $CaSO_4$，在较低温度下（约1300℃）都不能形成大量 C_3S，但同时掺入 CaF_2 和 $CaSO_4$，则可获得较好的效果。

1）氟-硫的加入能降低反应物质间的键能，提高化学活性，促进 $CaCO_3$ 的分解，提高 SiO_2 和 CaO 的反应能力。

掺有萤石-石膏复合矿化剂的生料在煅烧时，萤石中的 CaF_2 在高温下与水蒸气作用生成 HF，而 HF 气体与 $CaCO_3$ 反应重新生成 CaF_2，在高温蒸汽作用下，CaF_2 又生成高活性的 CaO 和 HF，该反应一再反复，从而加速了 $CaCO_3$ 的分解和固相反应。此外，CaF_2 在高温下与水蒸气反应生成的 HF 破坏了 SiO_2 的晶格，使其活化，从而提高了 SiO_2 的反应能力，促进了 SiO_2 与 CaO 的反应。

石膏在热条件下，热能作为原子的振动能被吸收，引起离子键分离，$CaSO_4$ 晶体离子迁移入 $CaCO_3$ 晶体结点中间，降低了 $CaCO_3$ 的晶格能，提高了 $CaCO_3$ 的分解率。

试验表明，在一定条件下，掺有复合矿化剂的生料中 $CaCO_3$ 的分解温度比不掺矿化剂的 $CaCO_3$ 分解温度降低约100℃，且分解速度更快。

2）参与固溶和形成过渡相，使液相提前出现，增加液相量，降低烧成温度。

在熟料形成过程中，有相当数量的氟、硫固溶进入硅酸盐相，改变了熟料的矿物组成和结晶形态。硫的固溶量增加对晶体的破坏作用更大，使晶体变形，活性提高，反应能力增强，致使扩散作用增强，烧结速度增快，因此可以降低烧成温度。

在熟料形成过程中，在不同的温度范围内分别有四种过渡相出现，这些过渡相是 $2C_2S \cdot CaF_2$、$3C_2S \cdot CaF_2$、$2C_2S \cdot CaSO_4$ 和 $3C_2S \cdot 3CaSO_4 \cdot CaF_2$。这些过渡相的形成和分解温度较低，致使液相出现提前，液相量增加。其中，$2C_2S \cdot CaF_2$ 的生成使 C_2S 的形成温度降低了约250℃，而 $3C_2S \cdot CaF_2$ 的不一致熔融直接形成了 C_3S 固溶体和液相，提供了 C_3S 连续析晶所需的液相条件，将阿利特的形成温度降低了150～200℃。$2C_2S \cdot CaSO_4$ 和 $3C_2S \cdot 3CaSO_4 \cdot CaF_2$ 两个过渡相可以在不同温度下共存。当两个过渡相与未完全化合的 CaO 和 C_2S 共存时，其熔点降低，使液相提前出现，在 $3C_2S \cdot 3CaSO_4 \cdot CaF_2$ 分解的同时，加速了 CaO 的吸收，为 C_3S 的形成起到促进作用。

矿化剂能使 C_3S 在较低温度下形成，故熟料的烧成温度也可降低150℃左右。

3）改善液相性质，降低液相黏度。硫化物降低共熔温度，其本身也成为液相，故液相量增多。

SO_3 减弱液相的碱性，使液相黏度降低；同时，SO_3 还具有表面活性，能富集于表面层而降低液相表面张力。

有关研究表明，CaF_2 的量与液相黏度有关，适量的氟能降低液相黏度和表面张力，但当其超过一定含量时，液相黏度反而增高。液相性质对 C_3S 形成的动力学有决定性影响，特别是黏度，对反应速率有很大的影响。

由于复合矿化剂的作用，915℃时，液相导电性增强。1190～1290℃时，除 C_2S 和 CaO 外的铁、铝化合物均已进入液相。高温低黏度液相的表面张力减小，改善了生料的易烧性，有利于反应物分子的扩散并增加了分子相互碰撞的机会，扩大了烧成温度范围（1200～1450℃），降低了阿利特形成的温度，使吸收 f-CaO 的反应进行得更加充分，加速烧结反应进行。

4）形成早强矿物氟铝酸钙（$C_{11}A_7 \cdot CaF_2$）和硫铝酸钙（$C_4A_3\overline{S}$）。

$C_{11}A_7 \cdot CaF_2$ 晶体为立方晶系，具有水化迅速、急凝快硬、早强高的特点，但绝对强度不高。C_4A_3 晶体为等轴晶系，它具有和 CA 一样的早强性能，其水化物有膨胀特性。

上述两种矿物的形成与配料成分及煅烧制度有关。掺有 CaF_2、$CaSO_4$ 矿化剂的熟料，一般能抑制 C_3A 的形成，从而有可能在 1100～1300℃ 温度下形成 $C_{11}A_7 \cdot CaF_2$ 和 $C_4A_3\overline{S}$。Al_2O_3 是形成 $C_{11}A_7 \cdot CaF_2$ 和 $C_4A_3\overline{S}$ 的必要条件，当熟料中的 Al_2O_3 含量高于 5.5%、烧成温度低于 1350℃时，能明显看到有 $C_{11}A_7 \cdot CaF_2$ 或 $C_4A_3\overline{S}$ 形成；当 Fe_2O_3 含量较高时，会抑制 $C_{11}A_7 \cdot CaF_2$ 和 $C_4A_3\overline{S}$ 的形成。一般是形成铁铝酸盐之后 Al_2O_3 还有剩余时，才形成 $C_{11}A_7 \cdot CaF_2$ 和 $C_4A_3\overline{S}$。烧成温度低于 1350℃时，两个早强矿物基本上还未分解，但超过 1350℃即分解，重新形成 $C_3A \cdot CaF_2$ 和 $C_4A_3\overline{S}$，但矿物 $C_3A \cdot CaF_2$ 较 $C_4A_3\overline{S}$ 优先形成。但两种矿物的形成量与氟硫比（F/SO_3）有一定关系，F/SO_3 在 0.158 左右时，两者形成量基本相等；在 $F/SO_3 > 0.158$ 时，以形成 $C_{11}A_7 \cdot CaF_2$ 为主，C_4A_3 很少或不出现；在 $F/SO_3 < 0.158$ 时，则正好相反。

5）$3C_2S \cdot 3CaSO_4 \cdot CaF_2$ 的形成促进了 C_3S 的形成。

C_3S 是在液相出现的条件下形成的。硅酸盐水泥熟料在不掺加矿化剂时，其烧成温度为 1450℃左右；在加入 0.5% 的 CaF_2 时，硅酸盐水泥熟料烧成温度为 1360℃，降低了 90℃；当 CaF_2 掺量为 1%时，烧成温度为 1340℃，降低了 110℃。烧成温度的降低相对地延长了烧成时间，使得 C_2S 吸收 CaO 生成 C_3S 的反应能充分进行。

2. 复合矿化效果

近十多年来，许多水泥企业应用了复合矿化剂，效果都很显著。复合矿化技术在水泥熟料烧成工艺中有良好的发展前途，理论研究已达到一定的深度，在科学试验和生产实践方面也积累了丰富的经验，主要有如下几方面：

（1）节省燃料。熟料烧成温度从 1300℃下降到 1150℃左右，熟料热耗可从原来的 4185～5022kJ/kg 下降到 3348～4185kJ/kg，节约煤耗 8%～25%。

（2）提高水泥质量、增加水泥品种。在使用复合矿化剂之前，生产的熟料等级很少有能达到 60MPa 的，现在能生产熟料等级达到 60MPa 以上的立窑水泥厂已屡见不鲜。主要原因是应用复合矿化剂能够提高熟料饱和系数，增大 C_3S 含量，降低 f-CaO 含量，同时增加早强矿物含量，使水泥早期强度高，安定性良好，进而提高水泥质量。复合矿化剂煅烧硅酸盐水泥熟料在干法回转窑上应用取得了很好的效果，可提高台时产量 10%，提高强度 10%，节约煤耗 10%，降低排放 10%。有关统计资料表明，使用复合矿化剂后，熟料强度提高 $4.9 \sim 9.8 MPa$，为生产 42.5、52.5 或 62.5 强度等级的水泥打好了基础。

含早强矿物的熟料，除可生产通用硅酸盐水泥外，还可生产快硬水泥及早强水泥。

（3）提高窑的产量。掺入复合矿化剂后，生料易烧性好，烧成温度降低，熟料易碎性好，因而窑的产量可提高 $5\% \sim 11\%$。

（4）提高磨机产量。掺入复合矿化剂的熟料疏松多孔，易磨性好，水泥磨的产量可提高 $7\% \sim 9\%$，电耗也有所降低。

（5）扩大原材料使用范围。应用复合矿化技术后，配料时对原料成分的要求较宽，可采用品质较差的石灰石、黏土、砂岩，也可采用粉煤灰、煤矸石等工业废渣配料，有些工厂使用低热值的劣质煤或高硫煤，也同样烧出较好的熟料。

（6）降低水泥生产成本。由于节省了煤耗与电耗，提高了产量与质量，增加了混合材掺入量，因而产品成本有所下降。经统计，每吨水泥降低 $5 \sim 10$ 元，经济效益良好。

3. 矿化剂的选择

（1）矿化剂选择的原则

1）选择矿化作用强、节能增产效果明显的复合矿化剂。

从我国水泥生产和试验的实际情况看，含氟化合物的矿化效果比较显著，而使用单一矿化剂的效果不如复合矿化剂，所以很多水泥厂都将含氟化合物作为复合矿化剂的主要组分。

2）要求成分均匀，易于控制，使用方便。

如果矿化剂成分波动大，其掺入的矿化组分则不易控制准确，既影响矿化效果，又可能产生对生产不利的因素。对萤石矿化剂的质量进行控制，最好使用 CaF_2 含量高于 60% 的矿石，并尽量进行预均化处理，按质合理搭配使用。

3）要注意某些有害成分对水泥质量的影响。

某些矿化剂中含有一定量的磷、钛、钒等元素，如掺量不当，就会对水泥质量产生不利影响。如果矿化剂中含有损害水泥性能物质，则不应选用。

4）矿化剂原料要来源充足，价格便宜。

选择价格便宜、资源丰富的矿化剂，可以稳定生产，降低成本，提高效益。尽量利用工业废渣和尾矿，有些废渣和尾矿的矿化效果显著，既可降低能耗，又能节约资源。

目前用作矿化剂的种类很多，除氟-硫矿化剂外，还有重晶石，铜矿、铅锌矿、钼矿尾矿及其冶炼废渣。

（2）氟硫掺量

矿化剂有利于提高反应物的活性，并能通过一系列多级的中间反应促进熟料矿物的形成。因此，应用复合矿化剂时，除了选择最佳率值外，还要选择合适的萤石、石膏掺加量，这是取得煅烧最佳效果的重要因素。一般来说，它们的掺加量应根据配料方案设计时熟料中 Al_2O_3 及 Fe_2O_3 含量、石灰饱和比以及原料的易烧性、煅烧方法及操作水平来确定。

1）氟铝比

对 $CaO\text{-}Al_2O_3\text{-}SiO_2\text{-}CaF_2$ 系统的研究表明：随着 CaF_2 含量的增加，氟铝酸钙（$C_{11}A_7 \cdot CaF_2$）的初结晶域向 CaO 高的一侧推移，C_3S 的初结晶域随着 CaF_2 含量增加

而扩大。掺入萤石能生成氟硅酸过渡相，有利于降低烧成温度，增加液相量，促进 C_3S 的生成；但 CaF_2 掺量不当，容易引起凝结时间不正常和早期强度偏低。

2）硫铝比

研究资料表明：$0.1\%\sim1.09\%$ 的 SO_3 对 C_3S 矿物的形成有强化作用。SO_3 在 1% 时，熟料中 C_3S 增高 $10\%\sim12\%$，但 SO_3 含量过高时，熟料中 C_3S 的含量反而降低。硫的掺量对熟料性能的影响还与熟料中 Al_2O_3 的含量有关。熟料游离氧化钙含量低，安定性好，各龄期强度也高，SO_3/Al_2O_3 一般控制在 $0.16\sim0.32$。

3）氟硫比

在使用复合矿化剂时，氟硫比愈来愈引起人们的重视，许多学者对此做了大量的研究工作。理想情况下，熟料中的 Fe_2O_3 只生成 C_4AF，Al_2O_3 只生成 C_4AF、$C_{11}A_7 \cdot CaF_2$ 和 $C_4A_3\bar{S}$，不生成 C_3A。$C_{11}A_7 \cdot CaF_2$ 与 $C_4A_3\bar{S}$ 的形成比例与 $\bar{F}/SO_3$ 有一定的关系。随着 $\bar{F}/SO_3$ 增大，$C_{11}A_7 \cdot CaF_2$ 不断增加，$C_4A_3\bar{S}$ 则相反。由 X 射线衍射半定量法测得结果可知，两个早强矿物合计含量在 $10\%\sim15\%$ 之间，在 $\bar{F}/SO_3=0.158$ 时，$C_{11}A_7 \cdot CaF_2$ 与 $C_4A_3\bar{S}$ 形成量相当；$\bar{F}/SO_3>0.158$ 时，$C_{11}A_7 \cdot CaF_2$ 形成量大于 $C_4A_3\bar{S}$ 形成量，且随 $\bar{F}/SO_3$ 增大，差距愈来愈大；$\bar{F}/SO_3<0.158$ 时则相反。

在其他成分变动不大的情况下，随 $\bar{F}/SO_3$ 增大，$C_{11}A_7 \cdot CaF_2$ 增多，$C_4A_3\bar{S}$ 减少，水泥凝结速度加快，容易产生急凝；随 $\bar{F}/SO_3$ 减少，$C_{11}A_7 \cdot CaF_2$ 减少，$C_4A_3\bar{S}$ 增多，水泥也早强，但凝结时间缓和得多；当 $\bar{F}/SO_3<0.19$，凝结时间可以达到普通水泥的标准要求，而且强度也高。如生产早强快硬水泥，早强矿物应控制以 $C_{11}A_7 \cdot CaF_2$ 为主；如生产普通水泥，则早强矿物应以 $C_4A_3\bar{S}$ 为主，这样生产的水泥不但强度高，凝结时间也易控制。所以，一般熟料中 $C_{11}A_7 \cdot CaF_2$ 含量为 $6\%\sim8\%$，$C_4A_3\bar{S}$ 含量为 $6.29\%\sim7.84\%$，$\bar{F}/SO_3$（质量比）为 $0.132\sim0.190$ 时，水泥强度出现最佳值，凝结时间也较正常。

综合上述几点，同时考虑到氟硫的矿化作用以及氟铝、硫铝、氟硫的相互关系可知，决定氟硫掺量的因素是：

①矿化作用

中间过渡相氟硫硅酸二钙（$3C_2S \cdot 3CaSO_4\text{-}CaF_2$）是促进 C_3S 形成的重要因素，CaF_2 与 $CaSO_4$ 的配入量以形成 $10\%\sim20\%$ 的过渡相 $3C_2S \cdot 3CaSO_4\text{-}CaF_2$ 作为基础来确定，这样能兼顾熟料低温煅烧、矿物形成、水泥性能及矿化效果等方面因素。

②铝相分配

形成的铝相矿物有 $C_{11}A_7 \cdot CaF_2$、$C_4A_3\bar{S}$、C_3A 及 C_4AF，氟硫的掺入影响这些矿物的分配。在 1350℃ 以下，氟硫量足够，不形成 C_3A，铁基本上以 C_4AF 存在。氟硫比决定 $C_{11}A_7 \cdot CaF_2$ 和 $C_4A_3\bar{S}$ 的比例，CaF_2 抑制 $C_4A\bar{S}$ 的形成，而 SO_3 并不抑制 $C_{11}A_7 \cdot CaF_2$ 的形成。实际上，$C_{11}A_7$ 不仅是 C_3A 的前期矿物，还是 $C_4A_3\bar{S}$ 的前期矿物。

③CaF_2 与 SO_3 的作用与反作用

a. CaF_2 与 SO_3 需要一定的量，太少则效果不显著，一般情况下 CaF_2 的含量高于 0.5%，SO_3 的含量高于 1% 之后才有显著效果；

b. CaF_2 本身的矿化效果比 SO_3 好，若熟料饱和系数高，生料易烧性差，则 CaF_2 应适当多配一点；

c. CaF_2 与 SO_3 过量都有反作用，一般 CaF_2 的含量不超过 1.5%，SO_3 的含量不超过 3%。

④从需要形成的矿物出发

主要考虑 C_3S、$C_{11}A \cdot CaF_2$ 和 $C_4A_3\bar{S}$ 的含量。若考虑以提高 C_3S 含量为主，则 CaF_2 的含量高一些；若考虑以形成 $C_{11}A_7 \cdot CaF_2$ 为主，则 CaF_2 的含量应高一些；若考虑要形成较多的 $C_4A_3\bar{S}$，则 SO_3 的含量应高一些。

⑤考虑 f-CaO 及熟料粉化

若熟料中 f-CaO 的含量较高，一般 CaF_2 应多加一些；若熟料粉化严重，除冷却较慢之外，很可能是 CaF_2 引起，这时 CaF_2 应减少一些。

⑥考虑水泥性能

a. 凝结时间

若凝结时间需要快一些，在 Al_2O_3 足够的情况下可多加一些 CaF_2；但若 Al_2O_3 不多，凝结时间（特别是终凝）很慢，则也有可能是 CaF_2 引起，这时 CaF_2 应减少一些。

b. 早期强度

影响早期强度的因素很多，在其他条件相同时，一般可适当提高 SO_3/CaF_2 值，28d 强度则主要取决于 C_3S 的含量与结构。

⑦通过实践决定其掺量

在生产实践中，要根据具体情况，通过试验决定其掺量。如果石膏加入量太少，SO_3 与 CaF_2 物质的量之比太低，将生成较多的 $C_{11}A_7 \cdot CaF_2$，熟料容易快凝。如果石膏加入量太多，除生成 $C_4A_3\bar{S}$ 所需的 SO_3 外，还剩余较多的 $CaSO_4$。这时，一则熟料中 SO_3 的含量增多限制了磨制水泥时外加石膏调节凝结时间的灵活性；二则熟料液相量可能过多，会使煅烧困难，这是因为煅烧时液相量过大会结大块，影响通风，形成还原气氛，进而影响熟料质量。

因黏土中含砂量较多、石灰石中 $CaCO_3$ 颗粒较粗等导致易烧性较差时，可以适当增加萤石用量，降低 SO_3 与 CaF_2 的物质的量之比。

4. 使用矿化剂的配料方案设计

（1）率值的确定

矿物组分是决定水泥质量的基本因素，也是使水泥具备水硬性的内在原因。为保证熟料的矿物组成和正常煅烧，必须使生料的组分符合一定的要求。因此，确定合理的配料方案和制备合格的水泥生料是获得优质高产水泥的首要条件。

水泥生料的配料计算，通常是根据熟料的矿物组分推导出率值来加以实现的。使用掺有复合矿化剂 CaF_2、SO_3 的生料煅烧水泥，不仅能增加液相，而且有新矿物生成，因此已不能把它们看作是纯粹的矿化剂。严格来说，它们既是矿化剂，又是熟料的组分之一。在低于 1350℃ 烧成的情况下，其矿物组分除 C_3S、C_2S、C_4AF 与普通的硅酸盐水泥熟料相同外，还含有两个新矿物 $C_{11}A_7 \cdot CaF_2$ 与 $C_4A_3\bar{S}$ 中的一个或两个，因此率值及矿物组分的计算应作适当调整或修正。

配料方案，就是对熟料矿物组分的选择。一般以 KH、n 和 p 三率值来表示水泥熟料矿物之间的关系。用这些率值可以对熟料性质进行评价和分析，也能较为明确地表示出水泥的性质和质量，所以设计配料方案就是合理地选择三率值。

（2）选择率值的原则

1）在条件允许下适当提高 KH 值

在 f-CaO 含量相差不多的情况下，随着 KH 值的提高，C_3S 的含量也随之增加，但 KH 值太高，则熟料的易烧性变差。如果其他措施配合不当，C_2S 吸收 CaO 形成 C_3S 的反应就不完全，会使 f-CaO 含量过高，安定性不良，熟料质量反而下降。所以配料方案的选择应结合工厂的具体条件，在设备配套、生料组分和均化程度较好、掺煤均匀、使用适当矿化剂等生产水平较高的情况下，应适当提高熟料的 KH 值，以有效地提高熟料的质量。

水泥厂的 KH 值一般控制在 $0.90\sim0.94$。掺氟、硫复合矿化剂为提高 KH 值提供了良好条件，KH 值可根据条件适当提高，一般提高到 $0.94\sim0.98$。

2）选择与 KH 值相适应的 n 值

熟料的 n 值表示硅酸盐矿物与熔剂矿物之间的关系。为使熟料有较高的强度，选择 n 值时必须保证熟料中有一定数量的硅酸盐矿物，且选择的 n 值一定要与 KH 值相适应。一般应避免如下情况：

①KH 值高，n 值也高。此时熟料中硅酸盐矿物多，熔剂矿物少，熟料易烧性差，吸收 f-CaO 含量不完全，易造成熟料中游离氧化钙含量高，质量差。

②KH 值低，n 值偏高。此时熟料中 C_2S 含量高，易造成熟料粉化而影响质量。

③KH 值低，n 值也偏低。这时熟料中硅酸盐矿物较少，而熔剂矿物过多，虽然能降低熟料烧成温度，但液相量过多容易引起结窑，结成大块熟料反而不易烧透，包裹在熟料内部的 f-CaO 含量高，质量并不好，处理窑面和卸窑均较难。

由此可知，一般 KH 值高时，熟料难烧，应适当降低 n 值增强易烧性。目前 n 值一般控制在 $1.8\sim2.6$，掺用较多的矿化剂或双掺矿化剂时，n 值可控制在 1.8 ± 0.2。

3）选择与 KH 值适应的 p 值

p 值的控制与液相黏度和熟料凝结时间有关。选择 p 值时应考虑与 KH 值适应，一般情况下，当提高 KH 值时，应相应降低 p 值；采用复合矿化剂，必须适当提高 p 值。一方面是从煅烧条件出发，掺加复合矿化剂后，液相黏度降低幅度较大，要适当提高铝氧率；另一方面且更重要的是保证熟料矿物中铝酸盐矿物有一定的含量，以便形成一定量的早强矿物。C_3A 单独水化的强度不高，但如果和 C_3S 一同水化，就能有效地提高水泥强度。试验结果表明，当 C_3A 占 15%、C_3S 占 85% 时，生产的水泥具有较高的强度。众所周知，掺复合矿化剂的熟料阿利特含量很高，如果 C_3A 含量太少，显然对水泥强度的发挥不利，因此，这类熟料必须适当提高 Al_2O_3 含量，并适当降低 Fe_2O_3 的含量。

（3）几种配料方案

1）高铁配料方案

高铁配料方案要增加 Fe_2O_3 成分，降低 p 值，提高熟料中铁相含量。通常 Fe_2O_3 含量高于 5.5% 时称作高铁配料。随着 C_4AF 的增高，液相出现的温度和液相黏度降低，致使液相扩散系数增大，易烧性好，有利于 C_2S 吸收 f-CaO 形成 C_3S，提高熟料质量；并且在烧结过程中，由于低温时液相量较多，黏度较低，窑上形成结大块时也容易处理。但是，高铁配料方案也有弊端：一方面，高铁料的烧成温度范围较窄，容易结大块，Fe_2O_3 被 CO 还原成的 FeO 也可能增多，使 FeO 的危害加剧；另一方面，铁含量高时，由于中部高温带料层较软，在上部料层的压力下变形量大，使中部料层透气性差，冷却慢，造成 C_3S 分解，因而使质量下降。

2）高铝配料方案

高铝配料方案要增加 Al_2O_3 成分，提高 p 值，提高熟料中铝相含量。通常 Al_2O_3 含量高于 6.5% 时称为高铝配料。随着 C_3A 含量的增高，C_4AF 含量相对减少，液相黏度增高，但熟料的煅烧温度范围较宽；然而，液相黏度较高会使液相扩散系数变小，不利于 C_2S 吸收 f-CaO 形成 C_3S，从而影响 C_3S 的正常结晶。

3）高铝、高铁方案的应用条件

高铝、高铁方案各有优缺点，采用何种方案应以工厂的具体条件为依据，但是干法回转窑企业要慎用此方案。

5．矿化剂对熟料煅烧的影响

在生产实践中，在生料中引入单一或复合矿化剂时，通常采用低温煅烧和高温（也称常规温度）煅烧两种方式。低温煅烧的温度范围在 1250～1350℃，高温煅烧的温度范围在 1350～1450℃。煅烧温度的选择与早强矿物 $C_{11}A_7 \cdot CaF_2$ 和 $C_4A_3\bar{S}$ 的形成和分解有关。熟料的烧成温度范围是熟料结大块的上限温度 T_m 和安定性合格的下限温度 T_b 之差，称为烧成范围 T_r，即：

$$T_r = T_m - T_b$$

式中　T_r——烧成温度范围（℃）；

　　　T_m——上限温度（℃）；

　　　T_b——下限温度（℃）。

（1）影响煅烧温度的因素

1）微量组分对烧成温度的影响

①萤石对烧成温度的影响

熟料组分为 SiO_2 22.37%，Al_2O_3 5.75%，Fe_2O_3 4.4%，CaO 67.46%。对于此组分，不同萤石含量对烧成温度的影响见表 3-2-4。

表 3-2-4　萤石掺入量对烧成温度的影响

萤石掺量（%）	T_m（℃）	T_b（℃）	T_r（℃）
0	1580	1325	255
0.5	1580	1325	255
1.0	1580	1310	270
1.5	1560	1302	258
2.0	1560	1282	276

②氧化镁对烧成温度的影响

熟料成分为 SiO_2 22.16%，Al_2O_3 5.69%，Fe_2O_3 4.38%，CaO 66.77%。对于此组分，不同氧化镁含量对烧成温度的影响见表 3-2-5。

表 3-2-5　氧化镁含量对烧成温度的影响

氧化镁含量（%）	T_m（℃）	T_b（℃）	T_r（℃）
1	1580	1316	264
2	1580	1290	290
3	1560	1280	274
4	1560	1280	280

③复合组分对烧成温度的影响

熟料成分为 SiO_2 22.37%，Al_2O_3 5.75%，Fe_2O_3 4.42%，CaO 67.46%。不同复合组分（萤石、氧化镁、三氧化硫、氧化钛、氧化钡）含量对烧成温度的影响见表 3-2-6。

表 3-2-6　复合组分对烧成温度的影响

复合组分（%）					T_m（℃）	T_b（℃）	T_r（℃）
CaF_2	MgO	SO_3	TiO_2	BaO			
0	—	—	—	—	1580	1325	255
1.0	—	—	—	—	1580	1310	270
1.0	1.5	—	—	—	1580	1286	294
1.0	1.5	2.0	—	—	1560	1248	312
1.0	1.5	2.0	0.5	—	1540	1248	292
1.0	1.5	2.0	0.5	1.0	1540	1248	294

加入矿化剂后，熟料烧成温度的上限和下限都有所降低，但下限比上限降低得多，因而扩大了烧成范围，这对干法回转窑是有利的。

2）率值对烧成温度的影响

①KH 值对烧成温度的影响

当 $n=2.1$，$p=1.1$，$CaF_2=1.0\%$，$SO_3=2.0\%$时，KH 值与烧成温度的关系见表 3-2-7。

表 3-2-7　饱和比 KH 值与烧成温度的关系

KH	T_{mc}（℃）	T_{mm}（℃）	T_{bc}（℃）	T_{bm}（℃）	T_{rc}（℃）	T_{rm}（℃）
0.80	1354	1400	1196	1210	158	190
0.84	1439	1440	1222	1223	217	217
0.88	1504	1500	1239	1238	265	262
0.90	1500	1520	1244	1242	256	278
0.94	1519	1540	1246	1246	273	294
0.96	1574	1560	1243	1250	331	310

注：T_{mc}、T_{bc}、T_{rc}为计算值；T_{mm}、T_{bm}、T_{rm}为测定值（下同）。

②n 值

将 $KH=0.91$，$p=1.1$，$CaF_2=1.0\%$，$SO_3=2.0\%$代入得：$T_r=-18n+185.03n-$

23.53，n 值与烧成温度的关系见表 3-2-8。

表 3-2-8　硅酸率 n 值与烧成温度的关系

n	T_{mc}（℃）	T_{mm}（℃）	T_{bc}（℃）	T_{bm}（℃）	T_{rc}（℃）	T_{rm}（℃）
1.5	1442	1420	1229	1230	213	190
1.8	1497	1498	1245	1243	282	255
2.1	1540	1540	1254	1248	286	292
2.4	1573	1580	1256	1250	317	330
2.7	1620	1600	1251	1252	369	348

③p 值

将 $KH = 0.91$，$n = 2.1$，$CaF_2 = 1.0\%$，$SO_3 = 2.0\%$ 代入得：$T_r = 110.44p - 282.32p + 462.48$，$p$ 值与烧成温度的关系见表 3-2-9。

表 3-2-9　铝氧率 p 值与烧成温度的关系

p	T_{mc}（℃）	T_{mm}（℃）	T_{bc}（℃）	T_{bm}（℃）	T_{rc}（℃）	T_{rm}（℃）
0.7	1555	1554	1236	1234	319	320
0.9	1545	1547	1247	1242	298	305
1.3	1540	1520	1258	1241	282	279
1.5	1545	1520	1259	1242	286	278
1.7	1557	1520	1255	1242	302	278
1.9	1573	1560	1249	1242	324	318

（2）复合矿化低温煅烧

萤石和石膏复合矿化剂加入后，$CaCO_3$ 分解提前并加快，过渡相在较低温度下形成并分解，加快了 f-CaO 的吸收，促进了 C_3S 的形成。低温煅烧有以下特点：

1）低温煅烧可以保留早强矿物。

采用萤石-石膏复合矿化剂，可以使 C_3A 在熟料相平衡中消失。熟料中除含有 C_3S、C_2S、C_4AF 外，还含有少量 $C_4A_3\overline{S}$ 和 $C_{11}A_7 \cdot CaF_2$。低温煅烧生产的水泥中 C_3S 含量比传统方法生产的高，C_2S 含量则比传统方法生产的少；而新引进的 $C_4A_3\overline{S}$ 和 $C_{11}A_7 \cdot CaF_2$ 具有快硬早强和微膨胀的特点，使得生产的水泥性能优于传统方法生产的熟料。具体原因如下：

①熟料中间体主要是含铝矿物 C_4AF 和 $C_{11}A_7 \cdot CaF_2$，也有一些 C_3A 和 $C_4A_3\overline{S}$，它们在高温下熔为液相，冷却以后形成中间体，分布在 C_3S 晶体之间，小部分以微型结晶析出，大部分以玻璃态存在。

②$C_{11}A_7 \cdot CaF_2$、C_4AF 和 C_3A 三种含铝矿物在形成过程中存在联结和制约关系：在 $1000 \sim 1200℃$ 的低温烧成阶段中，配料中有过量的 CaO 和 Al_2O_3 存在，对 $C_{11}A_7 \cdot CaF_2$ 和 $C_4A_3\overline{S}$ 的形成有促进作用；CaF_2 的存在抑制了 C_3A 的形成，使 C_3A 在熟料中的最终数量不多；C_4AF 的存在又抑制着 C_3A、$C_4A_3\overline{S}$ 的形成，使 $C_4A_3\overline{S}$ 在熟料中的最终数量也不多。

③C_4AF 的形成耗用了一部分 Al_2O_3，剩余的 Al_2O_3 主要形成 $C_{11}A_7 \cdot CaF_2$。低温煅烧熟料的矿物组分主要是 C_3S、C_4AF 和 $C_{11}A_7 \cdot CaF_2$。熟料的早期强度依靠 C_3S 和 $C_{11}A_7 \cdot CaF_2$，后期强度依靠 C_3S 和 C_4AF。同普通熟料相比，这种熟料的优势是 C_3S 的增多和 $C_{11}A_7 \cdot CaF_2$ 的出现，以 $C_{11}A_7 \cdot CaF_2$ 替代 C_3A 正是熟料高强快硬的原因。

2）烧成温度低，生料易烧性好。

低温煅烧的烧结范围广，易控制，熟料颗粒均齐、疏松、容易粉磨。

3）低温煅烧时，生产的水泥游离氧化钙含量不高。

适当选择 $C_{11}A_7 \cdot CaF_2$ 和 $C_4A_3\bar{S}$ 的比例可以降低 f-CaO 含量。据资料报道，当 $C_4A_3\bar{S}$ 和 $C_{11}A_7 \cdot CaF_2$ 的质量比约等于 1.5 时，f-CaO 含量可达最低值，此时，低温煅烧所形成的游离氧化钙对安定性的影响较轻，因此控制指标也可适当放宽一些。

4）低温煅烧有利于节能，有利于窑安全运转。

低温煅烧比传统温度煅烧可降低温度 150～200℃，熟料烧成热耗从 4500～5000kJ/kg 下降到 3500～4000kJ/kg，节煤 8%～25%，并延长了窑安全运转的周期。

（3）复合矿化剂高温煅烧

高温煅烧是在 1350～1450℃ 甚至更高温度下的煅烧。主张高温煅烧者认为 $C_{11}A_7 \cdot CaF_2$ 和 $C_4A_3\bar{S}$ 的分解温要达到 1500℃。对某厂 1430～1480℃ 煅烧熟料用 X 射线衍射分析表明，熟料中仍存在少量 $C_{11}A_7 \cdot CaF_2$ 和 $C_4A_3\bar{S}$，即使两种矿物分解，所烧出的熟料仍然具有较高的强度。

1）高温煅烧有利于游离氧化钙的吸收。

高温煅烧的熟料游离氧化钙含量较低。表 3-2-10 是实际生产中不同配热条件下煅烧的熟料。由此可知，煅烧过程中，在熟料组分的热损失相似的情况下，随着单位熟料热耗的提高，烧成温度提高，游离氧化钙含量降低。烧成温度在 1430～1480℃ 时，饱和比 KH 值即使达到 1.00，游离氧化钙的含量仍可控制在 2.5% 以下，且安定性良好，强度在 62.5MPa 以上。

表 3-2-10 不同配热条件下煅烧的熟料

编号	熟料热耗 （×4.18kJ/kg）	全黑生料中 CaF_2 含量 （%）	熟料中 SO_3 含量 （%）	KH	f-CaO 含量 （%）	安定性
B1	800	0.98	1.70	0.88	2.27	合格
B2	800	1.01	1.86	0.91	3.14	弯
B3	850	1.06	1.72	0.97	4.26	松
B4	850	0.99	1.67	1.00	5.78	溃
B5	1070	0.98	1.60	0.95	1.58	合格
B6	1150	0.97	1.73	0.97	1.47	合格
B7	1200	1.06	1.78	1.00	2.18	合格

2）高温煅烧有利于高饱和比烧成。

通常情况下，在硅酸盐熟料煅烧过程中，随着温度的升高，$C_2S + CaO \longrightarrow C_3S$ 的反应速度加快，1450℃ 时反应最激烈，因此，窑的高温带温度必须保持在 1450℃ 左右。但在掺加 CaF_2 和 $CaSO_4$ 的物料煅烧过程中，$CaSO_4$、CaF_2 和其他组分作用生成含 $\bar{F}$ 和 $\bar{S}$

的硅酸钙过渡相，使液相提前出现。虽然 C_3S 可在 1200℃ 左右开始形成，但如果饱和比提高至较高的范围时，熟料仍在 1350℃ 以下烧成，即使掺加矿化剂，烧结物的游离氧化钙含量也相应较高。因此，在矿化剂作用下，提高饱和比的同时，必须提高相适应的烧成温度。大量低黏度的高温液相加速 A 矿大量形成，并发育良好，烧结物的游离氧化钙含量随之下降。1450℃ 烧成熟料的游离氧化钙含量仅为 1350℃ 烧成熟料的 1/2。在高温情况下，烧成时间过长，对降低游离氧化钙并无显著作用。

物料在足够、适量的矿化剂作用下，保持在高温状态下煅烧，可使饱和比较高的生料在矿物形成过程中更完全地吸收 CaO，从而生成更多的 C_3S，提高熟料强度。

3）高温煅烧有利于提高熟料的强度。

在高温煅烧时，C_3S 矿物仍在较低温度即 1200℃ 左右开始形成，等于相对扩大了烧成范围，这为 C_3S 矿物的大量形成创造了有利条件，并使其晶体发育良好，这是高温煅烧的熟料能获得更高强度的根本原因。此外，人们通常认为，煅烧温度较低时，生料在矿化剂作用下，除生成上述 $C_{11}A_7 \cdot CaF_2$ 和 $C_4A_3\bar{S}$ 两种有用的早强矿物外，还会生成一系列无水硬性或水硬性很差的硫硅酸盐及氟硅酸盐中间化合物。在低温烧成时，1200℃以上的温度可使硫硅酸盐、氟硅酸盐分解，生成我们所要求的 C_3S 固溶体。而高温煅烧既提供了含 $\bar{S}$ 和 $\bar{F}$ 的硅酸钙中间化合物的分解温度，又保证了其足够的分解时间，从而提高有用矿物含量。

在生产中使用矿化剂，能够提高饱和比，降低硅酸率，保持足够的熔剂量，并保证熟料在高温状态下烧成。熟料中 A 矿固溶量高，晶体粗大，可使熟料 A 矿量达 60％ 以上，其强度要比在较低温度下烧成的熟料高得多。

在矿化剂作用下，熟料烧成温度达到 1450℃ 左右，并保持较长时间（物料在煅烧时，A 矿在 1200℃ 左右即开始生成，如烧成最高温度达 1450℃，即烧成温度范围为 1200～1450～1200℃，这实际上延长了物料在高温区的反应时间），此过程有足够的高温液相及合适的黏度，SO_3、CaF_2 以及 Al_2O_3、Fe_2O_3、MgO 等微量组分可溶入 C_3S 晶格中，被这些组分置换出来的 SiO_2 又可以和在游离状态的 CaO 进一步化合成硅酸钙，生成大量高活性的 A 矿固溶体。因此，在熟料饱和比很高，甚至超过 1 的情况下，熟料中的 f-CaO 含量还是比较低的。同时，溶入 C_3S 晶格中的 SO_3、CaF_2 和其他微量组分的总量要比一般熟料高，A 矿固溶程度也相应较高。镜下定量的 A 矿量要比用"鲍格"公式计算出来的 C_3S 量高 10％ 左右，A 矿固溶体实际含量可达 65％～70％。众所周知，固溶程度越高的 A 矿，其水化和硬化速度越快，强度越高。因此，在矿化剂作用下，高温烧成的熟料强度，要比低温烧成的熟料强度高得多。虽然在高温煅烧过程中，$C_{11}A_7 \cdot CaF_2$ 和 $C_4A_3\bar{S}$ 大部分分解生成强度较低的 C_3A，但 A 矿的强度绝对值，不管是早期还是后期，都比任何矿物高，因此，高温烧成熟料中，大量 A 矿发挥的强度值要比 $C_{11}A_7 \cdot CaF_2$ 和 $C_4A_3\bar{S}$ 分解失去的强度值大得多。高温煅烧的熟料中 A 矿大多发育良好，形成六角形板状和长柱状结构，而低温煅烧的熟料中 A 矿晶体较细小，这也是二者强度差别的原因之一。

综上所述，采用矿化剂、提高饱和比及保持物料在高温下烧成，是提高水泥熟料强度的有效措施。因此，在生产中，企业必须根据窑炉热工测定的热平衡结果，确定合理的单位熟料热耗，保证熟料在形成过程中有足够的热量。

6. 复合矿化剂在干法回转窑生产中的应用

20 世纪 80 年代，中国建材科学研究院水泥所李培铨、刘长发等专家对石膏-萤石复合矿化剂进行了深入研究，在理论和实践上都取得了可喜的成果，并先后在江山水泥厂、湘乡水泥厂、天津水泥厂等推广应用复合矿化剂低温煅烧新技术，取得成果如下：

（1）低温煅烧控制温度范围在 1300～1350～1400℃，使熟料增产 5%～15%，节煤 5%～12%。

（2）熟料强度高，3d 强度为 35～45MPa，28d 强度高于 63MPa，适应于生产高等级（包括"R"型）硅酸盐水泥、普通硅酸盐水泥、矿渣硅酸盐水泥、粉煤粉硅酸盐水泥、火山灰质硅酸盐水泥及快硬硅酸盐水泥。

（3）回转窑操作方便，控制容易，窑皮质量好，快转率高，有利于窑的长期安全运转。

（4）低温煅烧熟料的矿物组分优于普通硅酸盐水泥熟料，除主要矿物 C_3S、C_2S、C_3A、C_4AF 外，还有少量早强矿物 $C_{11}A_7 \cdot CaF_2$ 和 $C_3A\overline{S}$。

（5）低温煅烧熟料生产的硅酸盐水泥水化产物和普通硅酸盐水泥基本相同，主要是 C-S-H 凝胶、氢氧化钙和钙矾石。

（6）低温煅烧熟料生产的硅酸盐水泥的长期稳定性同普通硅酸盐水泥一样稳定可靠。

原山东临光水泥厂徐启苍等专家对复合矿化剂在干法回转窑上的正常应用（即高温煅烧）亦做了深入研究，并取得了宝贵的实践经验。

即因生料与煤炭相对均匀稳定，除采取适宜的配料方案以保证矿化剂掺加比例和掺加量外，还要加强窑的操作，如适当提高窑的转速、增加物料喂料量。在回转窑上采用复合矿化剂技术，可煅烧高强度水泥熟料，其 3d 强度为 40MPa 以上，28d 强度可达 65MPa，复合矿化剂有效地清除了窑外分解窑系统的结皮和窑内结圈、结球。此外，生料易烧性和窑皮质量好，有利于窑的长期安全运转。表 3-2-11 为某厂 2500t/d 干法回转窑使用复合矿化剂技术前后的效果对比。

表 3-2-11　某厂 2500t/d 干法回转窑使用复合矿化剂技术经济效果

项目	台时产量(t/h)	熟料煤耗(kg/t)	熟料成本(元/t)	KH	SM	IM	f-CaO(%)	C_3S(%)	C_2S(%)	C_3A(%)	C_4AF(%)	熟料强度（MPa） 抗折 3d	熟料强度（MPa） 抗折 28d	熟料强度（MPa） 抗压 3d	熟料强度（MPa） 抗压 28d
使用前	104	114	142	0.94	1.9	1.3	3.0	47	25	7.8	14.2	5.3	8.4	35	54.2
使用后	116.5	100	130	0.96	2.2	1.8	2.4	56	20	9.8	11.2	6.6	8.8	40.8	63.9
比较(%)	+12%	−12.3	−12	—	—	—	—	—	—	—	—	—	—	+5.8	+9.7
备注	本表为在生料中掺加 0.7% 的复合矿化剂后三个月的平均结果对比。														

7. 利用复合矿化剂生产过程的质量控制

利用复合矿化剂生产过程的质量控制尤为重要，注意事项如下：

（1）科学选择 $\overline{F}/\overline{S}$ 及与之相适应的配料方案；

（2）保证复合矿化剂掺入比例、掺入量、掺入均匀稳定；

（3）重视熟料和水泥中 SO_3 的检测并建立检测制度；

（4）保证原料、燃料等材料均匀稳定；

（5）强化熟料急冷措施。

8. 加入复合矿化剂水泥生产回转窑的正常操作

回转窑操作是以保证烧成设备的燃烧能力和换热能力平衡稳定为原则，以保证熟料烧成的预热能力和换热能力平衡稳定为宗旨。

操作员操作中应该做到"窑炉协调，前后兼顾"，以稳定烧成温度和稳定分解炉温度为目的，以求达到合理的热工制度。当然，是否能够达到，要看风、煤、料三方面是否能有效配合，这需要通过调整回转窑的各个参数来实现，达到优质、低耗、稳产的目的。

正常操作方式有四固、五稳、二调整。

①四固：固定窑速、固定高温风机转速、固定喂料量、固定头煤喂煤量。

②五稳：稳定窑电流、稳定分解炉温度、稳定篦冷机篦床上的料层厚度、稳定二次风温、稳定窑头负压。

③二调整：调整窑尾喂煤量（以求稳定分解炉温度和窑电流）、调整篦速（以求稳定篦床料层厚度和稳定二次风温）。

1）二调整

（1）调整窑尾喂煤量

调整窑尾喂煤量是为了达到比较稳定的分解炉温度和窑电流。当固定回转窑转速、高温风机风量、喂料量、窑头喂煤量后，在生料转变成熟料的过程中，受入窑生料组分、三率值波动及喂料设备的影响，回转窑对热量的需求不同，因此，分解炉温度会产生大幅度波动，严重时也会造成回转窑电流的急速波动。此时，需要通过调整分解炉的喂煤量来达到稳定分解炉温度和窑电流的目的。具体调整如下：

在喂煤量不变的情况下，KH 降低或喂料量下降会造成分解炉温度的大幅上升，这时应该通过降低喂煤量来降低分解炉的温度；当 KH 提高或喂料量增大时，由于物料的吸热能力加大，分解炉温度会下降，窑尾的喂煤量则应增加，以稳定分解炉温度。

分解炉温度短时间、周期性地波动对窑电流的影响不大，此时，我们可以忽略窑内变化；当 KH 或喂料量变化大时，在稳定分解炉温度的同时，已经不能稳定窑电流，这时就需要提高或降低分解炉温度，以求稳定窑电流。

若分解炉温度长时间波动，并且温度较高时，窑电流仍然波动较大，此时，需要通过调整窑头的喂煤量，以求稳定窑电流。需要指出的是，窑电流下滑太快时，不能简单地通过固定窑头用煤量来控制窑电流，此时应该加头煤，大幅度减料，杜绝跑生料现象。

（2）调整篦冷机篦速

调整篦冷机篦速是为了稳定篦床上料层或达到不同的料层厚度，最终目的是通过维持稳定的冷却风量来实现稳定的二次风温，避免二次风温波动影响煅烧。各变量之间关系如下：

①冷却风量决定二次风温

在喂料量固定、回转窑转速固定、窑电流稳定的情况下，出窑熟料的温度相对来讲是稳定的，二次风温也应该是相对稳定的。但是二次风温不仅受出窑熟料带出的热量影响，而且也受篦下风机冷却风量的影响。

冷却风量决定了换热后的二次风温。篦下风机冷却风量多，则废气温度低，二次风温低，熟料的冷却效果好；篦下风机冷却风量少，则废气温度高，二次风温高，熟料的冷却效果差。而篦下风机冷却风量不仅受风阀的影响，而且受篦冷机上面料层以及熟料结粒情况的影响。

②篦冷机零压点

篦冷机零压点虽然是一个只在理论上存在的点，现实中难以测量，但是其变化对窑的煅烧影响比较大。它和窑头罩的负压变化几乎是同步的。零压点的变化受各风室风机风量的影响，此外，各段料层厚度、头排风机、高温风机、窑内的煅烧状况等，都会影响到零压点的变化。篦冷机零压点与二次风温之间的关系为：头排风机风量不变的情况下，拉大高温风机风量，零压点后移，二次风温降低；高温风机风量不变的情况下，拉大头排风机风量，零压点前移，二次风温提高；头排风机、高温风机风量不变的情况下，一段篦速降低，一段料层增厚，零压点后移，此时二次风温变化相对较小；一段篦速提高，一段料层减薄，一段篦下风机风量加大，零压点后移，二次风温降低；头排风机、高温风机风量不变，篦速不变的情况下，由于掉大块，在短时间内出窑熟料增加，料层加厚，篦下风机风量降低，零压点后移，二次风温提高。

a. 篦冷机调整原则

篦冷机各部位由不同的封闭篦室组成，篦下冷却风机是通过不同的密闭风室进入篦冷机的，而篦冷机各段所承担的作用不同，所以操作也不同。一段换热后的冷却风主要是供给窑炉用的二次、三次风；二段主要是用于发电的冷却风回收；三段主要是加速熟料的冷却。

由于是在入窑阶段，一段最为关键的要素就是维持稳定。这是因为不稳定的二次风温对煅烧影响很大，对高温带影响也很大：二次风温低会使燃烧速度变慢，一旦降低，即便是多加头煤，甚至来不及多加，窑电流也会快速下滑；过高的二次风温容易形成"雪人"，甚至压住篦冷机，对操作不利。因此，煅烧过程需要维持稳定的高温二次风。此外，篦速快，料层厚度薄，通风量大，则二次风温低；篦速慢，料层厚，通风量小，则二次风温高。二次风温还受窑头风机，即篦冷机零压点的影响。

二段的换热风用于发电冷却风回收，温度越高，对回收越有利。在操作中，需要通过调整篦速和风量，尽量多地回收发电。

三段的换热风前部还能利用，尾部基本上是废弃的，在熟料冷却效果好的情况下，其电耗越低越好。

需要注意的是，二次风不仅影响烧成温度，其不稳定性还容易造成烧成带的快速变化，使得液相量区域变化极快，容易形成圈，或者是厚窑皮。

b. 篦冷机调整思路

当生产正常时，篦室风压上升，说明篦床上边料层出现变化，有可能是出现垮圈现象，大量物料从窑内排出、掉窑皮出现大块或者熟料结粒变化影响通风。此时需要提高篦速或者提高篦下风机转速，最终使风机透过篦床的风量持平，以保持稳定的二次风温。

当生产正常时，篦室风压下降，说明篦床上边料层出现变化，有可能是窑内煅烧出现变化，液相量增多（窑电流提高）影响了物料的正常排出。此时需要降低篦冷机推动次数，确保稳定的二次风温，必要时要确认变化原因，及时从源头治理。

当生产正常时，由于上料量变化、烧成温度变化以及设备原因都会使造料层发生变化，此时要根据篦下风室压力进行篦冷机推动次数的调整，以求达到稳定的二次风温；有时还要考虑窑头设备承载高温的能力或需要兼顾发电，此时，不能只考虑一段的篦速调整，还要同时兼顾二段和三段的调整。

2）四固定

（1）固定窑速

固定窑速的目的是在其他变量不变的情况下，稳定物料运动速度及窑内各带温度点，以获得稳定不变的液相量出现点及最高点，防止窑内各处温度突然变化而使其受冷凝影响出现长厚窑皮的现象。

（2）固定头煤喂煤量

固定喂煤量的目的是固定窑内各带位置，稳定各点温度，防止火焰温度忽高忽低，使各带温度变化，从而避免液相量出现位置前后移动。液相量出现位置的前后移动会使窑皮容易因温度变化而出现冷凝现象，从而加大形成长厚窑皮、结圈的概率。

（3）固定生料喂料量

假设窑速和头煤喂煤量不变，喂料量变化会引起窑系统内各处的温度发生变化。喂料量加大，预热器温度降低，此时，需要调整分解炉的喂煤量或提高分解炉温度来对冲；喂料量减小，预热器温度提高，此时，需要降低分解炉喂煤量以确保入窑的分解率不变。喂料量过大或过小，都会影响到窑内的煅烧温度，同时，还会严重影响窑内的物料流速。物料流速的不同会直接引起窑内各带温度发生变化，造成液相量出现的初始位置发生变化，容易形成长厚窑皮、结圈、结蛋。为了避免以上问题，最好在操作中固定喂料量，尽量避免生料喂料量的波动。固定喂料量后，窑内温度即便是仍有变化，也是随着设备进行有规律的波动。需要说明的是，固定喂料量也只是固定喂料秤的下料量，即尽可能地稳定下料量，而非实际上的喂料量固定。

（4）固定高温风机转速

假设窑速、头煤喂煤量及生料喂料量不变，风机风量变化会造成火焰形状发生变化，进而直接造成窑内各处温度发生变化，同样会出现长厚窑皮、结圈、结蛋等问题。所以应该固定风机转速，预防上述现象的发生。

3）五稳

五稳的前提是四固、二调整。四固、二调整的操作最终目标是获得稳定的分解炉温度、篦冷机篦床上料层厚度、二次风温、窑头负压和窑电流。五稳的状态能够避免窑内出现长厚窑皮、结圈、结蛋等窑内不正常状态，达到优质、稳产的结果。

五稳、四固、二调整的目的是避免窑内不正常现象（长厚窑皮、结圈、结蛋、跑生料等）的发生，并使回转窑达到稳产、高产、优质、低耗的结果，其中要弄清楚的关键问题是长厚窑皮、结圈、结蛋的原因。很多人将其归结为液相量多、率值不合理等，但工作经验证明，避免这些不正常现象，正确的操作最为关键，除了要做到"五稳、四固、二调整"，还要进行燃烧器的调整。

例如，大部分人认为液相量多、碱含量高、熔剂矿物多会造成结圈、结蛋，实际上，结圈、结蛋现象不只在液相量高、碱含量高、熔剂矿物高的窑上出现，同样也会出现在液相量低、碱含量低的回转窑上。只要按照上文中的正常操作执行，煅烧过程中，在保证产质量的情况下，将尾温控制得尽可能低，将燃烧器火焰形状控制好，就不会出现结圈、结蛋的现象。如果窑尾偶尔出现少量的硫碱圈，只需要每4h移动一下燃烧器，就不会影响生产。

9. 其他矿化剂的使用效果

应用于熟料煅烧的矿化剂种类很多，目前水泥厂应用较多的有重晶石、铅锌矿、铜矿、铜铁矿的尾渣及冶炼矿渣等。

（1）重晶石矿化技术

1）重晶石对熟料游离氧化钙的影响

①重晶石掺量

在低饱和比（$KH=0.75$）时，随着重晶石掺量增加，游离氧化钙含量下降，掺量在1.5%时，游离氧化钙含量低；之后，重晶石掺量增加，游离氧化钙含量反而上升，掺量小于2.0%时，游离氧化钙含量比未掺重晶石时高。

②熟料成分

在一定重晶石掺量下，熟料的游离氧化钙含量随其饱和比的增加而升高。

③煅烧温度

掺入重晶石煅烧，随着温度的升高，熟料的f-CaO含量不断降低。当温度升高到1300℃时，熟料的f-CaO含量明显下降。在此温度下，饱和比高的熟料，其f-CaO含量比未加重晶石的高，而饱和比低的熟料比未加重晶石的低。

2）重晶石对水泥熟料强度的影响

重晶石掺量在一定范围内，可使水泥强度，特别是早期强度得到提高，饱和比低的熟料，早期强度的提高更为突出。实践证明，在1300℃下，重晶石掺量为1.5%时效果较好，水泥强度较高，早期强度增长率也较大。

3）重晶石、萤石复合矿化作用

生料中掺入重晶石、萤石之后，熟料中游离氧化钙的含量明显下降，C_3S含量明显上升，C_2S得到活化，可使熟料饱和比低的水泥强度，特别是早期强度得到大幅度提高。据研究，掺入重晶石、萤石之后，熟料早期强度提高20%～25%，后期强度提高10%，烧成温度降到（1300±50）℃。该复合矿化剂的作用主要有以下几点：

①降低石灰石分解温度，提高碳酸钙分解率和硅质原料反应活性，促进固相反应。

②降低液相黏度和形成液相的温度，增加液相量的助溶作用。掺入矿化剂后，系统中引进钡、硫、氟等元素，导致液相形成温度降低到140℃左右，促进黏度降低，有利于C_2S和CaO在液相中溶解和扩散，从而加速C_3S的形成。

③提高水泥熟料矿物固溶温度，增强水泥活性。矿化剂所带入的微量氧化物，能改变熔融物结晶-动力学性质，强化系统的不平衡性，在主要矿物晶体中形成固溶体。由电子探针波谱微区分析可知，阿利特熟料矿物中固溶了较多微量组分，这些外来组分占据了晶体中晶格结点的一些位置或孔隙，破坏了基点排列的有序性，引起了周期性势场的畸变，造成结构的不完整，形成点缺陷，增强了晶体的不稳定性，从而提高了熟料矿

物的水化活性。由于钙离子与钡离子的几何尺寸与电性质差别不明显，钡离子有可能在硅酸盐、铝酸盐和铁酸盐中类质同晶地置换钙离子，从而活化熟料矿物。

氟-钡复合矿化剂煅烧适用于低饱和比（$KH=0.90$ 左右）生料，生产的熟料游离氧化钙含量低，安定性良好，C_2S 得到活化，强度提高。

（2）矿山尾矿矿化技术

我国资源丰富，一些水泥生产原料不同程度地含有钒、锌、钡、磷、硫等元素，尤其是一些工业废渣或尾矿，其中所含的微量元素更为丰富和复杂，例如铅锌尾矿、铜尾矿等，除含有 CaO、SiO_2、Al_2O_3、Fe_2O_3、MgO 氧化物外，还含有多种微量成分，这些微量成分对水泥熟料矿物的形成有影响，水泥熟料矿物的匹配不同，对水泥性能会产生不同的影响。部分矿山尾矿的化学成分见表 3-2-12。

表 3-2-12 部分矿山尾矿化学成分 单位：%

尾矿名称	烧失量	SiO_2	Al_2O_3	Fe_2O_3	CaO	MgO	SO_3	Zn	Pb
SM 铅锌尾矿	9.50	34.85	7.14	31.97	11.07	1.75	9.16	0.74	0.37
CX 铅锌尾矿	6.10	54.36	6.85	20.40	4.95	1.93	15.59	1.32	0.87
ZJ 铜铅锌尾矿	8.6	51.65	10.74	21.61	11.76	1.65	—	—	—
LS 铅锌废矿	14.67	36.91	12.60	7.95	11.46	5.11	—	1.73	—
WZ 锌泥	26.75	8.98	11.74	21.61	3.08	12.23	—	18.26	—
WX 硫精矿	12.42	22.34	6.92	35.60	9.09	5.81	2.37	—	—
GX 铜渣	−7.15	31.22	5.64	58.51	3.02	2.35	0.21	1.02	—

1）矿化效果

生料中掺入铅锌矿、铜矿废渣或其他尾矿，能促进烧成反应的进行，降低游离氧化钙的含量，并且降低烧成热耗，提高水泥强度。

①促进烧成反应，降低游离钙

试验表明，不掺矿化剂的熟料在 1150℃时游离氧化钙的含量达最高值，随着温度的升高，游离氧化钙的含量逐渐下降，1400℃时，游离氧化钙的含量降低至 3.8%；掺加尾矿或矿渣的生料，在 1100℃时游离氧化钙的含量在 38%～45%，远比未掺矿化剂的熟料游离氧化钙含量低，并随温度升高，游离氧化钙的含量急剧下降，1300℃时已降至 3%以下，1400℃时，游离氧化钙的含量均在 2%以下。

②提高水泥强度

矿化作用提高了水泥熟料中 C_3S 含量，并且 ZnO 等氧化物固溶于 C_3S 中，使 C_3S 增加更多，增加了 C_3S 的晶体缺陷，加快水化速度，进而提高了水泥强度。

③降低热耗

铅锌尾矿、铜尾矿均含有硫化物，易燃，所以易烧性好，同时也提供了部分热量。掺入尾矿、矿渣之后，原料共熔点降低，使烧成温度降低，因此热耗降低较多。

2）矿化机理

铅锌矿、铜矿为中低温热液交代的硅卡岩硫化物期的多组分金属硫化物共生矿床。利用岩石的多矿物的多元素组合结合力弱、硫的活性特点及其所含 CaF_2、$CaSO_4$ 的矿化作用、共合反应共熔点低的特性，来降低生料共熔点，以达到烧成反应主变量——液相出现温度低、液相黏度低的目的；在此基础上，采用高饱和比配方，使烧成反应在时间和空间上有较大的扩散自由度，促使熟料烧成反应完全，并使熟料矿物对微量组分（余量部分）的选择性固溶达到其饱和点，以稳定熟料矿物晶型，增强水化活性，获得早强高强水泥熟料。矿山尾矿的矿化机理具体如下：

①尾矿、矿渣降低液相黏度和表面张力，有利于 C_3S 形成。对掺有 ZnO 的熟料做微观剖析可知，ZnO 主要富集在中间相中，特别是铁相中，在 C_3S 中很少固溶，这说明 ZnO 固溶在铁铝酸盐矿相中，降低了液相黏度。此外，从熟料电镜分析结果来看，C_3S 的晶体结构十分完整，并产生部分熔蚀现象，这是液相黏度下降的表现，液相黏度的降低，增加了钙离子的扩散速度，有利于 C_3S 形成。

②尾矿、矿渣降低共熔点，提前形成 C_3S。掺有尾渣或矿渣的生料，在 1100℃ 时就开始形成 C_3S，烧成温度降低，温度范围变宽，这有利于 C_3S 形成。

③锌离子的极化作用，促进 C_3S 的形成。尾矿及矿渣的矿化作用主要是 ZnO、Pb_3O_4 主导。锌离子半径较小，具有较强的极化能力，所以在较高温度或较低温度下均能对钙离子的扩散速度产生较大影响，从而加快 C_3S 的形成，降低游离氧化钙的含量。ZnO 选择性固溶于 C_3S 中，增加了 C_3S 的晶体缺陷，加快了水化速度，促进了水泥强度的增长。F^- 离子具有较强的负电性，所以"CaF_2+ZnO"复合呈现出最佳的效果。

④尾矿、矿渣促进 $CaCO_3$ 的分解，其固相反应有可能提早进入烧成反应，使烧成温度降低，热耗也大幅度下降。

（3）氟-钼矿化技术

氟-钼矿化剂可使 $CaCO_3$ 的分解温度提高 10℃，降低液相黏度和表面张力，促进 C_3S 的快速形成。分别对不掺钼的熟料和掺钼的熟料进行岩相和 X 射线衍射试验，结果表明不掺钼的熟料表面结构疏松，孔洞偏多，可以观察到 C_2S 晶体，C_3S 晶体偏小，形状不规则；而掺钼的熟料结构致密，平面孔洞较少，以 C_3S 晶体为主，晶粒大小均匀、形状规则，多为长板状，结晶度较好，晶体表面无异常现象。这是因为在水泥熟料相中，钼大量进入中间相，主要富集在铁铝酸盐相中，因此熟料中间相含量比不掺钼时高；钼少量固溶在硅酸盐相中，在硅酸三钙和硅酸二钙相中的固溶量接近。此外，在促进熟料烧成、降低游离氧化钙的含量的作用上，钼铁尾矿、萤石复合矿化剂的效果比单掺萤石好，单掺钼铁尾矿比不掺矿化剂效果好。

（4）熟料晶种技术

1）晶种技术效果

部分水泥企业使用晶种生产水泥熟料取得了显著的效果，具体如下：

①提高了立窑产量。结晶过程加快，推动了烧成反应，使台时产量提高了 10%～17%。

②降低了能耗。从生料配煤来看，煤质不变的前提下，添加晶种前，生料配热在 4389～5224kJ/kg 熟料，添加晶种后，生料配热在 3511kJ/kg 熟料左右，熟料煤耗下降 10%～12%；从电耗来看，添加晶种后，窑内阻力减小，中心通风得到明显改善，风机电流下降了 20%～30%，且窑台时产量提高，使熟料烧成电耗下降了 12%～15%。

③生料中添加晶种后，上火速度明显加快，窑内通风改善，粘边现象减少，即使出现轻微粘边现象，也极易处理，因而窑衬耐火砖的使用寿命延长。在实际操作中，可通过加快卸料速度，实现成球与煅烧过程连续进行，大部分时间可以闭门操作，改善生产

环境，这样可以大大减轻立窑看火工的劳动强度。

④出窑熟料质量均匀稳定。采用晶种煅烧技术能明显改善熟料质量，出窑熟料死块减少，葡萄状料块增多，熟料外观质量明显提高。这是因为晶种能弥补复合矿化剂的不足，促进非均质液相核的出现，改善阿利特的形成过程，进而控制晶体粒径，增加 C_3S 含量，减少 f-CaO 含量。晶种煅烧技术使水泥强度提高，熟料安定性合格率可达 100%，水泥的初凝、终凝时间比原来均缩短 30~40min，熟料中 Fe_2O_3 含量增加，水泥颜色呈墨黑色，水泥的各种性能更能适合用户的需求。

⑤降低生产成本。晶种煅烧技术，提高了水泥产量，降低了煤耗、电耗，因此降低了生产成本。

2）晶种矿化原理

硅酸盐水泥熟料的主要矿物 C_2S、C_3A 和 C_4AF 是在固相反应条件下形成的，而 C_3S 是在液相存在时 C_2S 吸收了 CaO 后形成的，并析出晶体。晶核形成和晶体生长的速率在很大程度上受液相出现温度、液相量和液相性质所制约，这些因素又取决于熟料中各率值、少量氧化物的种类和含量以及煅烧温度、升温速率等因素。

外加晶种技术的依据是结晶学的诱导原理。它是在欲形成结晶体的物料中加入一定量的已形成晶核（晶种熟料），这些晶核能起到加快结晶的作用，加速熟料矿物晶体生成和成长过程，这就是诱导结晶。硅酸盐水泥熟料的煅烧过程有很大一部分是硅酸盐矿物结晶过程，包括晶核形成和晶胚长大，其关键是晶核形成。晶核的形成必须克服核化势垒，降低成核能耗。诱导结晶的原理则是在生料中加入与生料欲形成熟料有相似原子排列的晶核，降低核化势垒，提高成核速度，加快晶胚长大，改变晶体结构，达到提高质量、增产节能降耗的效果。通常，采用萤石和石膏作复合矿化剂来改变液相的性质，使熟料中的 f-CaO 含量降低，C_3S 含量增加，同对引入少量的 $C_4A_3\bar{S}$（或 $C_{11}A_7 \cdot CaF_2$）高早强矿物，改善水泥质量。但是，石膏的引入使熟料中碱的硫酸盐化程度增大，引起液相黏度大幅度降低，导致阿利特晶体发育加快，晶粒尺寸增大。试验结果表明，当熟料碱（Na_2O+K_2O）含量为 1.25%，硫酸盐化程度为 136% 时，阿利特晶体大小平均为 $110\mu m$；加入 5% C_3S 外加物时，阿利特晶粒尺寸在 $40~60\mu m$。因此，晶种加入能明显改善熟料烧结质量，弥补复合矿化剂的不足，改善阿利特形成过程，控制晶体粒径，提高 C_3S 含量。

3）外加晶种技术操作要领

①晶种选择

作为晶种的熟料一定要用优质的熟料，C_3S 含量高于 50%。不能用生烧料或劣质熟料，以免造成生料成分的波动，影响晶种技术的使用效果。

②晶种掺入量

晶种熟料的掺入量必须以适应窑煅烧与提高效益为前提，掺入量过多，增加过多成本，收益不大；掺入量过少，晶种的作用得不到充分发挥。企业需根据自身的设备和人员素质，在实际生产过程中摸索出最适合于自己的熟料晶种掺入量，以达到最佳的使用效果，一般掺量为 3%~4%；同时要确定生料中氟-硫复合矿化剂掺量及合理的用煤量，并保证入窑生料组分均匀稳定，尽量避免其有较大的波动，以保证窑内热工制度的稳定。

③掺配方式

通常晶种的掺配方式有三种。第一，生料磨前配入，即与其他原料一同配好后入生料磨，最好单独设立一个放晶种小料仓，配料时用计量设备计量，以保证晶种掺入的准确性；第二，生料入库前配入，即将晶种与其他原料分别粉磨，磨后入库前配入，以机械倒库均化；第三，晶种单独粉磨，磨前配入，即晶种先单独粉磨，然后与其他原料一道在磨前配入，再共同粉磨。

4）应用钢渣做晶种在干法回转窑上的应用

由于钢渣和熟料化学成分及矿物组成很相似，为钢渣代替熟料做晶种奠定了良好的基础。武汉理工大学沈卫国教授利用钢渣做晶种实现水泥熟料二相分离，制备高活性水泥熟料取得重大成果。他将粉碎后的钢渣直接从分解炉下边加入窑内，与生料一起煅烧。钢渣起到晶种和球核心的作用，形成水泥生料和钢渣二相分离的合成熟料状态，钢渣二次受热处理使矿物活性进一步活化，安定性得到稳定，易磨性提高，在不增加煤炭量的情况下，加热的钢渣全部变成高强度的熟料。利用钢渣做晶种，掺入量 5％～20％，可实现提高熟料产量 5％～20％，节约煤耗 5％～20％，提高熟料强度 5％～10％，降低熟料成本 5％～10％，减少 CO_2 排放的目标，对低碳水泥制备具有重大意义。

10. 微量元素对熟料煅烧的影响

（1）常见微量元素对熟料煅烧过程影响的机理

在水泥熟料煅烧过程中，一些微量元素（组分）的存在改变了硅酸盐矿物的晶格结构及其水硬活性。一般认为，引起这些变化的主要原因是这些微量元素（组分）改变了水泥熟料中间相在高温熔融态的物理性质（如黏度和表面张力等），从而改变了 CaO 和 C_2S 在液相出现后的溶解速率。

根据硅酸盐熔融体热力学的 Masson 模型，在高温下，硅酸盐熔融液（HTS）中的硅酸根阴离子基本保持低聚合度状态，主要为单聚体，即 $[SiO_4]^{4-}$，此时，熔融体的黏度经测定为 0.1Pa·s 数量级。在熔融液中，除了阴离子团 $[SiO_4]^{4-}$ 和阳离子 Ca^{2+} 以外，还存在两性元素 Fe 和 Al，它们在 HTS 中呈现出不同的形式，以保持液相中酸碱平衡，其电离方程式如下：

$$[MeO_4]^{5-} = Me^{3+} + 4O^{2-}$$

$$K = \frac{[Me^{3+}] \cdot [O^{2-}]}{[MeO_4]^{5-}}$$

式中 "Me" 即为两性元素，K 为电离平衡常数。显然，当某种微量元素加入后，能使上述反应平衡向右移动，则有较多的阴离子团 $[MeO_4]^{5-}$ 离解为 Me^{3+}。由于 Me^{3+} 离子半径比 $[MeO_4]^{5-}$ 的半径小得多，即其迁移能力比 $[MeO_4]^{5-}$ 大得多，导致液相的流动性大大增强，黏度下降。相反，当某种微量元素加入后，引起 $[MeO_4]^{5-}$ 增多，则黏度上升。由此可见，微量元素的性质是造成硅酸盐熔融体黏度变化的主要原因。

按照鲍林（Pauling）原理，A-B 间键的离子性可用阳离子和阴离子的负电性之差来描述，即：

$$离子性 = 1 - exp\{-(X_A - X_B)^2/4\}$$

式中 X_A、X_B 分别为阳离子和阴离子的负电性。由于氧是硅酸盐熔融体中唯一的负电荷元素，因此，探究所有外加的微量元素对液相黏度的影响时，只需考虑其本身的负电性数值，即从该微量元素原子核外最外层电子的性质来讨论。对碱金属及碱土金属元素（即 s 区电子元素）而言，其碱性越弱，负电性越强，这说明该阳离子电场的场强越大，离子电势（Z/r）也越大，则液相黏度降低幅度越大。例如，K^+ 和 Na^+ 虽然能促使液相表面张力降低，但却使液相黏度升高。各 s 区电子元素按照下列次序降低液相黏度：$K^+ \rightarrow Na^+ \rightarrow Ba^{2+} \rightarrow Sr^{2+} \rightarrow Ca^{2+} \rightarrow Mg^{2+}$。

对 p 区电子元素来讲，由于 p 区电子的多少也决定了核元素的电负性大小，此时，仍按上述原则考虑，所得对液相黏度降低的次序为：$Al^{3+} \rightarrow P^{5+} \rightarrow B^{3+} \rightarrow S^{6+} \rightarrow Cl^- \rightarrow F^-$

对 d 区电子元素而言，$Me-O$ 键越强，越呈现出酸性性质，这会导致液相中 Al、Fe 等元素以碱性离子 Al^{3+} 和 Fe^{3+} 形式存在，降低液相黏度。

必须指出，通常上述这些结果只适用于外加微量元素氧化物质量不超过 $2\% \sim 3\%$ 时。此外，在考虑这些外掺物引起烧结时液相黏度变化的同时，还要考虑液相表面张力（γ）发生的变化。一般认为，随 s 区元素负电性增加，液相表面张力也增加；随 p 区元素负电性增加，液相表面张力相应降低。显然，在有固相参与的反应中，反应物的表面张力越大，或反应产物的表面张力越小，则越有利于反应的进行。但是，与液相黏度相比，表面张力的变化与元素性质的关系更为复杂。

（2）常见微量元素对熟料煅烧的影响

1）钾和钠

碱金属钾和钠的存在会对熟料煅烧有很大的影响。在水泥熟料烧成过程中，碱的低熔点会导致窑内出现结皮，甚至结块堵塞的现象。而且，用含有较多碱的熟料制成的水泥在混凝土使用中，经常出现凝结时间不正常的状况；或者熟料中的碱会与混凝土中的活性骨料反应，主要与活性 SiO_2 或硅酸盐反应，生成硅酸碱玻璃或硬质硅酸碱凝胶，这些物质会吸水膨胀，使混凝土构件因局部膨胀而开裂。这种碱-骨料反应使碱在水泥工艺的全过程中均会产生不良影响。另外，钾和钠的存在能导致水泥熟料矿物组成发生变化，特别是一系列含碱的硅酸盐和铝酸盐固溶体的形成，严重地阻碍了熟料中的主要矿物 C_3S、C_2S 以及 C_3A 的形成。

然而，碱的存在对熔融体液相黏度以及在液相中生成 C_3S 的影响并不简单。根据上述一般原则可知，含有钾离子和钠离子的熔融体中，由于液相黏度增高，在高温（高于 $1280 \degree C$）时，CaO 向液相溶解的速率降低得很快，据测定，当 R_2O 含量为 $3\% \sim 4\%$ 时，CaO 的溶解速率可降低至原来的 $1/2 \sim 1/4$。但是，为了形成 C_3S 矿物，除了 CaO 必须溶解到液相中去以外，还必须使 C_2S 也向液相中扩散。当 K^+ 和 Na^+ 存在时，由于电性缘故集中在 C_2S 颗粒的扩散层中，而这些碱金属离子扩散能力远大于硅酸盐阴离子团的扩散能力。当 K^+ 和 Na^+ 扩散时，牵动了阴离子团 $[SiO_4]^{4-}$，使这些阴离子团也加速移动。测定结果表明，在含碱的熔融体中，C_2S 的溶解扩散速率迅速增加，当 K_2O 含量为 $0.5\% \sim 1.0\%$ 时，溶解速率增加 $3 \sim 7$ 倍；当 Na_2O 含量为 $2.2\% \sim 4\%$ 时，溶解速率可达到原来的 $30 \sim 50$ 倍。

由前文可知，C_3S 是由 C_2S 和 CaO 在液相中形成的，其形成速率取决于二者在液相中富 C_2S 区域和富 CaO 区域相互扩散的程度。当碱金属离子加入时，对 C_2S 向液相中溶解速率的提高幅度有可能超过对 CaO 溶解速率的降低幅度，因此，整个 C_3S 形成的反应速率取决于 CaO 的扩散速率，此时，C_3S 晶体在熔融体液相中分散地形成；而当 K^+ 和 Na^+ 不存在时，C_3S 晶体通常是在 C_2S 颗粒表面开始形成并定向生长的，此时，C_2S 颗粒表面缺陷处优先形成 C_3S 的二维核。因而，上述两种情形下形成的 C_3S 矿物其形貌有较大的区别，目前，我们还无法知道这种区别是否会导致 C_3S 水化性能的变化。

需要指出的是，上述情形只有在熔融液相中不存在 SO_3 时发生。当有 SO_3 存在时，由于 K^+ 和 Na^+ 容易和 SO_3（此时已是 SO_4^{2-}）反应，形成 K_2SO_4 和 Na_2SO_4，从而降低了对 C_2S 的影响，使 C_2S 的溶解扩散速率低于 SO_3 不存在时的情形。

碱金属元素在硅酸盐水泥烧成、液相出现的过程中也会对整个系统产生影响。事实上，当生料开始升温煅烧时，钾和钠的化合物在 $CaCO_3$ 开始分解时就产生极大的影响。经测定，当钾和钠均以碳酸盐形式掺入生料中时，在掺量为 0.1%～5.0% 条件下，$CaCO_3$ 分解反应的活化能变化见表 3-2-13。

表 3-2-13　$CaCO_3$ 分解反应热分析结果

掺入量（%）		0	0.1	0.5	1.0	5.0
活化能 （kJ/mol）	Na_2CO_3	247	234	216	200	209
	K_2CO_3	247	216	210	195	218

上述结果是在形成 C_2S 的系统中测得的。由此可知，K_2CO_3 和 Na_2CO_3 的掺入量为 1.0% 时，$CaCO_3$ 分解反应活化能降至最低；在掺入量为 0.1%～1.0% 时，β-C_2S 和 γ-C_2S 共存，并且 β-C_2S 随掺入量的增多而增多。

研究表明，碱金属在熟料中间相中的分布情形如下：在 CaO-Al_2O_3-Na_2O-Fe_2O_3 系统中的富石灰区域，立方型 C_3A 晶格与 C_4AF-C_6A_2F（富铝铁相）平衡时，Na_2O 的最大固溶量为 1.88%，而与 C_6A_2F（贫铝铁相）平衡存在的只有非立方晶格 C_3A，此时 Na_2O 的固溶量高达 3.60%～5.59%；对 $C_{12}A_7$ 也是如此，当 Na_2O 固溶量达到 2.2% 时，该相可与 C_6A_2F 平衡存在，如果不固溶 Na_2O，则 $C_{12}A_7$ 只能与 C_6A_2F 共存。Na_2O 的存在使 C_4AF 固溶体向含铁少的方向发展，但没有明显改变其在立方型 C_3A 和 C_4AF 之间的基本平衡关系。

2）镁

MgO 在硅酸盐水泥熟料中是一种不可避免的组分，在熟料煅烧过程中，MgO 通常先固溶在熟料各矿物中直至饱和，多余的 MgO 以方镁石形式保留其非结合态。

根据一般原则，Mg^{2+} 的存在使高温下熔融液相的黏度和表面张力均有所下降，但对液相表面张力降低的程度不如 Na^+、K^+ 和 SO_4^{2-} 有效。此外，镁的存在能使熟料系统最低共熔温度再下降几十度。但掺入过高的 MgO 并不能继续降低液相出现的温度，同时，MgO 也并不能明显地改变熟料的形成速度。

MgO 的掺入使 C_3S 更快、更多地形成，并成为 A 矿。Mg^{2+} 的固溶方式是取代 Ca^{2+}，取代量约为 2%，即 A 矿中 MgO 的比率通常在 0.74% 左右。C_3S 晶格因被 MgO 固溶而发生变化。当熟料中 MgO 含量不超过 2% 时，其中有 0.25%～0.35% 的 MgO 被固溶在 B 矿中，当含量足够高时，MgO 还能降低 α-C_2S 向 α'-C_2S 晶格转变的活化能，使得熟料在急冷中有更多的 β-C_2S 被保存下来。而且，C_3S 含量的增加会导致 C_2S 含量减少。同时，MgO 的存在还倾向于使 C_6AF_2 固溶体向含铁量降低的方向发展，降低熟料中 C_3A 的含量。但 MgO 含量高于 3％时，C_3A 含量会增高。

一般认为，当熟料中 MgO 含量过高（高于 2％）时，就开始有剩余 MgO 以方镁石形式单独结晶出来。方镁石缓慢水化并产生膨胀，不仅对水泥的安定性带来不良影响，而且还使水泥浆体的中期强度下降。因此，国内外均对水泥熟料中 MgO 的含量作了较为严格的限制。然而，当人们开始掌握并能控制 MgO 方镁石在水化过程中的缓慢膨胀时，便进一步利用这种膨胀来补偿硬化水泥浆体，特别是在大体积混凝土工程中的水泥浆体在干燥及冷却时固有的体积收缩。在这一方面，MgO 的中后期膨胀对大体积混凝土在温度下降时的冷缩补偿是十分有利的。应该指出，这种膨胀同熟料及 MgO 膨胀剂的活性、细度、水化温度及水化环境（包括碱度）等因素有密切关系。在我国，氧化镁延迟性膨胀水泥及一种利用生成钙矾石早期膨胀和氧化镁后期膨胀的"双膨胀大坝水泥"已研制成功。

3）磷

磷酸盐虽在水泥熟料中含量少，却能大大影响水泥的性能。磷主要集中在 B 矿中，其次才分布于 A 矿和中间相矿物中。在这三部分中，磷的浓度大约为 4∶2∶1。

在 $CaO\text{-}SiO_2\text{-}P_2O_5$ 系统中，含有 P_2O_5 的 C_3S 固溶体作为初晶相出现，其化学组分经不同作者测定在如下范围内：CaO 占 72.9％～74.0％，SiO_2 占 25.1％～25.5％，P_2O_5 占 0.5％～2.0％；矿物组成则为：C_3S 占 95.4％～96.9％，CaO 占 2.0％～2.6％。这种 C_3S 具有立方晶格结构，可写作 C_3S''，与一般的 C_3S 相比，其晶胞更加扭曲，尺寸更小，因而其水硬性活性比普通的 C_3S 略高些。显然，磷进入 C_2S 晶格有利于提高活性。

然而，由于磷更容易进入 C_2S 晶格中，并且能形成 $C_2S\text{-}C_3P$ 固溶体，导致 C_2S 不能向 C_3S 转化，大大降低了熟料 C_3S 的含量，会对熟料水泥的力学性能产生不良影响。许多学者研究了磷对 C_2S 晶格多晶转变的影响，发现用 $Ca_2P_2O_7$ 作稳定剂进入 C_2S 晶格时，可形成较多的 $\beta\text{-}C_2S$，而且此时的 $\beta\text{-}C_2S$ 水硬活性也较强，$\alpha\text{-}C_2S$ 形成量较少，其水硬活性也较弱，此时如有 $\alpha\text{-}C_2S$ 出现，则无水硬活性；当用 B_2O_3 和 V_2O_5 作稳定剂时，所得结果正好相反，此时 $\alpha\text{-}C_2S$ 具有比 $\beta\text{-}C_2S$ 更高的水硬活性；当用 $Ca_5(PO_4)_3OH$ 作为稳定剂时，所得 C_2S 是 β 型和 α' 型的混合物，其水硬活性比纯 β 型更强。显然，微量元素的种类和掺入量以及制备条件均能影响 C_2S 固溶体的水硬活性。

总之，对于含 P_2O_5 较低（0.5％～1.0％）的熟料来说，形成的 C_3S'' 特殊结构会导致熟料的水硬活性略有增强。随着 P_2O_5 的含量进一步增加、C_3S 含量降低（可达 9.9％）以及 C_2S 的急速增多。虽然采用 $Ca_5(PO_4)_3OH$ 使 C_2S 晶格趋于向 α' 型发展，改善了 B 矿的质量，但整个熟料的水硬活性仍然有所降低。

二、水泥生料速烧剂技术

（一）熟料形成机理与反应动力学

1. 固相反应的活化能

（1）热力学研究

对于熟料形成系统应用热力学研究是非常复杂的，因为该系统包括在固-液-气相介质中极其复杂的物理化学变化。在规定温度区间内，回转窑气氛下存在生料、气态产物、熟料相和熟料液相，使得该系统极为复杂，难以对其热力学了解清晰。但是，目前在 700～1200℃ 范围内，从业者已对除去熟料形成系统中的次要组分，如 R_2O、MgO、P_2O_5 和 SO_3 等的单一氧化物及碳酸盐系统做了系统研究，得出结论如下：

1）在反应的早期阶段，热力学上有利于高岭石向偏高岭石转变；

2）$\beta\text{-}C_2S$ 和氧化钙或方解石和偏高岭石反应，在热力学上有可能形成 C_3S，而 C_2S 和方解石相互作用在热力学上不能形成 C_3S；

3）方解石和偏高岭石反应，生成 $C_{12}A_7$ 和 C_2S 比生成 C_3S 和 CA 更为有利；

4）当方解石或氧化钙与偏高岭石反应时，从热力学上有可能生成 $\beta\text{-}C_2S$；而方解石和高岭石相互作用，在热力学上不能形成 $\beta\text{-}C_2S$；

5）方解石或氧化钙与偏高岭石相互作用可形成 CA，但是 CA 与 CaO 或 $CaCO_3$ 在热力学上不会反应形成 C_3A，因为形成 C_3A 需要有液相环境；

6）氧化铁与方解石或氧化钙反应在所有温度范围内都有可能形成 C_2F，但是在有 CA 和方解石或氧化钙存在的情况下，C_2F 不会转变为 C_4AF，因为形成 C_4AF 需要有液相环境。

在此应当指出，因为受到入窑生料低于 700℃ 的限制，这些反应很少有实际意义。因此，研究熟料相形成反应机理和动力学的最大意义在于确立能预测改善生料易烧性和降低熟料形成过程中所需能量的关系。

（2）反应机理和动力学

1）二元系统

不同学者研究了简单的二元系统。该系统在等温条件下由方解石（或氧化钙）与二氧化硅（或石英）或三氧化二铝所组成。二元系统动力学由固相扩散所控制。从简单系统的机理研究中，可得到下述一般结论：

①氧化钙与二氧化硅或三氧化二铝之间的固相反应是受扩散控制的，此类反应有别于其他类型的反应。在其他类型中，反应速率是受反应界面的移动、成核和晶体的生长或反应的经验方次所控制。在扩散过程中，Ca^{2+} 是扩散体，Si^{4+} 或 Al^{3+} 等其他离子的反扩散体系尚未明确建立起来。

②最初认为固相扩散控制反应遵循 Jander 方程式，即：

$$(1-\sqrt[3]{1-a})^2 = \left(\frac{k}{r^2}\right)t$$

式中：a 为 t 时刻内反应的百分数；k 为反应速率常数，r 为颗粒半径。

由氧化物组分反应获得熟料相的形成动力学的最新研究表明，用 Ginstling 和 Brounshetein 建立的扩散控制方程式能更好地表示这些反应的动力学模型：

$$F（\alpha）= \left(1-\frac{2}{3\alpha}\right)-\sqrt[3]{(1-\alpha)^2} = \left(\frac{k}{r^2}\right)t$$

式中：α、t、k 和 r 上式相同。

③在其他研究中，反应机理是用一个合适的模型来解释的，该模型由中间相、最外部富 Ca 层（硅酸盐或铝酸盐）和最内部富 Si/Al 层所组成。但是，在 $CaO\text{-}SiO_2$ 系统中，C_2S 是直接形成的，没有中间产物，甚至在同一系统中，C_3S 是由 C_2S 和 CaO 反应

形成的；在 $CaO-Al_2O_3$ 系统中，C_3A 是经过中间相 CA_2 和 $C_{12}A_7$ 以及其他反应产物（如 CA_6 和 CA）形成的。

④原始物料的化学性质、煅烧温度、加热速率等因素显著影响 C_3S 的形成速率。

2）复杂系统

由石灰石和黏土质矿物（高岭石和伊利石）、氧化钙和硅铝酸盐（如硅质黏土、铝质黏土或粒化矿渣）或氧化钙-氧化铝-氧化铁所组成的复杂系统，与水泥生料的组分大体相似，因此，研究复杂系统的动力学，对于解释反应的真实情况具有更重要的意义。

虽然上述研究证实了简单氧化物系统试验的全部结论，但是还有如下结论：

①C_3S 的最初出现温度取决于所用原料的性质。表 3-2-14 指出了原料对 C_3S 出现温度的影响。从表 3-2-14 中可明显看到，所用原料的变化显著改变了 C_3S 的出现温度。

表 3-2-14　原料对 C_3S 出现温度的影响

系统	C_3S 的出现温度（℃）
石灰-黏土	1300
石灰-二氧化硅	1100
大理石-高岭土	1100
大理石-伊利石	1000

②对过程复杂系统的试验工作，Jander 方程式被修正为：

$$(1-\sqrt[3]{1-\alpha})^N=\left(\frac{k}{r^2}\right)t$$

式中：$N=\tan\varphi$，φ 为直线和纵坐标之间的夹角，随原料、煅烧温度和煅烧时间的不同而变化很大。

根据 N 和 k 值，可引出下述结论：

a. 紧跟扩散过程的接触反应，在热处理的持续时期是占优势的；

b. 当 k 按平均温度取最小值且 N 在高温下达到很高数值时，Jander 型方程式对于硅酸盐水泥熟料的煅烧不适用；

c. 如果能分别在低于和高于 1250℃ 条件下单独测定出 C_2S 的反应速率和形成情况，则可能得到一种更为真实的动力学概念。

③从熟料形成反应的固相动力学研究的最新成果可以看出，固相反应过程可分成三个阶段：

a. 石灰石和黏土的分解；

b. 低碱性硅酸钙和铝硅酸钙（假硅灰石、钙（铝）黄长石、钙长石等）的形成，是按照 Ca^{2+} 通过反应带进行体积扩散的机理进行的；

c. β-C_2S 和铝酸盐包括 C_3A 的形成，是遵循表面扩散机理进行的。

在 1000～1100℃ 范围内，上述反应遵循准拓扑动力学（Pseudo-topokinetic）方程式，该方程如下：

$$k=\frac{1}{\alpha^{1-m}}\cdot\ln\frac{1-\alpha}{1+\alpha}$$

式中：$m=0.98$，为非均匀性系数，表示固相反应发生在动力学领域内。

此外，在有石灰石、矿渣混合物的情况下，因为中间相（硅酸钙和铝硅酸钙）已经存在于矿渣中，故反应按照两个阶段进行，即石灰石和黏土的分解和熟料矿物相的形成两个阶段。

（3）固相反应的活化能

研究表明，石灰石的活化能对熟料矿物形成的活化能有极大影响。因此，在熟料矿物形成过程中，"石灰石分解活化能是可变的"这一概念很有价值。

普遍认为，$CaCO_3$ 分解的活化能为 $45 \times 4.18kJ/mol$。同时，有报道称，方解石和分析纯 $CaCO_3$ 的活化能分别为 $44.34 \times 4.18kJ/mol$ 和 $42.32 \times 4.18kJ/mol$。

从工厂生料的研究中观测到，石灰石的分解在两个阶段内发生，而最终的活化能在所有的情况下均高于纯方解石。

石灰石分解的活化能波动在 $(30 \sim 60) \times 4.18kJ/mol$，这种波动是生料中伴有杂质和所含方解石比率不同而引起的。例如，存在霰文石会导致分解的活化能增高，而含有黏土矿物则降低其活化能。

可是，生料中方解石比率的提高会增高活化能，导致 $\beta\text{-}C_2S$ 的形成速率降低，并降低氧化钙在 $1300 \sim 1400℃$ 温度下的化合速率。

此外，在方解石和高岭石混合物中使用不同比例的 $CaCO_3$，例如混合比为 $3.5:1$、$6:1$ 和 $9:1$，能得出下列结论：

1）碳酸盐和黏土的分解速率较新矿物的形成速率高两个等级，证明分解速率不限制矿物的形成过程；

2）由于黏土分解生成水蒸气，碳酸盐分解的活化能随生料中高岭土含量的增高而降低；

3）随生料中碳酸盐含量的增高，分解所需能量也增加，Ca^{2+} 的体积扩散速率降低，所以在三种不同比例的生料中反应产物是不同的：

①$3.5:1$ 的生料：CaO、偏高岭石、假硅灰石和钙（铝）黄长石；

②$6:1$ 的生料：除上述的产物以外，还有 $\beta\text{-}C_2S$ 和 C_3A；

③$9:1$ 的生料：CaO、$\beta\text{-}C_2S$ 和 C_3A。

2. 熟料形成中的液相烧结

（1）液相的存在

在许多研究报告中，既没有叙述到液相的存在，也没有涉及对反应机理的解释。但是，对经过简化的熟料形成系统的试验研究和相平衡研究均已表明，在熟料形成温度下液相均出现。事实上，专家已猜测到液相能改善 C_3S 的形成反应机理，并且观察到的 C_3S 异常活化能也在推测之中。因此，对于熟料相形成动力学的研究，与固相反应前期相比较，应更多地讨论有液相存在条件下的动力学，最终形成动力学的方程式如下：

$$C + C_2S \xrightarrow{\text{液相}} C_3S$$

关于形成 C_3S 所进行的研究，是建立在借助于改变熟料相组成，并和煅烧过的试块进行对比试验的基础上进行的。在该试块之间或在毗邻试块间嵌入或不嵌入玻璃体夹层，所使用的玻璃体组分相当于 $CaO\text{-}Al_2O_3\text{-}Fe_2O_3\text{-}SiO_2$ 系统的 $1338℃$ 最低共熔混合物或适当组分的熔融煤灰或矿渣。

（2）相平衡研究

1）由于在生料中固有的微观不均匀性，达到一定温度后，区域迅速达到平衡，生成由该区域组成和给定温度所决定的平衡相。所有进一步的反应受到不同区域间颗粒的扩散制约，反应层将在特定的界面上开展。

2）当熟料相通过水泥回转窑的煅烧带时，CaO、C_2S 和 C_3S 被分散在液相中，并在很多几何方向形成浓度梯度。反应由 A（C+C_3S）和 B（C_3S+C_2S）溶解囊之间的扩散而产生。因此，A 和 B 的组成十分相近（在 1500℃ 下分别为 60.4% 和 59.3% 的 CaO）。浓度梯度的数值十分有限，这就是 C_3S 形成反应缓慢或在实际情况下 CaO 完全化合缓慢的原因。

3）在贝利特团中，液相组成不同于 C 点的组成，CaO 将扩散到贝利特团中。同时，SiO_2-Al_2O_3 将相应地反扩散。按这种方式，C_3S 将在界面上溶解，而 C_2S 将沉淀。因此，在这一过程中，C_2S 团将增大。

4）当三相区域 O_2（C-C_2S-液相）与另一个三相区域 O_4（C_3S-C_2S-液相）反应时，便扩展两相区域 O_3（C_3S^+液相）。如果周围仍有游离 CaO，则 O_3 区域将继续增长，而 O_4 区域减小。如果足够的游离 CaO 是有利的，那么 O_4 区域将变成一种界面，而贝利特团将转变为 C_3S。此外，已经观察到，在正常的熟料组成中，C_3S－C_2S 区域与 CaO 区域始终被完全由 C_3S 与液相所组成的区域所隔离。

（3）熟料形成的非等温反应

关于熟料形成反应的报道，一般都是以等温反应研究为基础，然而在实际生产中，大约只有 20% 的反应能作为等温条件下的反应，其余大部分是非等温条件下的反应。在等温条件下研究熟料形成速率的过程，忽略了某些反应，如方解石分解伴随着 C_2S 形成，而且没有考虑到回转窑的某些实际情况。非等温反应的数据更需引起人们的注意。专家用工厂生料进行更综合性的试验研究，根据其试验结果，归纳出一个四阶段熟料煅烧反应过程的假定模型，见表 3-2-15。

表 3-2-15　熟料形成的非等温反应模型

阶段	反应名称	反应机理	温度范围（℃）	反应方程式
1	方解石分解	相-界面控制过程	570～890	$g(\alpha)=1-\sqrt{1-\alpha}$
2	固相反应 I	相-界面控制过程	600～800	未建立
3	固相反应 II	扩散控制过程	1000～1250	$g(\alpha)=1-\dfrac{2}{3\alpha}-\sqrt[3]{(1-\alpha)^2}$
4	固液相反应	扩散控制过程	1325～1450	

（二）生料速烧剂的应用

伴随着社会的进步和发展、人对资源与能源危机的进一步认识以及环保意识的提高，许多学者对新型高效复合生料速烧剂进行深入研究和推广。速烧剂已成为众多水泥企业在新形势下提升水泥生产技术、提高水泥产质量、降低氧化氮、氟和其他有害气体排放量、综合利用工业废渣、提高资源能源的利用率以及减少环境污染的首选工艺措施。为此，本节内容就高效复合生料速烧剂作用机理以及在新型干法水泥窑中的应用进行探讨。

1. 生料速烧剂的作用机理

生料速烧剂，是在复合矿化剂基础上发展起来的一种能够明显改善生料易烧性、提高熟料质量、提高窑炉台时产量、降低能耗、减少有害气体排放量的一种新型环保复合矿化剂。在人类社会面临资源危机、能源危机及环境日益恶化等问题的今天，水泥行业推广应用该速烧剂技术具有十分重要的意义。

适量微量元素对于熟料煅烧是有利的，不仅能加快 $CaCO_3$ 分解，降低熟料煅烧时液相形成的温度和黏度，加快质点的扩散速度，有利于 C_3S 的快速形成，而且能降低熟料中的 f-CaO，稳定 C_3S 和 $\beta-C_2S$，防止 C_3S 分解和 $\beta-C_2S$ 发生晶型转变而降低熟料质量，还能提高熟料矿物活性，从而提高熟料质量。此外，由于微量元素的多重矿化及助熔作用，物料液相形成温度降低使熟料煅烧温度降低，达到节能降耗的目的。

生料速烧剂是以多种微量元素综合作用为基础，利用岩石的多矿物及矿物的多元素组合结合力弱的特点以及共轭反应产生共熔点低的特性，降低生料的共熔点，使烧成反应的液相出现温度低、黏度低，而微量元素基本都固溶到熟料矿物中或以中间矿物留在熟料中而不会挥发到大气中去。熟料煅烧温度大大降低，减少了氮氧化物的形成和排放，同时也降低了其他有害气体的形成和排放。在此基础上，采用高饱和比、中硅率和高铝率配料，使烧成反应在时间和空间上有很大的自由度，促使熟料烧成反应进行完全。微量元素还可以与影响熟料强度的有害成分形成复盐固溶到熟料中去，而不影响熟料质量，并使熟料矿物对微量组分有选择地固溶达到饱和点，以利于稳定熟料矿物晶型，增加水化活性，获得早强和高强熟料；同时，由于反应速度快，温度低，生料速烧剂可大幅度提高窑的台时产量，降低能耗。当然，微量元素的综合作用还具有相互促进和制约的特征，最佳的成分匹配和比例的协调，是有效促进熟料煅烧全过程的保证。

加入生料速烧剂后，由于熟料在较低温度下（1200～1300℃）快速烧成，整个熟料烧成时间减少，特别是减少了窑内还原气氛，使水泥熟料在煅烧时形成良性循环，故能提高熟料产量、质量，降低熟料热耗。

2. 应用生料速烧剂的技术措施

（1）生料速烧剂应用特点

该技术先后在国内近千家机立窑水泥厂试验成功并推广应用。采用生料速烧剂具有以下特点：

1）原料适应性强

在配料方案上，生料速烧剂适应性强，无须对原来的配料方案作很大的改变即可应用，并能适应企业调整配料方案的要求。在保持机窑台时产量不变的情况下熟料强度明显提高。

2）生料易烧性改善

加入速烧剂后，生料易烧性明显改善。在1300℃加入速烧剂与不加速烧剂 f-CaO 降低30%以上，煅烧30分钟。

3）熟料质量提高

在国内多家水泥厂的应用实践表明，回转窑台时产量平均提高10%～15%，最高达到20%以上。熟料强度在原来使用单一萤石、石膏复合矿化剂的基础上，熟料煤耗仍能降低5%～15%，而在未使用任何矿化剂的基础上，熟料节煤10%～20%，最高达25%；随着窑台时产量的提高，吨熟料节电平均在1.5～3kW·h。

4）生料均化要求严格

加入速烧剂后，对生料成分的稳定提出了更高的要求，不仅要求原料成分波动小，而且要求入窑生料合格率高。

（2）生料速烧剂在新型干法窑上的应用

在使用生料速烧剂以后，修改工艺控制参数十分重要。整个系统因速烧剂的加入而改变，窑外分解窑的整个系统参数也要发生很大的变化，如果仍按原来的控制参数进行控制，那么预热器可能会产生结皮堵塞及窑内结蛋、结圈的现象。当前，许多新型干法水泥厂在生料中有害成分很高的情况下，通过调整系统控制参数，有效地解决了预热器结皮堵塞和窑内结蛋、结圈的工艺难题。许多新型干法水泥厂使用粉煤灰配料已经取得成功，并被推广应用，还有的新型干法水泥厂家使用各种金属矿的尾渣配料也已经取得成功。实际上，粉煤灰就是低熔物质。金属矿的尾渣中含有大量的微量元素，可以在生料煅烧过程中产生较低的共熔点，却没有使预分解窑的预热器产生结皮堵塞及窑内结蛋、结圈的现象，这充分说明预分解窑的低温煅烧并不是使预热器产生结皮堵塞和窑内结蛋、结圈的主要原因。我们曾经在某厂 5000t/d 预分解窑上试验，采用山东 HY 科技有限公司研制生产的高效复合生料速烧剂，在应用中取得较好的经济效益，达到热耗降低 15%、产量提高 20%、熟料强度提高 5MPa 以上而未造成预热器结皮堵塞的现象的良好效果。

实践证明，在预分解窑上使用生料速烧剂是切实可行的，并使预分解各项技术经济指标有了进步。具体表现在以下几个方面：

1）降低熟料的热耗

高效复合生料速烧剂的作用，可以使生料在煅烧过程中形成液相的温度大幅度降低，熟料可以在较低的温度下快速形成，我们使用高效复合生料速烧剂的经验是：整个预分解窑的系统温度降低 100℃，熟料热耗下降达 10%～20%。预分解窑使用复合生料速烧剂后，由于低温煅烧，所消耗的热量要比原来少得多，一般能节煤 10%～20%。

2）提高窑的熟料产量

多家水泥企业的实践表明，在预分解窑煅烧过程中使用生料速烧剂，热耗可降低 10% 以上，在窑的发热能力一定时，节煤 10% 以上，理论上可以使窑的产量提高 10% 以上（节省的这部分热量可以用来烧成熟料）。同时，微量元素的多重矿化和助熔作用极大地提高了 $CaCO_3$ 的分解率，大幅度降低了物料的煅烧温度，液相黏度降低，熟料形成速度加快，窑的快转率提高，因而可以大幅度提高窑的产量，有的企业能达到提高产量 20% 的效果，而未增加窑的其他负荷。因此，在预分解窑上使用生料速烧剂，不仅能大幅度提高窑的产量，而且不增加窑的热负荷，对篦冷机的热负荷增加也不会很大，可以较充分地发挥新型干法窑的潜力和性能。在 2500t/d 的新型干法窑上使用生料速烧剂，产量有望达到 3000t/d；5000t/d 的窑熟料产量有望达到 6000t/d，熟料单位电耗下降 5～10kW·h/t。

3）提高熟料的质量

使用生料速烧剂后，由于微量元素的多重矿化和助熔作用，熟料在煅烧过程中生成许多过渡性的早强和高强矿物；低温可使熟料中的主要矿物 C_3S 形成微晶或缺陷晶格，有利于提高熟料的活性；同时，微量元素的有选择地饱和固溶，可稳定 A 矿和 B 矿，防止发生晶型转变，因此可极大地提高熟料的质量。近十家使用生料速烧剂的新型干法水泥厂生产统计数据表明，熟料强度一般都可以提高 5MPa 以上。

4）提高设备的安全运转率，降低衬料消耗

使用生料速烧剂后，由于微量元素的多重矿化和助熔作用，系统温度大幅度降低，烧成带温度降低幅度更大，这样窑系统可以长期在较低温度下运行，有利于提高窑系统的安全运转；同时，低温可以保护窑的衬料，使之免受高温火焰的冲刷和高温液相的侵蚀，从而提高衬料的使用寿命。

5）减少有害成分的排放，保护环境

由于熟料热耗降低，单位熟料的废气排放量亦降低，而高温是氮氧化物生成的主要条件，系统温度的大幅度降低，可使氮氧化物的排放量降低20％～50％，其他有害成分的排放量也大幅度降低，从而比较容易达到国家规定的排放标准。高效复合生料速烧剂中的微量元素多为助熔成分，这些成分不会被挥发到大气中去，更不会在窑内形成内循环产生积聚，而是生成过渡性矿物或固溶到熟料中的 A 矿和 B 矿中；生料速烧剂中氟含量很少，它在熟料煅烧过程中受其他微量元素的抑制而生成过渡性矿物，不会挥发形成内循环，更不会挥发到大气中而污染环境。生料速烧剂的使用，使水泥生产对环境的污染减轻。

6）不会出现预热器结皮堵塞和窑内结蛋、结圈的现象

微量元素不是易挥发组分，不会在窑内形成内循环，而且可以抑制有害成分挥发形成的内循环，与生料中的有害成分形成稳定的组分固溶到熟料中；同时，由于系统温度降低 100℃，有害成分在窑内的挥发和内循环大大降低。此外，配料方案的改变要求对系统控制参数进行适当的调整，以保持系统的正常运行。预热器结皮堵塞、窑内结蛋、结圈的主要原因是在预热器内形成液相，而使用生料速烧剂后，煅烧时仍然要到 1100℃以上才能出现液相，而预热器内的温度要远低于此温度，因此只要控制好最后两级预热器的温度，避免分解炉中的煤不完全燃烧，就不会造成预热器的结皮堵塞。

（3）生料速烧剂应用技术措施

1）生料中 0.20mm 方孔筛筛余≤0.5％，生料比表面积≥300m²/kg；

2）生料速烧剂按 0.6％～1.0％的量均匀掺入生料中，生料成分要稳定，选择高硅、低铁适宜的配料方案；

3）煤质要稳定，发热量≥（20000±800）kJ/kg；

4）确保窑的热工制度稳定；

5）加强窑的操作控制。

（4）生料速烧剂使用效果

大量生产实践证明，使用高效生料速烧剂后熟料台时产量提高幅度为 15％以上；标准煤耗降低，生产成本减少 5％以上；同时，3d 抗压强度≥40MPa，28d 抗压强度≥60MPa，f-CaO≤2.0％，吨熟料成本降低 10 元以上（具体数据见表 3-2-16）。

表 3-2-16 某回转窑厂使用高效复合生料速烧剂技术经济效果（5000t/d）

项目	窑台时产量(t/h)	熟料煤耗(kg/t)	熟料成本(元/t)	KH	SM	IM	f-CaO(%)	C_3S(%)	C_2S(%)	C_3A(%)	C_4AF(%)	熟料强度（MPa）			
												抗折		抗压	
												3d	28d	3d	28d
使用前	226	139	132	0.95	1.9	1.2	3.2	46	26	7.8	14.2	5.2	8.6	32.3	54.2
使用后	270	115	119	0.92	2.3	1.8	2.4	56	19	9.2	11.6	6.8	8.6	41.2	63.5

项目	窑台时产量 (t/h)	熟料煤耗 (kg/t)	熟料成本 (元/t)	KH	SM	IM	f-CaO (%)	C₃S (%)	C₂S (%)	C₃A (%)	C₄AF (%)	熟料强度（MPa）			
												抗折		抗压	
												3d	28d	3d	28d
比较	+19.5%	−17.3%	−13	—	—	—	—	—	—	—	—	—	—	+8.9	+9.3
说明	本表是在干法回转窑使用生料速成烧剂技术三个月后的平均结果，生料速烧剂掺加量占生料的 0.8%														

三、水泥助磨剂技术

（一）助磨剂作用原理及分类

1. 助磨剂作用原理

（1）助磨剂及其发展现状

物料在粉磨过程中，加入少量的外加剂（气态、液态或固态物质），能够显著提高粉磨效率或降低能耗，这种化学添加剂通常称为助磨剂。

通常，物料粉磨分为湿法粉磨和干法粉磨。干法粉磨水泥助磨剂有液体和粉体两种，都能显著地提高磨机产量、提高产品质量或降低粉磨电耗。专门用于水泥粉磨的助磨剂，应当满足国家标准《水泥助磨剂》（GB/T 26748—2011）的要求。用于水泥厂湿法生料磨中的助磨剂起反絮凝的作用，又称为"料浆稀释剂"，也有人将湿法粉磨过程中的化学添加剂称为分散剂。

自 1930 年高达得（Goddard）以树脂作为助磨剂在英国首先取得专利以来，先后被用作助磨剂的物质已有几十种。日本、美国、欧盟、东南亚和苏联各国已经在水泥粉磨上普遍采用了助磨剂。

20 世纪 50 年代，我国一些水泥厂曾使用纸浆废液、煤等作为助磨剂。20 世纪 70 年代初，不少水泥企业和科研部门对助磨剂开展了广泛的研究与应用工作。最近几年，科研部门、高等院校和一些国内外公司瞄准了助磨剂这个市场，纷纷推出了自己的产品，使用助磨剂的企业也在不断增多，由 1999 年的几十家增加到近期的百余家，众多企业正在寻求高效、经济、添加方便且对产品性能有益的助磨剂，以获得更好的经济效益和社会效益。

由于技术力量的限制，许多助磨剂生产和经销单位仅推广其产品，而忽视粉磨工艺和粉磨物料的差异，对粉磨系统、磨机结构、研磨体、工艺操作参数等不进行针对性的调整；同时，助磨物料存在差异，助磨剂产品单一且对水泥生产工艺条件适应性不强。以上都是造成使用效果不佳、粉磨产品不稳定的主要原因。一些国外公司也在我国推广其助磨剂产品，但由于价格相对较高，使用范围受到一定的限制。

（2）助磨剂的作用原理

尽管国内外都对助磨剂强化粉磨的原理进行了大量的研究工作，但是目前研究尚不够深入，观点也有所不同，甚至相互矛盾。关于助磨剂的作用原理，目前主要有两种观点。一是"强度学说"，即"吸附降低硬度"。此观点认为，助磨剂分子在颗粒上的吸附作用降低了颗粒表面能或者引起近表面层晶格的位置迁移，使其产生点或线的缺陷，从而降低颗粒的强度和硬度，同时阻止新生裂纹的闭合，促进裂纹的扩展。二是"粉体流变学说"，即助磨剂通过调节粉体的流变学性质和物料的可流动性等，促进颗粒的分散，从而提高物料的可流动性，阻止颗粒在研磨介质及磨机衬板上的黏附以及颗粒之间的团聚。

1）强度学说

有机极性助磨剂吸附于物料颗粒表面或物料颗粒裂缝的表面，使磨机内被粉磨的物料颗粒受到不同种类应力的作用，导致物料颗粒形成裂纹并扩展，然后被粉碎。因此，物料的力学性质，如拉应力、压应力或剪切应力作用下的强度性质将决定对物料施加的力的效果。显然，物料的强度越低、硬度越低，易磨性越好，粉磨所需的能量也就越小。根据格里菲斯定律，脆性断裂所需的最小应力为：

$$\delta=\sqrt{\frac{4Er}{L}}$$

式中：δ 为抗拉强度；E 为杨氏弹性模量；r 为新生表面的活化能；L 为裂纹的长度。

上式说明，脆性断裂所需的最小应力与物料的比表面能的 1/2 次方成正比。显然，降低颗粒的比表面能，可以减小使其断裂所需的应力。从颗粒断裂的过程来看，根据裂纹扩展的条件，助磨剂的分子在新生表面的吸附可以减小裂纹扩展所需的外应力，防止新生裂纹的重新闭合，促进裂纹的扩展。

实际颗粒的强度与物料本身的缺陷有关，使缺陷（如位错等）扩大无疑会降低颗粒的强度，促进颗粒的粉碎。液体，尤其是水，将在很大程度上影响颗粒的碎裂。添加表面活性剂可以扩大这一影响，原因是固体表面吸附表面活性剂分子后，表面能降低，从而导致键合力减弱；颗粒上现存裂缝形成吸附层后更易扩展，避免重新愈合，使破坏它的外力减小。实践表明，湿法粉磨较干法粉磨，粉磨效果好。同时，助磨剂还可降低固体物料的硬度。

有人用醋酸钠作助磨剂，在实验室小球磨机里进行了粉磨熟料的研究。研究发现，助磨剂通过吸附来降低固体物质的硬度和强度，必须具有小的应力传递速度和断裂速度；当速度较快时，助磨剂分子来不及扩散至裂缝顶端，因而不能发挥减弱固体物质强度的作用；以不同球径试验，会发现较小球径在适当转速时，助磨效果最好，较大球径在较高转速时，助磨效果下降。由此可知，助磨剂的使用效果取决于物料单个颗粒上能否形成广泛的裂纹网张。

2）粉体流变学说

助磨剂通过调节粉体的流变学性质和物料的可流动性等，使粉料不易黏附在研磨体和衬板的表面上，有效减弱或消除糊球、糊磨现象，避免料粉的垫层作用，提高粉磨效率。

粉磨过程中，物料集聚的根源是粉磨截断。对水泥熟料而言，所涉及的 Si—O 和 Ca—O 单键键能分别为 443.8kJ/g 和 133.98kJ/g，所以，颗粒的断裂首先并大量发生在 Ca^{2+} 和 O^{2-} 的活性点上。由于离子键断裂，电子密度产生变化，断面两侧出现一系列交错的 Ca^{2+} 和 O^{2-} 的活性点，在没有外来离子或分子将这些活性点屏蔽时，它们便会彼此吸引，使已断裂的界面趋向愈合。研磨介质对这些刚断裂颗粒的撞击作用，既可能产生新的断裂，也可能压紧颗粒，促使已分离的颗粒又重新复合。助磨剂的作用就是迅速提供外来离子或分子，满足断开面上未饱和的电价键，消除或减弱其积聚的趋势，阻止物料颗粒断裂面的重新复合。

物料在磨机衬板和研磨表面上的吸附与物料本身之间的聚集存在着很大的区别。粉磨过程中，物料聚集的形成和发展有两个阶段，开始是小颗粒由于表面张力而具有较强的聚集能力，黏附在大颗粒上或相互间黏附，这样形成的松散的聚集体，有人叫作"结团",表面活性剂能把它们解散;之后,在这种松散聚集体的基础上,物料进一步受机械应力作用,可发生与金属焊接类似的过程,聚集体的结构发生变化,晶格歪扭和变形,靠表面活性剂不能解开,只能等其生长到一定尺寸后,再度被粉磨。物料的粉磨进入到第二阶段后,机械能将使物料发生聚集与粉碎,它本身在成表面能与结合能之间交替转换。掺加助磨剂能够在物料粉磨过程的第一阶段就起作用,将结团解开,使第二阶段不出现或少出现。

无机非极性助磨剂通过保持颗粒的分散,来阻止颗粒之间的聚结或团聚。它能在物料颗粒表面形成包裹薄膜,使表面达到饱和状态,不再因互相吸引而黏结成团块,改善磨内物料的流动性。由于磨内粉磨物料的流动性得到改善,物料连续通过磨机的速度明显提高,研磨介质的粉磨作用也得到发挥。

2. 助磨剂分类及作用

(1) 助磨剂分类

助磨剂种类繁多,助磨效果差异很大,应用较多的就有百余种,分类方式也较多。

助磨剂按使用时的状态可以分为固体、液体和气体三种。固体助磨剂有硬脂酸盐类、胶体二氧化硅、胶体石墨、碳黑、粉煤灰、石膏等;液体助磨剂有有机硅、三乙醇胺、乙二醇、丙二醇、聚丙烯酸酯、聚羧酸盐等;气体助磨剂有蒸汽状的极性物质(丙酮、硝基甲烷、甲醇、水蒸气)以及非极性物质(四氯化碳)等。常见的用于水泥工业的助磨剂为固体和液体两种。

按化学结构,助磨剂可以分为三种:聚合有机盐助磨剂、聚合无机盐助磨剂和复合化合物助磨剂。目前使用的助磨剂产品大多属于有机物表面活性物质。单组分助磨剂价格较高,使用效果不理想。近年来,复合化合物助磨剂应用较为广泛。

按化学组成,助磨剂可分为纯化合物助磨剂和混合物助磨剂(见表3-2-17)。

表 3-2-17　助磨剂按照化学组成分类

化学组成	类别	助磨剂
纯化合物	极性助磨剂	指离子型助磨剂、有机物助磨剂,如:三乙醇胺、醋酸铵、乙二醇、丙二醇、葵酸、环烷酸等
	非极性助磨剂	指非离子型助磨剂、无机物助磨剂,如:煤、石墨、焦炭、松脂、石膏等
混合物	复合助磨剂	有机混合物、有机物与无机物混合物、无机混合物

(2) 助磨剂对水泥生产的作用

1) 利于高细粉磨

近两年的科研实践表明,高细粉和超细粉在建材行业,尤其在高强混凝土方面,显示出独特性,并起到重要作用。例如,长江三峡工程中,由葛洲坝水泥厂配置的超细选粉机和振动磨等设备可生产 $800\sim1000m^2/kg$ 高比表面积的产品。该厂大量生产超细水泥、超细矿渣等产品,如果没有助磨剂的帮助,细粉容易产生凝聚现象,磨机很快达到粉磨平衡状态,即使粉磨时间再长,产品细度也不会发生多大变化,比表面积很难达到 $600m^2/kg$ 以上,粉磨电耗还会成倍增长。

2) 提高磨机产量

随着技术进步,尤其是预分解技术的发展和应用,烧成系统的产量大幅度增长,使得粉磨系统的产量满足不了生产要求，增加新设备又需要较多的资金投入，企业迫切需要通过简单、低投资的方法提高系统产量。加入助磨剂之后，粉磨效率提高，磨内物料流速加快，只要产品细度控制合适，球磨机产量一般都能提高15％以上。

3）实施水泥新标准的需要

水泥新标准的实施导致各种窑型的水泥等级不同程度地降低。各方面综合分析对比发现，国内外水泥细度差异较大，国内普遍存在水泥细度偏粗、颗粒级配不合理的问题，这是实物质量下降的主要原因之一。

众多试验结果证明，水泥细度、颗粒组成和颗粒形状的改善对充分利用水泥活性和改善水泥混凝土性能有很大作用。这个问题早已引起国外水泥界的重视，而我国有关方面对此认识和重视不足。实施新标准后，就迫使水泥企业重视这个问题。在普通水泥细度的混凝土当中可能有20％～40％的水泥没有参与其强度的增长过程，太粗的颗粒不能完全水化，过细的颗粒可能结团，或增大水泥的需水量，影响混凝土性能。企业内比较公认的是，$3\sim32\mu m$的颗粒对强度增进率起主要作用，其间各粒级分布是连续的，总量不能低于65％；$16\sim24\mu m$的颗粒部分对水泥性能尤为重要，含量愈多愈好；小于$3\mu m$的细颗粒不要超过10％；大于$65\mu m$的粗颗粒活性很小，最好没有。还要指出的是，水泥颗粒球形化对水泥性能的改善产生巨大的影响，也应当引起我们的重视。水泥新标准的实施，就要求水泥企业降低水泥细度，改善水泥颗粒组成和力求颗粒形状球形化。

如上所述，为了适应新标准，水泥企业必须改革粉磨工艺，包括工艺流程的优化和采用助磨剂。工艺流程的优化主要指增设或改造选粉设备、采用高新技术的第三代高效选粉机、增加预破碎或预粉磨、对磨机内部衬板、隔仓板进行改进、优化研磨体级配形式和填充率等，还应重视收尘通风的匹配组合。以上皆是从机械上或外在处理硬件上改善粉磨工艺，即通常所说的物理作用。通过这种综合优化，粉磨效率、产品质量、系统能耗会有一定的改善，却增大了投资并使流程复杂化。这就要求我们从化学作用着手研究，改善熟料内部结构，获得强度高、易磨性好的熟料，从配料率值、煅烧冷却制度、短窑及沸腾炉煅烧等新技术、新方法进行尝试工作。但针对已正常生产的企业，这些摸索和尝试比较困难，而最为简单便利的方法，就是采用助磨剂。

4）降低粉磨能耗

国外水泥厂，尤其发达国家，普遍应用外加剂技术，特别是在水泥粉磨过程中采用助磨剂，是比较有效的节约能源、提高产品产质量的方式。美国、日本、欧盟及泰国等东南亚一些国家和地区超过95％以上的水泥厂应用助磨剂，而我国虽在助磨剂的研究方面取得了较大进展，但水泥行业助磨剂的使用率不足15％。采用生产中便于操作、价格性能比优良的助磨剂，能够改善水泥性能，为企业带来较高的效益。

粉磨系统是水泥厂最大的耗能大户，一般占总能耗的60％～70％，在产品成本中占的比率相当大，愈来愈引起企业的重视。如上所述，除进行工艺流程优化外，应用高效助磨剂是一种便利的节能方法，在磨机装机容量不变的情况下，台时产量得到提高，单位产品的电耗明显降低。

（二）助磨剂应用技术

1. 影响助磨剂使用效果的因素

助磨剂助磨效果的影响因素，主要有助磨剂本身的性质、助磨剂的用量、被粉磨物料的性质及粉磨设备的工艺条件（包含产品细度、内部工作温度等）。

（1）助磨剂本身的性质对助磨效果的影响

助磨剂的助磨效果首先取决于它本身的化学本性。助磨剂一般都是表面活性物质，其组成基团的类型和相对分子质量影响着其吸附、分散效能，从而影响着助磨效果。

表面活性剂，特别是阳离子型的伯胺和乙醇胺等表面活性剂效果最好，多元醇和胺也十分有效。用阳离子型和非离子型的表面活性剂，助磨剂可将物料比表面积提高20%。

助磨剂的助磨效果，不仅与其化学结构类型有关，而且与组成基团的相对分子质量，即基团间的相互关系有关。例如，含1～14个碳原子的脂肪酸能很好地吸附在水泥颗粒上，强化粉磨作用；脂肪酸及其钠、钾盐因羧基极性增强而有更大的吸附能力和助磨效果；饱和脂肪酸类的助磨效果随其分子链长度的增加而减弱；不饱和脂肪酸比饱和脂肪酸更有效；从甲醇到戊醇的系列中，助磨效果也是随其分子链长度的增长而减弱；粉磨白水泥时，用乙二醇和丙三醇提高比表面积的效果相同。

（2）助磨剂用量对助磨效果的影响

按照助磨作用原理，无论是"强度学说"（吸附降低硬度学说）中形成对粉磨物料足够大量颗粒的吸附层所需的助磨剂量，还是"矿浆流变学调节学说"中调节矿浆流变性质和矿粒可流动性，促进颗粒分散所需的助磨剂都是很少。

日本学者提出了以下助磨剂掺量（%）的计算公式：

$$G = \frac{100 M S_w}{N S}$$

式中：M 为助磨剂的摩尔质量（g/mol）；S_w 为物料预期的比表面积（cm²/g）；S 为助磨剂的分子截面积（cm²）；N 为常数 6.02×10^{23}。

这个公式的理论依据是，假定助磨剂是以单分子层吸附在物料的表面上，恰好将整个物料包裹住，形成一个单分子层所需的掺加量，就是最佳掺量。假定产品比表面积为350m²/kg，则几种助磨剂的最佳计算掺量如下：乙二醇为0.018%，一缩二乙二醇为0.021%，丙二醇为0.019%，一缩二丙二醇为0.022%，二缩三丙二醇为0.025%，二乙醇胺为0.021%，三乙醇胺为0.024%。

试验中测得的最佳掺量与按上式计算的结果常常不尽相符，前者往往高于后者。因为助磨剂在粉磨过程中是否以单分子扩散开并吸附在物料表面上，是值得怀疑的。实际表明，助磨剂适宜用量范围一般为水泥质量的0.01%～0.1%。任何一种助磨剂都有最佳的用量范围，这一最佳用量与要求的产品细度、助磨剂的分子大小及其性质等有关。用量过少，助磨效果未得到充分发挥；用量过多，不仅会提高成本，还会影响水泥的性能。

掺加醇类、乙二醇和三乙醇胺粉磨水泥熟料时，产品的比表面积随助磨剂的增多而增大，但当超过一定限量时，比表面积就不再增大，不论用什么方法皆如此。各类乙醇胺超过最佳量0.025%～0.05%时，除单乙醇胺外，都使比表面积降低。粉磨抗硫酸盐水泥时，随着有机胺类化合物的增多，大于80μm的粗粒级反而会增加。

增大助磨剂掺量，起初比表面积均成比例增大，但超过一定极限后，诸如用三乙醇胺进行的试验，掺量超过0.02%后，在试验磨中的比表面积保持不变，而在生产磨中的比表面积减小。这是因为试验磨机的物料不排出，而生产磨机中的粗颗粒也随细粉排出。

（3）被粉磨物料性质对助磨效果的影响

被粉磨物料的硬度、粒度、化学成分、形成方式等物理化学性质，导致助磨剂具有选择性。例如，表面活性剂中，阴离子表面活性剂 NF_6 对方解石的助磨效果最好；磺化脂肪酸和脂肪酰胺对于石英的助磨效果较好；三乙醇胺对石灰石的助磨效果较好。

研究表明，水泥熟料不同的化学与矿物组成和熟料的烧成方式等，与助磨剂有不同的适配性，这与熟料各个物相的易磨性有关。掺用三乙醇胺粉磨熟料矿物时发现，胺盐对 C_3S 的助磨效果最好，并按 C_3A、C_4AF、β-C_2S 的顺序递减。另外，水泥熟料的粉磨受贝利特含量的影响。使用一元醇（乙醇，丁醇）作助磨剂时，助磨效果随熟料中氧化钙含量的增高而增强。水泥混合材，诸如矿渣、石煤渣、粉煤灰等，对助磨剂也有一定的选择性。

物料水分含量也会影响助磨剂的使用效果。干法粉磨时，物料的水分影响粉磨效率。在不影响产品性能的前提下，适量的水分，有利于粉磨的进行；当超过一定量后，尤其利用球磨机粉磨时，磨内研磨体、隔仓板等被粘湿粉料包裹或糊堵，粉磨效率大幅度降低，采用助磨剂也很难改善这种状况。因此，生产操作时，应当严格控制入磨物料的最大水分含量。湿法粉磨时，料浆浓度和黏度都影响助磨剂的使用效果。实践证明，只有浓度和黏度达到一定值时，助磨剂才有效果。

（4）粉磨设备工艺条件对助磨效果的影响

物料细度一定时，助磨剂减少了水泥在磨内的停留时间。对于不同细度的物料，用多元醇作助磨剂均能在很短时间内便能发挥助磨效果，但时间超过一定限度后，助磨作用不再增加。

此外，掺加助磨剂使 $3\sim30\mu m$ 颗粒的含量增加 $10\%\sim20\%$。掺加 0.05% 丙二醇时，粉磨产品的比表面积可高达 $960m^2/kg$，且没有明显的集聚现象，脂肪酸混合物则没有这种效果。事实上，三乙醇胺、辛二醇、丙二醇和聚甲基硅烷等都能起到助磨作用，就在于它们能够降低颗粒的黏附力。

产品细度、颗粒大小及其分布对助磨剂助磨效果体现在两个方面：一是粒度越小，颗粒质量越趋于均匀，缺陷越小，粉磨能耗越高。助磨剂通过裂纹形成和扩展过程中的防"闭合"和吸附降低硬度作用，可以降低颗粒的强度，提高其可磨度；二是粒度越细，比表面积越大，在相同浓度情况下的黏度越高。因此，粒度越细，粒径分布越窄，使用助磨剂的效果越显著。随着粉磨时间的延长，产品的比表面积越来越大，这时添加助磨剂粉磨时间的延长，使产品的比表面积越来越大。这说明，粉磨粒度越细，使用助磨剂的效果越显著。

粉磨设备内部工作温度对助磨剂助磨效果的干扰，也应引起足够的重视。对于有机类的助磨剂和易挥发性物质，当工作温度超过一定值后，其发生物理化学反应后的产物降低，甚至没有助磨作用。这种交叉反应非常复杂，目前，仅能通过不同条件下的实践，才能确定其限制温度条件。

由上述可见，在采用助磨剂进行粉磨时，必须使设备工艺条件与之适应，关键点如下：

1）采用助磨剂后，物料在磨内的停留时间减少，因此必须改变研磨体与物料比，即料球比和循环负荷等。

2）助磨效果与研磨体的尺寸和磨机转速有关。采用三乙醇胺和平均质量为1g（相当于3～4mm）的研磨体进行粉磨时，可以获得高达$600m^2/kg$的细度。

3）助磨剂在提高产量的同时，也使粉尘量增加50%～80%，但是对收尘器运行没有不利的影响，通常，收尘器的含尘浓度仅稍有增高，由$0.21g/m^3$增至$0.26g/m^3$。

4）助磨剂会增大粉料的电阻率，一般由$10^3Ω·cm$增大到$10^{11}Ω·cm$。这会增加收尘器中粉尘分离的困难，可采用磨内喷水来解决。

5）助磨剂会使电收尘器内温度升高，甚至引起频繁放电。可用喷水和降低气体流速来解决。

6）助磨剂在开流磨中使用，能提高细度；在圈流系统，保持细度相同，则可提高产量。

7）使用助磨剂时，因品种和类型存在差异，应重视系统的工作温度。

8）助磨剂能提高选粉机的效率。

9）助磨剂的效果主要在细磨阶段体现，助磨剂的作用可以在不长的时间内发挥出来。

10）一些助磨剂比较容易挥发，如果直接加入到高温物料上，应注意温度的影响。

因为助磨剂能够分散被粉磨物料的颗粒，使小颗粒不致于被较大颗粒带走，更多的细小颗粒作为成品排出，因此既可降低循环负荷，又可减少磨内过粉磨现象，起到缓冲作用，对选粉机和磨机都有利。

助磨剂的使用与设备工艺参数的适配性是实际生产中亟待解决的问题，助磨剂的助磨效果往往因工艺参数不适应而未能充分发挥。我国一些水泥厂往往对此重视不够，使用助磨剂后未对工艺参数作相应的调整，因此效果有时不够显著。

2. 助磨剂的选择

助磨剂多种多样，应根据具体情况选用，本着"因地制宜、因材施用"的原则合理选择确定助磨剂。

（1）选用助磨剂的一般原则

1）对于一定的粉磨条件，应通过工业性试验确定一种或两种最恰当的助磨剂试验，主要确定助磨剂掺加量、系统产量、循环负荷值、检测出磨物料温度、产品比表面积、细度或颗粒组成和产品的综合性能等。

2）助磨剂对成品应是无害的。在生产水泥时，助磨剂须符合国家标准《水泥助磨剂》（GB/T 26748—2011）的要求，水泥各龄期强度相对值不低于95%。

3）应选用性能价格比大的助磨剂，水泥粉磨用助磨剂的用量不得超过水泥质量的1%。

4）选用助磨剂时，应要求助磨剂供应单位提供粉磨系统完善优化方案。

（2）不同磨机应选用不同的助磨剂

磨机不同，使用的助磨剂亦应不同。干法生料磨可用煤、石墨、焦炭、胶态炭、松脂、鱼油硬脂酸盐等；湿法生料磨应使用稀释剂；水泥磨可用醋酸铵、乙二醇、丙二醇、油酸、石油脂、文沙剂、环烷酸皂、亚硫酸盐酒精废液、三乙醇胺、醋酸三乙醇胺酯、石油酸钠皂、木质纤维等，尤其可用近期推出的HY高效系列等复合助磨剂。

（3）助磨剂用量的确定

助磨剂的掺加量是很少的，具体应根据助磨剂和粉磨条件来确定。根据实践经验和国家标准要求，在粉磨水泥以煤或炭作助磨剂时，其掺加量不得大于 0.5%，才能确保水泥的质量，但在磨制立窑用黑生料时不受此限；使用木质纤维作助磨剂时，其掺加量不宜高于 0.5%；使用三乙醇胺下脚料作粉磨水泥的助磨剂时，一般应控制在 0.05%～0.10%范围内。如果助磨剂掺加过多，则会使水泥质量下降。如果以三乙醇胺作助磨剂，掺加量达到 1%时，虽然对清洗研磨体十分有效，可以立即消除糊球现象，但是水泥强度却明显下降。国内外实践证明，高效助磨剂的掺加量应为水泥质量的 0.005%～0.01%。

在有些磨机中，助磨剂是必不可少的，如小钢段磨和超细磨，由于比表面积大，必须使用助磨剂，以提高磨机的粉磨效率，否则磨机内过粉磨现象非常严重，隔仓板和研磨体黏料比较多，无法显示小钢段磨的优势。在小钢段磨上，广泛使用三乙醇胺类助磨剂，一般控制掺量为 0.02%～0.03%。

（4）各国对助磨剂的具体选用

国内目前使用较多的助磨剂，皆为复合类助磨剂，诸如天津的 991I 系列、北京的 N、S 系列、山东的 HY 系列以及河南的 CD 剂等；美国常用的助磨剂 TDA 和 109-B 为标准规范中准许粉磨硅酸盐水泥时使用的商品助磨剂；苏联常用的助磨剂有油酸、文沙利、环烷酸皂、亚硫酸盐酒精废液、彼得罗夫接触剂、石油脂、三乙醇胺等；德国在粉磨水泥时，多用醋酸铵、乙二醇、丙三醇等。

（5）助磨剂的加入方式

助磨剂因其物理状态不同，对物料各个阶段的助磨效果有差异，所以添加方式也不同。

气体助磨剂应用较少，一般采用压气罐储存，可直接向粉磨设备内喷入。在管道中设置计量仪表，指示喷入气体助磨剂量，其加入量的控制则通过管道中阀门开闭来实现。如果粉磨设备的进料采用风送方式，气体助磨剂则可在风送系统中加入，还可从文丘里喷射式加料器中加入，其关键为助磨剂应当与物料混合均匀。

水泥行业广泛使用固体和液体助磨剂。固体助磨剂可用皮带秤、螺旋秤、翻斗秤、固体流量计等粉料计量喂料装置，按照需要直接喂入粉磨设备或选粉设备，或计量后与其他物料一起进入粉磨设备。因此，系统需要增加一个小储料仓和一套计量喂料装置。

液体助磨剂的加入方式，可采用自流式或泵喷加入。自流式是将液体助磨剂通过设置的小储罐、自流口和调节阀门流入粉磨设备内或混合物料上，经济简便，但计量精度较差，需要经常巡查标测，劳动强度较大；泵喷加入可采用普通压力泵或计量泵，前者通过回流管及其系统阀门控制，系统设置比较复杂，而采用计量泵，既可手动固定助磨剂流量，又可通过变频实现与喂料系统的关联自动调节，计量准确，是目前较为理想的一种方式。液体助磨剂，大多数为易溶于水的复合助磨剂，在使用时，可适当地加水进行稀释，便于控制加入量的准确和稳定，但应当控制稀释加入的水量，不应影响粉磨产品的性能。

3. 助磨剂对粉磨过程及产品质量的影响

（1）助磨剂对产品性能的影响

助磨剂对物料的机械化学反应有影响，能改变产品的颗粒形状、尺寸和颗粒组成，再加上本身的存在，因此对产品性能必然会产生影响。不同类型、不同品牌的助磨剂对产品性能的影响不一，情况复杂，使用中应特别关注。

掺加助磨剂后，产品平均粒径明显变小，细颗粒含量明显增加；颗粒形状的变化更大，颗粒棱角明显变小，圆形度增加。

掺加助磨剂（三乙醇胺）促进了 β-C_2S 的无定型化。熟料中的 C_3S 在添加助磨剂（三乙醇胺）粉磨 10h 后，与不添加助磨剂比较，晶粒尺寸（D_c）和晶格形变（η）分别由 77.9nm、0.440 降为 47.6nm、0.2939，这说明助磨剂对于提高颗粒的易碎性和变形能的消耗具有重要作用。

助磨剂对产品性能的影响集中在水泥上，体现于混凝土及其制品，主要表现在蠕变、凝结时间和强度等方面。

二醇类和醇胺类助磨剂可增大水泥浆的标准稠度需水量，水泥浆稠度随助磨剂本身的性质不同而变化。

助磨剂对产品凝结时间的影响是不同的，有的延长、有的不变，也有的缩短。二醇类和醇胺类助磨剂使凝结时间有不同程度的延缓；二甘醇使凝结时间基本保持不变或缩短。在水泥中含有 0.01%～0.02% 的木质素化合物时，凝结时间稍有缩短。

助磨剂对产品强度的影响与助磨剂和多数粉磨物料的性质有关。二醇类、醇胺类和铵盐类助磨剂使早期强度增高或保持不变，地沥青精浓缩物改善早期强度。向日葵油皂使 3d 强度降低，但 7d 强度得到恢复，甘油也使 3d 强度降低。

为了适应水泥新标准的实施，近期推出的各种复合助磨剂可显著提高水泥的各龄期的强度。除此之外，助磨剂还会产生其他一些影响。助磨剂对水泥浆的早期收缩有轻微影响，有的也可能影响水化初期物相和水化程度，二甘醇可使水化热增大。助磨剂能对孔隙体积和表面的分布有重要影响，还能影响硅钙石凝胶的成分和比表面积。一些助磨剂有不同程度的起泡和引气作用，有助于改善水泥拌和物的流动性。

脂肪酸类助磨剂使水泥产生疏水性，贮存时不易风化结块，但拌和时则需仔细搅拌方能湿润。

二甘醇能提高低水灰比混凝土的早期至 28d 强度，稍微增加裹入空气量。多缩二乙醇等能改善混凝土的和易性和抗渗性，提高钢筋的黏结力。

（2）助磨剂的使用效果

世界各国在使用助磨剂的过程中都取得了显著效果。我国有些水泥厂在粉磨水泥时，加入 0.05%～0.1% 三乙醇胺作为助磨剂，保持细度不变，磨机产量提高了 10%～20%。据国外报道，在磨制 37.5MPa 硅酸盐水泥时，使用助磨剂可使磨机产量提高 10%～30%；磨制 47.5MPa 硅酸盐水泥时，可使磨机产量提高 25%～50%。

国内用三乙醇胺、乙二醇和甘油作助磨剂对湿法回转窑和立窑熟料进行了粉磨试验，发现这三种助磨剂对湿法回转窑熟料的助磨作用大于对立窑熟料的助磨作用；还有企业用多种复合助磨剂对预分解窑和立窑熟料进行了粉磨试验比较，发现复合助磨剂对立窑熟料的助磨作用大于对预分解窑熟料的助磨作用。由此可见，助磨剂对熟料结构和化学成分有选择性和适应性。

对于助磨剂的经济效果及使用所增加的成本，不能只看助磨剂的本身价格。实际上，降低成本来源于提高粉磨效率所降低电耗的费用，或是提高产品等级、增加混合材掺量替代熟料所降低的费用，以及由于磨机产量的提高，可以适当地利用低峰电等综合效益。

以高效复合助磨剂为例，生产42.5级矿渣水泥时，系统产量提高25％，单产电耗降低9kW·h/t，助磨剂的掺加量为0.03％，使用助磨剂增加的成本为3.0元/t，仅节省电耗降低费用就为3.87元/t，设备折旧、工人工资、研磨体消耗节省的费用估算为0.82元/t，综合效益为1.69元/t；生产32.5级矿渣水泥时，可以多添加15％的矿渣，以该厂熟料130元/t和矿渣70元/t的差价计算，32.5级矿渣水泥综合成本下降9.0元/t。按照年产12万t水泥，其中32.5级和42.5级矿渣水泥各50％计算，该厂年获纯效益约为64万元。

使用助磨剂的目的在于改善和稳定粉磨工艺、实现细磨和超细磨、满足新标准的实施、增加磨机产量、改善水泥性能、提高水泥实际质量和节省电耗，通过增产获得综合效益。因此，为了提高我国水泥实际质量，实现熟料的充分利用，保证超细粉的有效生产，提高混合材掺加量，从增产、节电、节省综合能源的角度出发，应当大力推广和积极采用高效助磨剂。

（3）助磨剂对水泥粉磨过程的影响

1）助磨剂在开路粉磨中的应用

在开路粉磨生产中，由于一次性就要完成粉磨作业，因此控制流速非常重要。流速过快，会导致物料跑粗；流速过慢，使磨机产量下降，出现过粉磨现象。一般情况下，添加助磨剂会使物料的流速加快，使物料细度相对流速的变化更加敏感。所以，在开流磨中要特别注意对助磨剂添加方法的合理控制：一方面，通过对添加量的调整使物料流速不至于失控（即跑粗料），另一方面，还要注意添加的稳定性和均匀性。在不改变磨内结构的条件下，还可以适当降低通风量以降低物料流速。

在磨机产量不变的情况下，添加助磨剂使水泥的细度提高，水泥质量有明显的提高。在保证水泥细度及质量不变的情况下，可以适当提高磨机的产量或者提高混合材掺量。这里，考虑到水泥颗粒级配的变化影响，只要控制水泥的$80\mu m$筛余细度，就可以达到控制水泥质量的目的，比表面积值可以只作适当的参考，允许一定程度的降低，但也不可降低太多。

在磨机产量不变的情况下，掺用助磨剂的水泥早期及后期强度与不掺加助磨剂水泥相比，提高2~4MPa，在水泥质量不变的情况下，水泥磨机产量提高17％左右，或者使矿渣的掺加量增加4％～8％。为了使助磨剂发挥更好的助磨作用，还应该适当地调整研磨体级配及球粒比，以消除助磨剂使磨内物料停留时间缩短所造成的不利因素。

2）助磨剂在闭路粉磨中的应用

助磨剂在开路粉磨时应该注意的问题，在闭路粉磨中同样要注意。不过，闭路粉磨是物料多次通过磨机来完成粉磨作业，由选粉机来控制成品细度，因此要求上有所变化。在某一特定闭路磨机中，成品细度不变的情况下，循环负荷的大小决定于出磨物料的细度，反映了物料在磨机中停留时间的长短。循环负荷大，表明物料在磨机内停留时间短，出磨物料粗；循环负荷小，表明物料在磨机内停留时间长，出磨物料细。使用助磨剂后，物料流速的加快会使物料在磨内通过的时间缩短。如果原系统循环负荷较大，物料停留时间较短，添加助磨剂后不对磨机系统进行适当调整，就容易造成磨内物料流速失控，使助磨剂的助磨作用降低或消失。同时，由于流速过快，物料得不到"充分"

研磨，致使出磨水泥细度跑粗，循环负荷逐渐增加，时间一长会造成出磨物料量的成倍增加，磨尾提升机容易"憋死"而使正常生产受到影响。原系统循环负荷适中或者较小的磨机，不用调整内部结构，使用助磨剂就可以达到满意的助磨效果。这里所讲的循环负荷的大小是相对系统在本机组条件下的"合理"循环负荷而言的，抛开特定粉磨系统而单独讨论循环负荷的大小是毫无意义的。添加助磨剂后，在控制成品细度及磨机产量不变的情况下，如果循环负荷逐渐减小，表明原系统运行在合理的循环负荷下；如果循环负荷不降反而逐渐升高，表明原系统在高于合理的循环负荷下运行，这时，如果不进行适当的系统调整，使用助磨剂后不但不会增产，反而会影响正常生产。

一般情况下，只要磨机运行状况良好，助磨剂就可以达到预期的助磨效果。如果要更充分地发挥助磨剂的作用效果，可以根据系统特点进行适当的调整，调整的原则就是既要控制物料流速，又要使系统在合理的循环负荷下达到最佳产量。在闭路磨机中使用助磨剂主要可以实现以下几方面的效果。首先，在保持磨机产量不变的情况下，可以通过提高选粉机转速，使磨机循环负荷恢复或者稍高于原来水平，从而使磨机总的喂料量逐渐稳定，这时水泥的筛余细度下降，比表面积增大，水泥的质量提高；其次，在此基础上，保持水泥质量不变，就可以适当增加水泥混合材的掺量；最后，不改变选粉运行参数，保持水泥细度不变，就可以增加喂料量，提高磨机台时产量。

4. 应用实例

（1）HY 型助磨剂在新型干法水泥粉磨站的应用研究

1）概述

HY 型助磨剂主要是由有机物（醇胺类物质）和无机物（明矾石类矿物质：主要成分 K_2SO_4、活性 SiO_2、Al_2O_3 等）复合而成，呈粉状。本节介绍其小磨试验和工业性试验情况。

2）小磨试验

SS 集团为年产 2000 万吨水泥，并以新型干法水泥生产为主的特大型企业，熟料基地和水泥粉磨站遍布省内外。我们联系其中 7 个粉磨站，取其熟料、石膏、混合材进行了小磨试验，磨机为 $\phi0.5m\times0.5m$ 水泥试验磨，熟料 28d 抗压强度为 56～59MPa。

小磨试验分两步进行：首先按粉磨原来的物料配比粉磨水泥，测出粉磨细度达到 $80\mu m$ 方孔筛筛余 2% 时的粉磨时间，同时检测出磨水泥的比表面积；然后，改变物料配比，减少 11% 的熟料，增加 10% 的混合材以及 0.8% 的 HY 型助磨剂，调整 0.2% 石膏，并根据第一步测定的粉磨时间进行粉磨试验，测定出磨水泥的比表面积。试验结果列入表 3-2-18。

表 3-2-18　HY 型助磨剂提高比表面积的小磨试验结果

序号	粉磨站	试验程序	物料配比（%）						比表面积（m²/kg）
			熟料	矿渣	粉煤灰	石灰石	石膏	助磨剂	
1	GC	1	63	15	13	4	5	0	352
		2	52	15	23	4	5.2	0.8	356
2	BZ	1	65	10	15	5	5	0	351
		2	54	12	23	5	5.2	0.8	354

续表

序号	粉磨站	试验程序	物料配比（%）						比表面积（m²/kg）
			熟料	矿渣	粉煤灰	石灰石	石膏	助磨剂	
3	DY	1	67	6	17	5	5	0	342
		2	56	8	25	5	5.2	0.8	353
4	LC	1	65	8	15	7	5	0	351
		2	52	12	20	10	5.2	0.8	354
5	ZB	1	67.5	13	10	5	4.5	0	339
		2	56.5	15	15	8	4.7	0.8	347
6	JN	1	65	/	23	7	5	0	354
		2	54	/	30	10	5.2	0.8	362
7	QD	1	57	23	10	（沸石）5	5	0	343
		2	46	25	18	（沸石）5	5.2	0.8	346

　　试验结果表明，用 SS 集团的水泥熟料和不同掺加量的混合材，在加入或不加入助磨剂的情况下，均可以得到比表面积接近的复合水泥，初步分析，应该是因为对强度起主要作用的熟料组分颗粒分布不同。因此，我们用相同的粉磨时间及熟料入磨粒度，又进行了助磨剂对熟料颗粒分布及其抗压强度影响的试验，其结果见表 3-2-19。

表 3-2-19　HY 型助磨剂对熟料颗粒分布及其抗压强度的影响

项目名称		颗粒分布（%）							抗压强度（MPa）	
粒径（μm）		＞80	60～80	30～60	20～30	10～20	5～10	＜5	3d	28d
助磨剂掺加量（%）	0	4.1	10.4	23.6	25.3	18.4	13.0	5.2	28.6	56.4
	0.8	2.9	5.3	7.1	28.9	21.0	23.6	11.2	32.2	63.8

　　在相同粉磨时间内，掺加或不掺加助磨剂，对熟料细粉的颗粒组成影响十分明显。从试验结果可以看出，$30\mu m$ 以下的颗粒含量从 61.9% 增加到 84.7%，这表明助磨剂有利于熟料的粉磨速度的提高和微细粉的增加；同时，由于熟料经粉磨后的颗粒分布不同，使得掺助磨剂粉磨的熟料 3d 抗压强度增加了 3.6MPa，28d 增加了 7.4MPa，这给下一步增加混合材掺量、保持复合水泥的品质指标不变，创造了有利条件。

　　3）工业性试验

　　SS 集团大部分水泥粉磨站年生产规模在 100 万吨以上，熟料 3d 抗压强度为 28～30MPa，28d 抗压强度为 55～59MPa，球磨机规格为 $\phi3.8m\times12m$；生产 P·C 32.5R 复合水泥时，内控 3d 抗压强度为 18～20MPa，28d 抗压强度为 38～40MPa；混合材为矿渣、粉煤灰、石灰石，掺量一般控制在 30% 左右，粉磨比表面积 340～360m²/kg。2004 年，企业陆续开始进行工业性试验，应用数据见表 3-2-20。

表 3-2-20　HY-I 助磨剂的应用数据

粉磨站	助磨剂掺量（%）	混合材掺量（%）	3d 强度（MPa）		28 强度（MPa）		筛余（%）	标准稠度用水量（%）	凝结时间（min）		安定性	SO₃（%）	磨机台时产量（t/h）
			抗折	抗压	抗折	抗压			初凝	终凝			
GC	0	32	4.3	20.4	7.8	41.2	1.0	26.5	163	194	合格	2.8	—
	0.8	42	4.2	19.9	7.6	40.9	1.8	28.4	185	200	合格	2.6	—
BZ	0	30	4.2	20.2	7.2	39.4	2.5	26.5	143	203	合格	2.6	—
	0.8	40	4.0	19.8	7.5	40.1	2.4	28.4	150	215	合格	2.6	—
DY	0	28	4.1	21.1	7.6	40.0	2.5	26.5	220	270	合格	2.5	—
	0.8	38	4.3	23.7	7.9	40.8	2.5	28.4	198	272	合格	2.5	—
LC	0	30	4.7	20.8	7.6	40.0	2.0	26.5	170	230	合格	2.4	96
	0.8	42	4.8	21.5	7.9	40.4	2.1	28.4	157	212	合格	2.4	108
ZB	0	28	3.9	20.4	7.6	39.6	1.8	26.5	180	250	合格	2.6	—
	0.8	38	4.0	20.8	7.4	40.1	1.7	28.4	176	224	合格	2.6	—
JN	0	30	3.6	17.8	7.6	38.5	1.7	26.8	190	240	合格	2.5	—
	0.8	40	3.8	18.8	8.4	41.9	1.8	27.8	185	235	合格	2.5	—
QD	0	38	3.9	21.6	7.4	38.4	2.8	26.8	200	270	合格	2.8	98
	0.8	48	4.0	21.2	7.9	39.8	2.6	27.8	195	260	合格	2.8	105

表 3-2-20 表明，使用 0.8％的助磨剂（推荐量 0.6％～0.8％），可以增加 10％的混合材掺加量，生产的复合水泥质量指标完全符合国家标准。混合材中，矿渣比熟料难磨，而粉煤灰比熟料易磨。因此，矿渣掺量增加的水泥磨，台时产量没有明显变化；而矿渣掺量不变、粉煤灰掺量增加的水泥磨，台时产量有所增加。

我们对粉磨站掺加助磨剂前后的复合水泥取样，用"等高注入法"测定其休止角。休止角的大小常用来衡量和评价粉体的流动性。休止角越小，其流动性越好。测试结果表明，不掺助磨剂的复合水泥的休止角为 44°～45°，掺 0.8％HY 助磨剂之后的复合水泥的休止角为 42°～43°，这说明其流动性有所改善。岗位操作工也反映，掺助磨剂的复合水泥在机械输送或气力输送时，阻力减小，不易蓬料或堵塞，对水泥的输送、均化和贮存等过程都有一定的节电效果。

我们按国家标准《混凝土外加剂》（GB 8076—2008）中的钢筋锈蚀快速试验方法（硬化砂浆法），对掺 HY 型助磨剂的复合水泥进行了取样检测。将样品配成砂浆，再取建筑钢筋加工成 $\phi7mm \times 100mm$ 试件，进行无锈处理，按要求制成钢筋砂浆电极。通电后记录 2、4、6、8、10、15、25、30min 的试验钢筋极化电位值 V_2、V_4……V_{30}，通过电位的变化，可以判断钢筋在水泥砂浆中钝化膜受破坏的程度，即检验水泥对钢筋是否产生锈蚀作用。试验结果表明，通电后，电位迅速向正方向移动，2min 就达到 500mV 左右，经 30min 的试验，各时间段电位值没有明显的下降，这表明钢筋表面钝化膜没有被破坏，也就是所测水泥（砂浆）对钢筋无害。

　4）技术经济效益分析

使用助磨剂粉磨水泥带来的经济效益是多方面的，如节省熟料、增加产量、降低电耗、提高安全运转率等。由于各粉磨站工艺条件和原料市场价格不一样，生产成本降低程度有所差异，但仅从节省熟料、多掺混合材一项来看，各粉磨站取得的效益都十分可观（表 3-2-21）。一个年产 100 万吨的水泥粉磨站，助磨剂每年带来的增收节支效益就在 600 万元以上。

表 3-2-21　复合水泥吨成本变化计算

物料名称	价格（元/吨）	掺量增减（%）	吨水泥成本增减（元）
旋窑熟料	190～240	−11	−（20.9～26.4）
高炉矿渣	45～60	+（0～4）	+（0～2.4）
粉煤灰	16～40	+（6～10）	+（0.96～4）
助磨剂	1050	+0.8	+8.4
掺助磨剂的复合水泥			−（6.1～17.04）

5）总结

循环经济是 21 世纪人类社会发展的趋势之一。面对日益严峻的资源和环境形势，最大限度地综合利用资源，是实施水泥工业可持续发展战略的重要内容。充分利用低品位原料、开发新的资源以及扩大工业废渣利用的种类和数量，是资源综合利用的主要途径。循环经济发展的终极目标从理论上讲，是"不再有资源枯竭的问题，也不存在环境污染的问题"。虽然目前的科学技术水平还不可能达到完全的循环经济，但我们必须朝这个目标不断地趋近和努力。助磨剂应用技术正是为水泥工业寻找可靠的资源综合利用、减少废弃物对水泥质量的负面影响、实现水泥生产过程的优质、高产、节能、低成本的有效途径之一。

（2）利用水泥助磨剂技术，提高企业经济效益

1）企业概况

北京市 PG 水泥二厂始建于 1976 年，经过技术改造，生产规模由投产时的一条 8.8 万吨机立窑生产线，发展到现在三条机立窑生产线（3 台 ϕ3m×10m 机立窑）和一条日产 2000 吨新型干法窑外分解生产线，生产能力达到 200 万吨。通过不断优化工艺配置、技术改造，水泥产量与质量取得了巨大提升。同时，该厂积极寻求采用新工艺、新技术、新设备等技术节能改造，达到了提高效益、提高质量和环境治理的目的，跻身于北京市 100 家最佳经济效益工业企业和中国 500 家最大建材工业企业之一。

2）市场展望

该厂离中国首钢集团较近，有大量的矿渣资源，铁路运输方便，价格便宜；同时，2008 年在北京举办奥运会，许多基础设施工程施工兴建，需要大量的水泥材料，因此，水泥市场巨大，可以说是供不应求。

3）企业存在的问题

由于水泥厂在改造过程中，有意识地加大了粉磨能力，现有水泥磨 10 台，其中 2.2m×7m 3 台，2.2m×6.5m 2 台，2.4m×8m 1 台，3m×12m 4 台，导致工厂自身生产的熟料远远不够水泥磨供料要求，需要外购一部分熟料，否则会制约水泥磨的正常运转。因此，厂领导一直在寻找一种能多用矿渣、增加产量、降低成本的先进技术方法。

4）水泥助磨剂的选择

2002 年，该厂对国内外的多种助磨剂进行了试验，但效果都不理想，没有达到目的，最后，他们通过网上查找和市场调研，确定对 HY-I 型高效复合水泥助磨剂进行工业性试验。

HY-I 型高效复合水泥助磨剂是由多种原料经特殊工艺加工而成的灰色粉状中性物质，不含碱、不含盐，各种性能完全符合《水泥助磨剂》（GB/T 26748—2011）标准要求，是中国水泥协会推荐产品之一。

5）工业试验

2003 年 4 月 4 日，该厂在立窑线上进行了工业性试验，目的是验证 HY-I 型高效复合水泥助磨剂的效果是否能满足生产能力和产品质量的要求。

①试验步骤

试验分两个阶段，各 8 小时，第一阶段（A）从 8 时到 16 时，不用助磨剂，按正常生产配比进行空白试验；第二阶段（B）从 16 时到 24 时，根据实际要求，调整了水泥配比，石膏增加 2%，矿渣增加 13%，助磨剂掺加 1%，熟料减少 16%，进行对比试验。整个试验过程中控制台时产量不变。

②试验结果

两个阶段的试验结果见表 3-2-22。

表 3-2-22　应用 HY-I 型高效复合水泥助磨剂结果对比

时间（h）	细度（%）	比表面积（m²/kg）	初凝时间（h：min）	终凝时间（h：min）	抗折强度（MPa）		抗压强度（MPa）	
					3d	28d	3d	28d
8～16	3.4	310	3：15	4：50	4.8	7.1	18.9	38.4
16～24	3.0	324	2：40	4：00	5.0	7.4	19.3	39.0

③结果分析

从两个阶段的试验数据看，使用 HY-I 型高效复合水泥助磨剂后，在熟料减少 16% 的情况下，水泥 3d 强度和 28d 强度都还有提高，凝结时间缩短，基本达到了预期目标。

④经济效益分析（表 3-2-23）

表 3-2-23　应用 HY-I 型高效复合水泥助磨剂经济效益分析

原料		熟料	石膏	矿渣	助磨剂	Σ
价格（元/吨）		160	100	40	1300	—
配比（%）	A	73.0	3.0	24.0	—	100
	B	57.0	5.0	37.0	1.0	100
直接成本（元）	A	116.8	3.0	9.6	—	129.4
	B	91.2	5.0	14.8	13.0	124.0
分析		A－B＝129.4－124.0＝5.4（元）				

一年按生产 100 万吨矿渣水泥计算，可获得经济效益 $100 \times 5.4 = 540$（万元）。

⑤使用注意事项

a. 由于助磨剂的用量很少，所以计量设备一定要准确，要经常标定，尽量减少误差；

b. 入磨物料要干燥，综合水分含量低于 1.5%；

c. 尽量降低细度，增大比表面积，一般比表面积要大于 $320m^2/kg$；

d. 在水泥中 SO_3 不超国家标准的前提下，尽量提高石膏的掺加量。

6）总结

从 2003 年 5 月份起，该厂开始使用 HY-I 型高效复合水泥助磨剂，效果一直很好，增加了产量，提高了质量，降低了生产成本，取得了较好的经济效益和社会效益。

（三）水泥助磨剂与混凝土外加剂的相容性

1. 水泥与混凝土外加剂的相容性

（1）形成与发展

对于建筑工程来说，水泥只是一个半成品，它是施工所需混凝土的一个重要组分。几十年前，人们尝试用不同的外加剂来配制混凝土，以满足各种施工条件和建筑工程技术的需要。当时，混凝土外加剂是一个新生事物，它不仅要满足工程质量的需要，还必须根据水泥的品种与性能来进行适应性调整。经过多年的研究开发，混凝土外加剂在近十几年迅速发展，使工程质量和施工条件几乎成为"无所不能"。人们把外加剂称之为混凝土除水泥、砂、石、水之外的第五组分，与此同时，把"混凝土外加剂对水泥的适应性"变更为"水泥与混凝土对外加剂的相容性"，要求水泥出厂时不仅要符合水泥的国家标准，还要满足与建筑施工中混凝土外加剂的相容性要求。

20 世纪 80 年代，上海宝钢工程建设使用了上海某厂的水泥，外掺木钙减水剂配制泵送混凝土时，混凝土出现了急凝现象，不能实现泵送施工，还导致工程质量事故；北京国宾花园工程使用北京某厂的立窑水泥与海淀区某外加剂厂的高效复合减水剂，开始施工效果不错，之后有一批水泥掺加同样外加剂的混凝土发生了急凝现象，导致混凝土结构疏松，最后浇注完成的 $800m^3$ 混凝土全部砸掉；北京西客站工程是 90 年代北京最大的土建工程，地下结构防水混凝土达 20 万 m^3，要求掺加 UEA 膨胀剂制备补偿收缩防水混凝土，拟用水泥 8 万吨，原计划由几个水泥厂供应，可后来只有一个厂的水泥满足要求，其他厂的水泥与膨胀剂共同使用后强度下降。

这样的事情各地还发生过许多，造成了一些经济损失，其产生原因大部分已经查清，虽然与水泥助磨剂无太多关联，但也导致出现许多盲目责怪水泥助磨剂的呼声。水泥与混凝土外加剂的相容性问题是一个比较复杂的技术问题，但还不是无法解决的难题，只要认真对待，依靠科研、检测部门，是完全可以解决的。例如，上海宝钢工程中，由于水泥厂在水泥粉磨时加入的硬石膏溶解速度很慢，与减水剂木钙粉（木质素磺酸钙）不适应，从而引起混凝土质量问题，更换减水剂或水泥中的缓凝剂后，问题就迎刃而解；北京国宾花园工程使用的水泥与混凝土外加剂均为合格产品，但水泥中的二水石膏掺量偏低，增加 0.5%～1% 后，就得到了性能良好的砂浆和混凝土。

混凝土外加剂对水泥及混合材料的相容性，是指外加剂掺入后对水泥及混合材料拌制的混凝土新拌性能和硬化后性能的影响，最直观的是对水泥混凝土施工流动性的影响，通常用混凝土拌和后的坍落度及经时损失值来表示。

（2）影响相容性的因素

1）水泥熟料的矿物组分

不同的熟料矿物对减水剂的吸附相差甚远。关于水泥对减水剂的吸附形式和吸附产物，有两种不同的观点。一种观点认为，减水剂对熟料矿物有选择性吸附，吸附量从大到小的顺序为：$C_3A > C_4AF > C_3S > C_2S$；另一种观点认为，水化速率快的水泥熟料矿物，其水化产物比表面积大，对减水剂吸附量也大，相容性就差。水泥熟料矿物的水化速率由快到慢依次为：$C_3A > C_4AF > C_3S > C_2S$。许多学者的研究也表明，$C_3A$ 的吸附量较其他矿物的吸附量大得多；C_2S 的吸附量非常小，因此有研究者也认为，高 C_2S 水泥对高效减水剂的相容性好。

2）混合材品种及其掺量

混合材的种类、掺量及其细度等，对减水剂的相容性有影响。一般来说，减水剂对掺矿渣混合材水泥的相容性好，而对掺煤灰质混合材的相容性差。对于掺粉煤灰混合材的水泥，不同品种的粉煤灰对相容性的影响差别较大：优质细粉煤灰和超细粉煤灰中含有球状玻璃体，对减水剂的吸附量小，并且有滚珠效应和微集料填充效果，对外加剂相容性好；粗粉煤灰和含碳量高的粉煤灰对减水剂的吸附量较大，对外加剂的相容性差。

3）碱含量

碱含量对水泥的流动度有影响，随着碱含量的增高，水泥流动度呈下降趋势（表 3-2-24）。

表 3-2-24　碱含量对水泥流动度的影响

碱含量 R_2O（%）	减水剂掺加量（%）		流动度（mm）
	FDN（高效）	木钙（普通）	
1.32	0.5	—	264
2.00	0.5	—	109
1.32	—	0.25	183
2.00	—	0.25	114

4）石膏的品种与掺量

石膏有三种形态，二水石膏（$CaSO_4 \cdot 2H_2O$）、半水石膏（$CaSO_4 \cdot \frac{1}{2}H_2O$）和无水石膏（$CaSO_4$）。石膏的不同形态以及各种工业副产石膏的使用，使得混凝土外加剂的使用更需谨慎。例如，减水剂如果使用不当，就有可能变成速凝剂。外加剂对不同石膏类型水泥凝结时间的影响见表 3-2-25，不同石膏在不同减水剂中的溶解量见表 3-2-26。

表 3-2-25　混凝土外加剂对不同石膏类型水泥凝结时间的影响

混凝土外加剂	掺入量（%）	二水石膏（h：min）		硬石膏（h：min）	
		初凝	终凝	初凝	终凝
木质素类	0.2	4：11	7：55	0：40	6：05
糖类	0.2	5：25	10：02	0：17	1：19

续表

混凝土 外加剂	掺入量 （%）	二水石膏（h：min）		硬石膏（h：min）	
		初凝	终凝	初凝	终凝
TF	0.5	6：51	8：01	0：40	0：45
UNF	0.5	2：41	5：50	3：42	5：20

注：水泥中 $C_3A=6.94\%$ ；二水石膏掺入量 4% ；硬石膏掺入量 5% 。

表 3-2-26　不同石膏在不同减水剂中的溶解量

混凝土 外加剂	掺入量 （%）	溶解量（g/L）					
		二水石膏（min）		硬石膏（min）		80%二水石膏＋ 20%硬石膏（min）	
		5	30	5	30	5	30
水	—	2.085	2.132	1.811	2.132	2.259	2.366
木质素类	0.4	1.737	1.838	1.525	1.904	1.898	2.085
糖类	0.3	2.018	2.165	0.790	0.936	1.791	1.938
TF	1.0	1.811	1.844	2.155	2.535	—	—

同一水泥厂的同品种水泥，在不同温度下，其石膏类型有可能发生变化，使得水泥与混凝土外加剂的相容性也会发生不同的变化。因此，试验时的温度应与工地一致，并要考虑混凝土外加剂中是否含有糖钙或木钙。

5）水泥细度及温度

高效减水剂与不同细度水泥的相容性不同，水泥越细、比表面积越大，混凝土外加剂的掺量需提高（表 3-2-27）；水泥出厂时间越短，水泥温度越强，水泥的活性越强，水化速度越快，其对减水剂的吸附量越多，相容性越差。

综上所述，同一品种、同一强度等级的水泥，由于生产过程中原材料变化、生料配合比调整、工艺条件改变等，都会导致水泥内在组分及性能指标发生变化。因此，即使是相同品种、相同品牌、相同强度等级的水泥，在不同时期，对外加剂的相容性也未必相同。

表 3-2-27　高效减水剂与不同比表面积水泥的相容性

比表面积（ m^2/kg ）	301	349	398	445	505
饱和点掺量（%）	0.8	1.2	1.2	1.6	2.0
流动度无损失时的掺量（%）	1.6	2.2	1.8	>2.4	—

注：流动度不再增加时的掺量，即为饱和点掺量。

（3）水泥影响因素的调整

为了提高水泥质量，适应国家标准的要求，水泥生产企业采取了一些行之有效的技术措施，如：提高熟料中 C_3S 、 C_3A 矿物含量，降低生料中铁含量，从而降低 C_4AF 的含量；提高水泥细度；选择石膏最佳掺量等。此外，重视水泥质量的稳定性必不可少，出厂水泥应满足国家标准是基础、是前提；稳定内在组成，也不容忽视。

1）选定熟料合理率值，优化配料方案

熟料率值设计，是由生产工艺和生料的易烧性等因素决定的。熟料率值设计是否合理，直接关系到熟料煅烧质量，也决定了熟料的矿物组成。

由于各生产企业的生产工艺不尽相同，甚至同一水泥厂的熟料生产工艺也差异较大，应采取有效措施，确保质量稳定。如：GY 水泥集团下属的 BX 水泥厂，既有带余热锅炉的回转窑，又有四级旋风预热器的新型干法窑，由于配料方案完全不同，所以，熟料的矿物组分差异很大。该厂为了消除由于熟料矿物组成的不同而导致的水泥组分差异，采取了将熟料搭配、均化后再入水泥磨的技术手段。该方法保证了水泥质量的稳定，为稳定预拌混凝土中外加剂的掺量创造了条件。

2）稳定混合材品种及掺量

水泥物料属连续颗粒组成的紧密堆积体，加入两种或两种以上适宜混合材，可以加强填充效应。无论是单掺还是复掺，混合材本身的质量要稳定，掺入量要均匀，这样，不仅水泥的强度指标稳定，而且为预拌混凝土制备过程中外加剂的稳定掺加创造了条件。特别指出，用作混合材的粉煤灰，最好选用一级灰。

3）降低并稳定水泥中的碱含量

严格控制原燃材料中的碱含量，保证水泥中碱含量符合国家标准要求且稳定。

4）稳定石膏种类及掺量

为了降低生产成本，水泥生产企业在石膏的选用上有很大的弹性。二水石膏、半水石膏、无水石膏均有可能不定期使用。同时，为了享受使用工业废渣的国家优惠政策，许多企业都在试验使用工业废渣，如磷石膏、脱硫石膏等工业副产品。因此，水泥生产企业应积极采取措施，不仅保证水泥中 SO_3 含量的稳定，同时要保证不同种类石膏掺入量的均衡。

5）稳定水泥细度

水泥生产企业不论是用筛余，还是用比表面积来控制水泥细度，都应稳定水泥磨的生产工艺，不仅要保证水泥细度在经济合理的范围内，还要保证水泥中的各组分物料有合理的颗粒组成。

6）试验室试配试验

为了对预拌混凝土用户负责，水泥在出厂前应进行混凝土外加剂试配试验，试验条件要与工地一致。由于混凝土外加剂厂提供的产品本身可能就是复配的，因此，再使用掺加各种外加剂的水泥来进行复配，某种成分就有可能超标；另外，某些成分混合后有可能发生化学反应，不仅会削弱其原有作用，甚至可能出现不相容的后果。

不同水泥企业，由于各自装备、工艺条件、技术水平及适应国家标准的技改措施不同，即使是同品种、同强度等级的水泥，其特性也不一样，甚至差异悬殊。因此，水泥与混凝土外加剂的相容性区别很大。混凝土外加剂使用企业应根据水泥的变化进行必要的试验研究工作，并在试验基础上再投入使用。水泥生产企业也应站在更高的层面上，在保证出厂水泥各项指标满足国家标准的前提下，确保各项指标的稳定，使水泥产品更好地适应混凝土外加剂技术进展的步伐，为我国的建筑事业作出更大的贡献。

（4）混凝土外加剂影响因素的调整

1）预防为主

解决水泥产品与混凝土外加剂的不相容问题，重在预防，混凝土厂家要注重材料的选择和进场材料的检测。当相容性问题出现后，混凝土厂家要及时采取应对措施，并与水泥及混凝土外加剂生产企业取得联系，了解有关产品情况，相互配合，先解决问题，后分清责任。

2）试验为基础

当水泥与外加剂相容性问题出现后，预拌混凝土厂家应根据情况，以试验为基础，分析查找原因；及时调整混凝土配合比，提高出厂坍落度，减少坍落度经时损失。

一般采用的方法为，在保持水灰比不变的前提下，适当提高外加剂用量，提高外加剂在混凝土中的液相残留，恢复预拌混凝土的出机坍落度和经时损失值。

3）配方调整

预拌混凝土厂家常因对水泥知识的匮乏，要求外加剂去适应水泥，即要求外加剂厂家调整配方，根据预拌混凝土厂家使用的水泥，调整外加剂中减水剂、缓凝剂的品种和掺量，或增加保塑剂、气泡稳定的引气剂等。

混凝土配合比的确定，需要考虑到混凝土的凝结时间。外加剂中有缓凝成分，若混凝土中外加剂用量过多，没有及时调整配方，较高的气温突然骤降会造成混凝土长时间不凝结，影响混凝土的早期强度和施工进度；夏季施工，也应避开高温、风大的中午时段，这种气候会加速水泥的水化，加快混凝土水分的蒸发，加快混凝土坍落度的经时损失，影响混凝土质量，增加外加剂的用量。

预拌混凝土在拌制中如出现工作性变差的问题，应立即排查原因，首先从砂场检查，通过目测、手抓的方法看砂的含泥量，如果含泥量太高，应换为含泥量少的砂；再用温度计测量新进水泥的温度，如果温度过高，可换用温度较低的水泥，并通知相关水泥厂。预拌混凝土厂家一般都保存有试验用的"标准水泥"和"标准外加剂"，可用"标准水泥"检测正在使用的外加剂，如外加剂质量变差，可换用其他厂家的外加剂，增加原外加剂用量，或增加用水量和水泥用量，保持原有的工作性，并及时通知外加剂厂商，询问原因；如外加剂检测正常，可用"标准外加剂"检测正在使用的水泥，如水泥相容性变差，除增加外加剂用量，保持原有的工作性外，应立即通知水泥厂，查明原因；如两者均无问题，可检查粉煤灰的烧失量，如烧失量太高，可换用其他厂家的粉煤灰，或减少粉煤灰用量，并相应增加水泥用量予以解决。混凝土配合比调整的原则是保持原强度等级不变，保持原工作性不变，兼顾混凝土的耐久性。

4）选择水泥

从外加剂与水泥产生不相容问题的因素中可以发现，需水量大的水泥更容易出现与外加剂不相容问题，熟料中 C_3A 含量高（例如 $C_3A \geqslant 8.5\%$）、碱含量高、比表面积大的水泥均容易吸附外加剂，产生不相容问题，因此，在选择水泥时应对此引起注意。配制高性能混凝土时应选择碱含量低、强度高、颗粒组成合理、对所选用高效减水剂相容性较好的水泥。

进行选择水泥试验时，应以不同厂家的外加剂来检测该种水泥的净浆流动度或砂浆流动度。对多种外加剂均出现最大流动度和最小流动度经时损失的水泥，说明与混凝土外加剂相容性好，应优先选用。

5）选择外加剂

应用已知与外加剂相容性较好的水泥进行试验，选择能使该水泥砂浆流动度较大的外加剂，并应试验掺加该外加剂的混凝土的工作性能。外加剂的选择，应注意选择有科研实力、产能较大的厂家，因为其自动化程度高，技术水平先进，产品质量稳定，品种齐全，处理问题能力强；一般小型企业，人工操作导致产品质量不稳定，甚至有的厂家只是进半成品进行复配，原料质量难以保证，供给的外加剂也难以有稳定的质量。

6）粉煤灰的选择

粉煤灰对相容性的影响因素主要为含碳量和细度。一般粗灰的含碳量高、需水量多，会增加外加剂的用量；粉煤灰越细，球型玻璃体含量越高，越能改善混凝土的性能，需水量越小。使用的粉煤灰需要有减水效果。

比表面积在 $450\sim550\mathrm{m}^2/\mathrm{kg}$ 或 $0.045\mathrm{mm}$ 筛筛余在 $5\%\sim12\%$ 的粉煤灰，能与水泥颗粒形成良好的级配组合，更好地发挥微集料的填充效应，对混凝土耐久性有利。通常应选择烧失量不高于 5%、需水量不超过 100% 的Ⅰ、Ⅱ级粉煤灰。

虽然材料厂家供给的水泥、粉煤灰都能达到合格标准，但混凝土厂家应对水泥、粉煤灰提出具体的质量指标，并要求质量稳定。水泥厂家改变原材料来源或工艺，均会对水泥品质造成很大改变。因此，混凝土厂家应要求水泥厂家在出现此类情况时事先通知；如果生产出的水泥不能达到使用要求，则应要求水泥厂家恢复原有品质，或重新选择水泥产品。

7）砂的选择

作为混凝土中的集料，砂担负着填充石子间空隙、增加流动性、减少水泥用量的作用。砂过粗（细度模数大于 3.1），虽然需水量减少，但混凝土的和易性变差，容易泌水，需要增加水泥或粉煤灰的用量来调节和易性，使成本增高；砂太细（细度模数小于2.3）会使需水量增加许多，且混凝土的流动性变差（料黏），也不利于泵送，需要增加外加剂用量。因此，一般选择细度模数在 2.5～2.8 的中砂较为理想。

砂中的含泥量包含淤泥、粉砂等，这些成分黏附在砂的表面，妨碍水泥与砂的黏结，降低混凝土强度；同时，还会增加混凝土用水量与外加剂用量，从而加大混凝土的收缩，降低抗冻性和抗渗性。因此，要控制砂含泥量不超过 3%。

混凝土外加剂与水泥的相容性问题，是个错综复杂的问题，但也是一个必须了解和基本掌握的问题。预防和处理混凝土出现外加剂与水泥的不相容问题，首先要从混凝土原材料入手。原材料的选择不当会给施工带来问题，增加费用，甚至造成工程事故。所以，混凝土厂家应该以试验为基础，慎重科学地选用原材料。

2. 混凝土外加剂对水泥及混合材料的适应性

（1）掺助磨剂的水泥产品性能

由于水泥助磨剂种类繁多，水泥品种不同，助磨剂对水泥产品性能的影响变得更为复杂，在不同的试验条件下得出的结论不一定有普遍适用性。有的学者研究认为，助磨剂对混凝土减水剂的相容性与水泥品种关系不大，但也有大量的混凝土施工实例说明，如今掺加助磨剂的水泥与化学外加剂的相容性比以前的水泥更加复杂和敏感。

王子明、兰名章等学者对水泥助磨剂与水泥外加剂相容性问题进行了研究。研究表明，在砂浆和混凝土中加水，除满足水泥与水进行化学反应的要求外，还要使浆体具有一定的流动性，便于施工。水泥遇水后有少量组分发生化学反应，大约 15～20min 后停止反应进入诱导期，大约 2h 后又开始化学反应。物理用水量中，大部分水用于填充原始水泥颗粒间的空隙和附着在水泥颗粒表面形成足够厚的水膜，使颗粒之间易于相互移动；还有较少部分用于润湿新生成水化物表面和填充它们之间的空隙，这部分物理用水量和化学结合水量受水泥比表面积和 $CaSO_4$、C_3A 匹配状况的影响较大，若能使 $CaSO_4$ 和 C_3A 的溶解率达到最佳匹配，这两部分用水量可降到最低。

通过空白样水泥试验和掺助磨剂水泥试验可以发现，掺助磨剂水泥的标准稠度用水量都比空白样大。这是因为掺助磨剂的水泥减少了熟料的用量，多掺加了混合材，还要保持原有（空白样）的强度，所以，水泥被磨得更细，比表面积增大，物理需水量增多而导致水泥标准稠度用水量增加；同理可知，复合水泥用水量比普通水泥标准稠度用水量增加，主要是混合材增加造成的；另一种情况是，掺助磨剂的水泥保持原配比不变，粉磨时由于掺加助磨剂的水泥颗粒分布变窄，$3\sim32\mu m$ 颗粒含量增加，水泥粉体间空隙增大，使占标准稠度用水量绝大部分的物理需水量增大。助磨剂的加入对水泥凝结时间有一定促凝作用，可使凝结时间提前 $10\sim30min$ 左右。

水泥与混凝土外加剂的相容性问题是预拌混凝土经常遇到的，目前还没有一个准确而完整的定义，通常理解为：混凝土外加剂对某种水泥有明显的饱和掺量且掺量较小，同时，掺加该种混凝土外加剂的水泥浆体（或预拌混凝土）流动度经时损失的速度和程度都较小，则称该种水泥与该种混凝土外加剂有较好的相容性，反之，则称为相容性较差。目前，国内外关于水泥与混凝土外加剂的相容性评价方法主要有：混凝土坍落度法、微坍落度（净浆流动度）法、水泥浆体稠度法等。

影响水泥与混凝土外加剂相容性的因素很多，如水泥熟料的矿物组分、冷却制度、碱含量、水泥中石膏的种类与掺量、水泥中混合材的种类与掺量等。

大量的研究表明，在诸多影响因素中，硅酸盐水泥熟料中 C_3A 的含量及其与硫酸盐的匹配情况是影响水泥与混凝土外加剂相容性的重要因素，硫酸盐与 C_3A 的匹配是指硫酸盐数量和溶解速率与熟料中 C_3A 含量和溶解速率的匹配，即硫酸盐最佳化。

硅酸盐水泥单矿物对萘磺酸盐系混凝土外加剂的吸附规律见图 3-2-1 至图 3-2-4。结果表明，C_3A 对萘磺酸盐系混凝土外加剂的吸附量比 C_3S 和 C_2S 对萘磺酸盐系混凝土外加剂的吸附量高十几倍；在石膏存在的情况下，C_3A 对萘磺酸盐系混凝土外加剂的吸附量为纯 C_3A 和 C_4AF 对萘磺酸盐系混凝土外加剂吸附量的几分之一，从而使占水泥熟料 60％ 以上的 C_3S 和 C_2S 对萘磺酸盐系混凝土外加剂的吸附量更小，使萘磺酸盐系混凝土外加剂对水泥的分散效果更差。

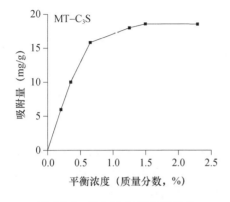

图 3-2-1　C_3S 对 PNS 的吸附量

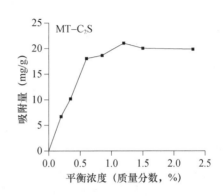

图 3-2-2　C_2S 对 PNS 的吸附量

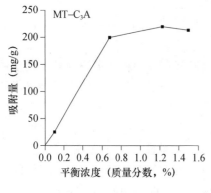

图 3-2-3　C₃A 对 PNS 的吸附量

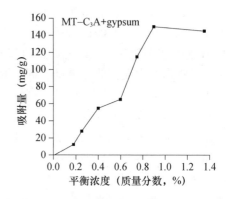

图 3-2-4　C₃A＋石膏对 PNS 的吸附量

在粉磨过程中，对加入助磨剂水泥与不同混凝土外加剂的相容性影响研究。从图 3-2-5 至图 3-2-8 中可以看出，在水泥粉磨过程中加入助磨剂，会对水泥与混凝土外加剂相容性产生一定程度的影响，但不同的助磨剂对水泥与混凝土外加剂相容性的影响程度不同。在研究选择的三种混凝土外加剂中，聚羧酸系混凝土外加剂与掺助磨剂水泥的相容性比萘磺酸盐系和氨基磺酸盐系混凝土外加剂要好，其混凝土坍落度的经时损失较小，这与聚羧酸系减水剂的分子构型有关。

从掺加助磨剂和未掺助磨剂水泥对萘系高效减水剂的吸附量可以看出，掺助磨剂的水泥对 UNF-5 的吸附量比空白样水泥的要大。一般而言，水泥对减水剂的吸附量大，说明达到相同的流动度要求多加高效减水剂，即水泥与混凝土外加剂的相容性较差。

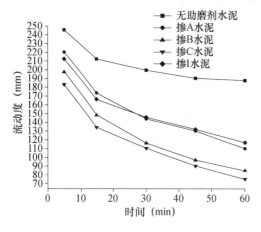

图 3-2-5 掺助磨剂水泥与 UNF-5 适应性曲线

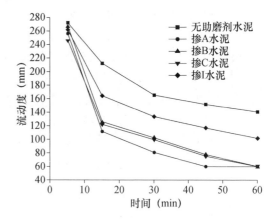

图 3-2-6　掺助磨剂水泥与 AS 适应性曲线

外掺助磨剂 A、B、C、I 的水泥与减水剂 UNF-5、AS 和 PCA 之间相容性试验结果见表 3-2-28 至表 3-2-30。结果表明，外掺助磨剂 A、B、C、I 的水泥与减水剂 AS 和 PCA 之间相容性良好，与前面的试验结果（图 3-2-5 至图 3-2-8）比较可知，掺加助磨剂的水泥与混凝土外加剂相容性不好不是助磨剂本身引起的，而是助磨剂的加入改变了水泥粉体的某些性能引起的。

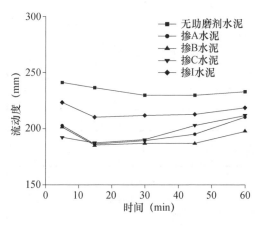

图 3-2-7 水泥与聚羧酸系减水剂的适应性曲线

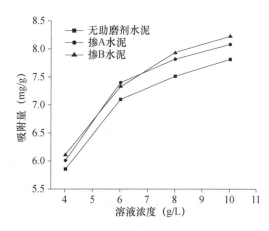

图 3-2-8 掺助磨剂水泥对 UNF-5 吸附量的影响

如图 3-2-9 所示,在无助磨剂的水泥粉磨过程中,熟料颗粒带正电荷,石膏带负电荷,在熟料与石膏共同粉磨时,石膏微粉强烈吸附在熟料 C_3A 颗粒表面,水化过程中,C_3A 与石膏快速反应生成钙矾石。粉磨时加入助磨剂,助磨剂吸附在熟料与石膏粉体的表面,阻碍了石膏微粉吸附在熟料颗粒的表面,这对 C_3A 与石膏实现最佳匹配生产了不良影响。

石膏与 C_3A 的匹配性直接影响 C_3A 水化产物的种类与形态,而它们又影响着混凝土外加剂的存在方式。若石膏与 C_3A 实现最佳匹配,在混凝土外加剂存在的条件下,减水剂吸附在生成的三硫型水化硫铝酸钙(钙矾石,AFt)晶胞表面,阻止其长大,AFt 的形态多为胶凝态,而非针状晶体;若石膏与 C_3A 的匹配性不良,水泥产物多为单硫型水化硫铝酸钙(AFm)和水化硫铝酸钙,在混凝土外加剂存在的条件下,大量减水剂分子嵌入生成的 AFm 和水化硫铝酸钙的内部,而不是吸附在颗粒的表面,对水泥的分散性不起作用。

表 3-2-28 外掺助磨剂水泥与 UNF-5 相容性试验结果

时间	流动度（mm）				
	无助磨剂水泥	外掺 A 水泥	外掺 B 水泥	外掺 C 水泥	外掺 I 水泥
5min	247	245	245	248	248
15min	213	210	211	212	214
30min	200	198	198	200	202
45min	191	189	187	188	192
60min	189	187	185	186	186

表 3-2-29 外掺助磨剂水泥与 AS 相容性试验结果

时间	流动度（mm）				
	无助磨剂水泥	外掺 A 水泥	外掺 B 水泥	外掺 C 水泥	外掺 I 水泥
5min	273	270	271	275	276
15min	213	218	216	213	215

时间	流动度（mm）				
	无助磨剂水泥	外掺 A 水泥	外掺 B 水泥	外掺 C 水泥	外掺 I 水泥
30min	166	162	164	168	167
45min	152	150	153	155	156
60min	141	140	141	142	144

表 3-2-30　外掺助磨剂水泥与 PCA 相容性试验结果

时间	流动度（mm）				
	无助磨剂水泥	外掺 A 水泥	外掺 B 水泥	外掺 C 水泥	外掺 I 水泥
5min	241	243	245	239	244
15min	237	236	239	234	240
30min	230	231	234	230	233
45min	230	230	232	228	235
60min	233	230	234	231	235

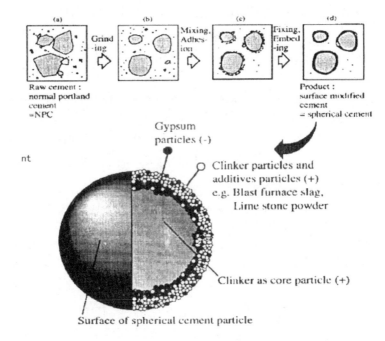

图 3-2-9　石膏微粉黏附在熟料颗粒表面示意图

　　探索性试验结果表明，水泥颗粒级配也影响其与减水剂的相容性，但不是造成掺助磨剂水泥与混凝土外加剂相容性不良的主要原因。周二明、严生等人研究助磨剂对混凝土外加剂减水效果及水泥凝结时间的影响。为研究助磨剂对混凝土外加剂的影响程度，他们选择了减水剂、调凝剂、增强剂这常用的三类混凝土外加剂进行助磨剂对其相容性的研究。试验以传统助磨剂三乙醇胺为对比，选择了非离子型的醇胺类助磨剂 A 和非醇胺助磨剂 NS、含羧基的阴离子型助磨剂 YS 及复合助磨剂 F_6、F_{11}、F_{12}进行试验。

1）助磨剂对减水剂效果的影响

试验选择减水剂木质素磺酸钙（掺量 0.2％），高效减水剂 FDN（掺量 0.5％），分别对普通硅酸盐水泥、矿渣水泥和粉煤灰水泥进行胶砂流动度试验。三种水泥的配比见表 3-2-31，试验结果见表 3-2-32。

表 3-2-31　三种水泥配比

水泥种类	水泥配比（％）			
	回转窑熟料	矿渣	粉煤灰	二水石膏
普通硅酸盐水泥	85	10	—	5
矿渣水泥	45	50	—	5
粉煤灰水泥	65	—	30	5

表 3-2-32　助磨剂对混凝土减水剂效果的影响

水泥种类	助磨剂种类	掺量（％）	胶砂流动度（mm）		
			空白	掺木钙	掺 FDN
普通硅酸盐水泥	—	0	110	120	130
	三乙醇胺	0.03	108	116	127
	A	0.05	110	120	132
	NS	0.10	112	125	134
	YS	0.10	123	136	145
	F_6	0.06	110	120	130
	F_{11}	0.06	112	125	134
	F_{12}	0.06	115	124	135
矿渣水泥	—	0	115	125	150
	三乙醇胺	0.03	108	123	145
	A	0.05	110	121	148
	NS	0.10	118	128	152
	YS	0.10	125	135	161
	F_6	0.06	115	128	150
	F_{11}	0.06	118	130	152
	F_{12}	0.06	118	128	155
粉煤灰水泥	—	0	110	125	145
	三乙醇胺	0.03	103	123	142
	A	0.05	105	125	145
	NS	0.10	112	128	148
	YS	0.10	120	135	153
	F_6	0.06	110	125	145
	F_{11}	0.06	112	128	148
	F_{12}	0.06	115	130	146

表 3-2-32 的试验结果表明:

①助磨剂对木钙系和萘系混凝土减水剂的适应性与水泥品种关系不大。

②助磨剂 YS 能大大增加使用木钙系和萘系混凝土减水剂水泥的流动性,这是由于 YS 本身对水泥就有一定的减水作用,与减水剂共同作用时,强化了减水效果。其他助磨剂对所选用的木钙系和萘系混凝土减水剂没有明显影响。其中,助磨剂 NS 稍稍增大了水泥的流动度;醇胺类助磨剂使水泥的流动度稍有减少;F_6、F_{11}、F_{12} 使水泥的流动性相比于单掺三乙醇胺稍有增加。这可能是复合助磨剂中含有微量但分布均匀的普通型减水剂及能改善水泥流动度的 NS 的缘故。

2)助磨剂对混凝土调凝剂的影响

选择促凝剂 $Al_2(SO_4)_3$(掺量 0.5%)和缓凝剂柠檬酸(掺量 0.1%),并采用普通硅酸盐水泥进行试验,试验结果见表 3-2-33。

表 3-2-33 助磨剂对混凝土调凝剂的影响

外加剂	助磨剂		凝结时间	
	种类	掺量(%)	初凝(h:min)	终凝(h:min)
$Al_2(SO_4)_3$	—	0.50	2:40	3:50
	三乙醇胺	0.53	2:20	3:40
	A	0.55	2:51	4:08
	NS	0.60	2:25	3:45
	YS	0.60	2:20	3:30
柠檬酸	—	0.10	10:00	—
	三乙醇胺	0.13	9:40	—
	A	0.15	10:22	—
	NS	0.20	9:30	—
	YS	0.20	9:45	—

由表 3-2-33 可见,助磨剂对水泥凝结时间有一定的影响,这种影响主要是由助磨剂本身的性质决定的。三乙醇胺及含羧基、羰基的极性分子对水泥的凝结时间有促进作用,而非离子型的醇胺类助磨剂 A 对水泥有缓凝作用。因此,相比于单掺 $Al_2(SO_4)_3$,加入三乙醇胺及助磨剂 NS、YS 后凝结时间缩短,而助磨剂 A 稍微延缓了水泥的凝结时间,但总体上助磨剂对凝结时间的影响不大,不会影响水泥的使用性能。

3)助磨剂对混凝土增强剂的影响

选择典型的增强剂 Na_2SO_4(掺量为 1.0%)、$CaCl_2$(掺量为 0.5%)掺入拌和水泥中进行强度试验,检验助磨剂对混凝土增强剂的影响程度,掺 YS 的试样以 0.43 的水灰比成型,其余试样以 0.44 水灰比成型。

从试验结果可知,各类助磨剂对混凝土增强剂都有一定的影响。相比于单掺增强剂的试样,助磨剂三乙醇胺对早期强度稍有促进作用,但对水泥后期强度有不良影响;助磨剂 A 对水泥早后期强度都有一定的促进作用,这可能与其对水泥颗粒特性的改变有关;助磨剂 NS、YS 对水泥的早后期强度都有一定的促进作用,尤其是 YS 其本身具有一定的减水作用,因此对水泥强度的促进作用较明显。

4）小结

试验结果表明，各类助磨剂对木钙系和萘系混凝土外加剂均有不同程度的影响，但总体看影响不大。从混凝土使用木钙系和萘系混凝土外加剂角度综合考虑应优选掺有阴离子助磨剂的水泥，尽量避免醇胺类和非离子型助磨剂的选用。

（2）水泥助磨剂与混凝土外加剂双掺对混凝土性能的影响

张伟、严生等人对混凝土外加剂与水泥助磨剂双掺对混凝土性能的影响，做了大量试验研究，取得了一些试验结果。

1）试验选择助磨剂：

北京 LJW 业产 KPY-99（液体无气味），掺量 1.6/万～5/万；XP 公司产 CGA（液体有碳氨化肥的气味），掺量 2/万～5/万；沈阳 XG 建材集团生产多功能助磨激发剂 SQ（粉剂）掺量 2％，其主要组分为 SO_4^{2-} 盐及醇胺类助磨剂；吉林 TY 建材有限公司生产 JH 型粉煤灰，矿渣激发剂（粉剂），推荐掺量 0.6％～1.0％，该外加剂以硅酸盐类、煅烧石膏等为主要组分，通过物理化学双重作用，以及特殊的工艺加工生产而成的一种复合粉末材料。

选择有代表性的三家不同地区的水泥厂加入助磨剂 KPY-99 及 CGA 制得 P•O 42.5，SQ 及 JH 激发剂在拌制混凝土时掺加。拌制混凝土时再加入混凝土泵送剂。了解水泥工艺外加剂对新拌混凝土泌水、坍损、强度增长情况等具有很重要的现实意义。混凝土外加剂虽然种类很多，但随着我国商品混凝土的大量应用，混凝土外加剂使用得越来越多的是多功能复合泵送剂，本节所指混凝土外加剂就指高效缓凝泵送剂，它集高效减水，缓凝，适当引气，保水增稠多组分于一体。萘系、氨基系、聚羧酸系减水剂是它的典型代表。

2）试验原材料

HL 厂 P•O 42.5 及加助磨剂后的 P•O42.5 水泥；JL 厂 P•O 42.5 及加助磨剂后的 P•O42.5 水泥；JY 厂 P•O 42.5 及加助磨剂后的 P•O42.5 水泥；江砂，中砂，细度模数 2.6；玄武岩碎石，5～20mm 连续级配；JM-8 萘系缓凝高效减水剂；SPT-8 氨基系缓凝高效减水剂；PCA 聚羧酸系缓凝高效减水剂；南京 HN 电厂一级粉煤灰；JN 水泥厂 S95 级矿渣粉。

3）新拌混凝土试验

以商品混凝土公司典型混凝土配合比为例，混凝土配比如下：W＝165～185kg/m³，C＝320kg/m³，FA＝100kg/m³，S＝752kg/m³，$G_小$＝200kg/m³，$G_大$＝882kg/m³，配比中：W——水，C——水泥，FA——粉煤灰，S——砂，G——石子。以下没有特殊说明之处均以此配比为基准。

当外加剂为 JM-8 萘系缓凝高效减水剂时，其掺量组分为 FDN0.5％＋缓凝剂 0.06％，试验以 10L 料计（混凝土强度 R，单位为 MPa，下同，见表 3-2-34）。

表 3-2-34　SQ 与 JM-8 双掺对混凝土性能的影响

水泥品种	W (mL)	SL (mm)	Flow (cm)	SI (1h)	泌水	R_7	R_{28}	R_{60}	R_{90}	JM-8	SQ
HL	1650	220	55×55	130	—	34.8	52.1	58.0	63.6	掺	—
	1760	218	41×43	65	—	38.8	55.4	64.5	67.8	掺	2％

续表

水泥品种	W (mL)	SL (mm)	Flow (cm)	SI (1h)	泌水	R_7	R_{28}	R_{60}	R_{90}	JM-8	SQ
JY	1780	235	51×48	190	—	35.0	52.9	57.8	60.8	掺	—
	1840	215	45×48	154	—	36.0	56.9	61.8	65.8	掺	2%
JL	1780	225	48×50	195	—	38.3	54.7	60.6	63.6	掺	—
	1800	215	40×41	90	—	38.7	58.0	66.3	69.2	掺	2%

当外加剂为氨基磺酸盐系高效减水剂时，掺量组分为氨基0.45%＋缓凝剂0.04%，助磨剂SQ2%，CGA、KPY-99掺量都按5/万计，试验按10L料计（见表3-2-35）。

表3-2-35　SPT-8与不同水泥外加剂双掺对混凝土性能的影响

序号	W (mL)	SL (mm)	Flow (cm)	SI (1h)	泌水 (mL)	R_7	R_{28}	R_{60}	R_{90}	SPT-8	助磨激发剂
1	1800	220	53×53	215	50	36.7	46.1	56.7	60.2	掺	—
2	1850	215	50×48	210	—	40.4	53.7	65.6	68.9	掺	SQ
3	1850	225	55×57	225	200	42.2	54.5	64.8	66.7	掺	CGA
4	1820	220	53×55	220	200	36.2	46.0	57.5	60.5	掺	KPY-99
5	1810	220	55×57	220	120	37.1	47.0	58.9	62.5	掺	—
6	1860	220	50×53	210	—	37.1	49.8	59.7	65.4	掺	SQ
7	1830	220	55×57	220	100	34.5	49.0	61.7	63.2	掺	CGA
8	1820	215	50×50	215	120	33.6	44.9	54.7	58.3	掺	KPY-99

注：1~4为HL厂水泥，5~8为JL厂水泥。

JH混凝土掺和料激发剂在不同系别外加剂的应用见表3-2-36。

表3-2-36　JH混凝土掺和料激发剂在不同系别外加剂的应用

序号	W (mL)	SL (mm)	Flow (cm)	SI (1h)	泌水 (mL)	R_7	R_{28}	R_{60}	R_{90}	AD	激发剂
1	1890	220	55×55	220	50	35.2	45.3	58.0	58.6	JM-8	—
2	1890	210	52×51	210	—	39.9	50.0	59.9	64.7	JM-8	JH0.8%
3	1800	210	48×50	215	—	36.8	48.8	58.5	58.6	SPT-8	JH0.8%
4	1870	220	55×57	215	—	26.2	38.6	48.6	52.4	JM-8	—
5	1890	215	55×55	205	—	29.4	40.9	51.6	52.2	JM-8	JH0.8%
6	1790	210	50×53	210	—	35.3	49.6	57.1	57.8	SPT-8	JH0.8%
7	1740	225	55×55	180	—	34.2	49.5	53.3	61.8	JM-8	—
8	1740	220	55×57	185	—	39.2	54.9	57.0	61.9	JM-8	JH0.8%
9	1740	230	60×58	230	—	32.0	45.5	51.4	58.1	SPT-8	JH0.8%
10	1740	215	50×50	205	—	34.6	52.9	70.4	77.3	SPT-8	SQ2.0%
11	1740	230	58×58	230	—	38.4	53.6	60.7	63.8	SPT-8	JH1.0%

注：1~3为HL厂水泥，4~6为JL厂水泥，7~11为JY厂水泥；其混凝土配合比：W=174，C=200，FA=175，S=836，G=1060；单位：kg/m³。

聚羧酸高效能外加剂 PCA 与 SQ，JH 双掺对混凝土性能的影响见表 3-2-37。

表 3-2-37 聚羧酸高效能外加剂 PCA 与 SQ、JH 双掺对混凝土性能的影响

序号	W (mL)	SL (mm)	Flow (cm)	SI (1h)	泌水 (mL)	R_7	R_{28}	R_{60}	R_{90}	PCA	激发剂
1	1700	210	47×48	110	—	29.6	43.4	54.1	59.3	1%	SQ2.0%
2	1700	210	48×50	205	—	24.9	38.0	49.2	56.6	1%	JH1.0%
3	1700	220	50×50	215	100	18.3	35.0	43.4	52.1	1%	—
4	1700	210	46×47	185	—	25.1	42.8	47.1	59.2	1%	SQ2.0%
5	1700	215	50×50	210	—	21.4	38.9	50.6	54.8	1%	JH1.0%
6	1650	220	55×57	220	100	20.3	36.6	47.8	51.0	1%	—
7	1650	220	55×55	220	100	21.3	35.7	47.8	52.4	1%	KPY-99
8	1650	220	50×50	210	—	22.8	36.9	47.7	54.8	1%	JH1.0%

注：1～2 为 HL 厂水泥；3～5 为 JL 厂水泥；6～8 为 JY 厂水泥。

4）混凝土耐久性的比较

①收缩

混凝土配合比：

A 组：C=460，S=675，G=1104，W=150，单位：kg/m³；FDN0.65%；坍落度 160mm。

B 组：C=230，FA=115，S95=115，S=675，G=1104，W=150，单位：kg/m³；FDN0.65%，JH1.0%；坍落度 160mm（S95-95 级矿渣微粉。下同）。

与基准混凝土比较，掺入大量的掺和料（混合材）后，混凝土的自收缩和干缩都较小些，这对减少混凝土的裂缝较为有利。

②碳化

混凝土配合比为：

A 组：C=300，FA=100，S=810，G=1060，W=154，PCA=4.0，单位：kg/m³；坍落度 180mm；水泥用金宁羊 P·O42.5R；混凝土强度 R_{28}=58.6MPa。

B 组：C=200，FA=100，S95=100，S=810，G=1060，W=154，PCA=4.0，JH=4.0，单位：kg/m³；坍落度 180mm；水泥用 JLY 厂 P·O42.5R；混凝土强度 R_{28}=60.3MPa。

表 3-2-38 混凝土养护 60d 后的碳化值 （mm）

配合比	水胶比	初始	7d	14d	28d	60d
A 组	0.385	1.9	4.6	6.0	8.6	10.6
B 组	0.385	1.8	6.2	7.8	10.6	15.9

从表 3-2-38 中的结果可以看出，配合比 A 组与 B 组比较，掺和料从 FA 掺量 25% 到（FA＋S95）占 50%，混凝土碳化深度稍有增加，标准试验条件下 28d 的碳化值相当于自然条件下碳化 50 年。可以说明在自然条件下，两种混凝土配比保持钢筋混凝土碱性的能力至少在 50 年内相差不大。

（3）抗渗性

混凝土配比 A 组、B 组同上，A 组为混凝土公司常规使用的配比，B 组为掺加激发剂配比。

表 3-2-39　两组混凝土的抗渗性对比试验结果　　　　　　（标养 28d）

混凝土配比	水胶比	胶凝材料组成	渗透水压（MPa）	平均渗透高度（mm）（保压 8h）
A 组	0.385	C＝300，FA＝100	1.6	0.66
B 组	0.385	C＝200，FA＝100，S95＝100	1.6	0.54

表 3-2-39 中的试验结果表明，复合胶凝材料体系配制的混凝土 B 组的抗渗性能不比单掺 FA 的混凝土 A 组差，说明在激发剂的作用下，FA、矿渣的二次反应，以及 FA、矿渣的复合叠加填充效应，使混凝土的抗渗性能不至于因为单方混凝土中水泥的量减少而降低。

（4）抗冻性

混凝土配合比为：

A 组：C＝300，FA＝100，S＝810，G＝1060，W＝163，单位：kg/m³。FDN0.60％＋引气剂 1.2/万；坍落度 190mm；混凝土含气量 3.5％；抗压强度 R_{28}＝52.5MPa。

B 组：C＝200，FA＝100，S95＝100，S＝810，G＝1060，W＝163，单位：kg/m³；FDN0.60％＋引气剂 1.2/万＋JH1％；坍落度 190mm；混凝土含气量 5.1％；抗压强度 R_{28}＝49.1MPa。

表 3-2-40　混凝土抗冻性能试验结果　　　　　　（28d）

相对动弹性模量（％）							
次数	50	100	150	200	250	300	350	400
A 组	99.83	98.45	94.40	89.35	85.68	79.47	74.31	68.37
B 组	99.94	99.21	98.67	93.58	89.44	85.49	80.66	75.43

表 3-2-40 中的试验结果表明，配合比 B 组与 A 组相比，混凝土在减水剂、引气剂和激发剂作用下，抗冻性能并没有降低。

5）小结

掺加了小掺量水剂型助磨剂（掺量 1/万～5/万）的水泥，与不同类型的混凝土外加剂双掺时，对混凝土坍损的影响都比较小，且不对混凝土的强度产生明显的影响。

掺加了掺量较大的粉剂型复合型水泥助磨剂，如果含有硫酸钠类掺和料激发剂，当它与萘系、聚羧酸系混凝土外加剂双掺时，对混凝土坍损影响较大，不同的水泥影响程度不一；当它与保坍型氨基系混凝土外加剂双掺时，对混凝土坍损影响较小。如果含有煅烧石膏类掺和料激发剂，与不同类型的混凝土外加剂双掺时，对混凝土坍损的影响都比较小。

含有激发剂的水泥助磨剂，都能改善混凝土的和易性，混凝土保水性较好。对于解决混凝土的泌水问题，加入这种激发剂能显著改善混凝土的和易性，减少泌水。

助磨激发剂的加入，不对混凝土的耐久性产生明显的不利影响。

3. 混凝土外加剂品种对适应性的影响

（1）羧酸类外加剂

羧酸类外加剂对水泥的相容性较好，这是因为羧酸类外加剂是通过接枝共聚形成的。这种外加剂在生产过程中，可根据需要将一些基团接枝到其主体结构上。多数羧酸类外加剂掺入混凝土之后，能使混凝土的坍落度在2h内基本无损失，甚至还略有增大；也有羧酸类外加剂对水泥相容性不好，特别是掺入混凝土之后，导致混凝土泌水离析增大，施工性能受到不好的影响。

羧酸类外加剂一般没有缓凝作用，为了满足缓凝的要求，在施工过程中，可适当地掺入缓凝剂。缓凝剂与羧酸类外加剂的相容性，同样也会影响到新拌水泥混凝土的性能，普通引气剂与羧酸类外加剂相容性较差，有时也会出现混凝土泌水离析加重。

羧酸类外加剂对某些水泥的掺量范围较窄，稍超过一点，就可能出现严重的泌水离析现象，具体表现为混凝土试配出现黏底板现象，泵送时混凝土与管道内壁摩擦阻力增大，易产生堵塞泵体的现象。由于相容性差，羧酸类外加剂对混凝土需水量特别敏感。例如C30混凝土，当用水量为$105kg/m^3$时，混凝土坍落度仅有5cm，增大$5kg/m^3$用水量至$110kg/m^3$时，混凝土坍落度超过了21cm，甚至出现了严重的泌水离析现象。

羧酸类外加剂不是缩聚型的外加剂，接枝共聚工艺不同，导致接入的基团不同，接枝效果不同，均会对水泥混凝土产生不同的影响。JM-PCA羧酸类外加剂具有较强的减缩能力，可有些羧酸类外加剂不仅不能减少收缩，反而增大了混凝土的收缩。

（2）氨基磺酸盐类外加剂

多数氨基磺酸盐类外加剂的保坍能力很强，有些生产企业或施工单位还常用氨基磺酸盐类外加剂与萘系减水剂复合使用，以此改善掺萘系减水剂混凝土施工的和易性，减少混凝土坍落度损失，以保证泵送混凝土具有良好的施工性能。多数氨基磺酸盐类外加剂对水泥及混合材料的相容性较好。

（3）改性萘系减水剂

改性萘系减水剂复合了部分反应性高分子材料，大大改善了外加剂对水泥和混合材料的相容性。反应性高分子材料最大的优点在于几乎不受温度变化的影响，能够保证混凝土在1.5～2h内，坍落度损失控制在10%以内。值得注意的是，反应性高分子材料的掺量必须控制在一定的范围之内，用量太大，会导致混凝土含气量增大，强度下降。此外，反应性高分子材料还是一个缓凝剂，掺量过大，会使混凝土长时间不凝固。

（4）其他因素对相容性的影响

1）使用混凝土外加剂时，应注意加强质量控制，保证工程所用产品性能与试配时选用的外加剂性能一致。

2）施工单位一般习惯用先掺法使用混凝土外加剂，但实践证明，采用后掺法更为经济合理。采用后掺法的减水剂用量仅为先掺法的60%，却可以获得相同的流动性。此外，流动性和强度相同的条件下，后掺法还可以节省10%左右的水泥。

采用后掺法、滞水法或少量多次掺加的工艺，需要改变混凝土输送车的某些装置。若在搅拌运输车上安装配套的后掺或多次掺加混凝土外加剂的仪器装置，那么混凝土外加剂对水泥的相容性可大大改善，而且运输车的技术优势能较好地发挥出来。

3）使用低碱水泥复合适量的硫酸盐，可以提高减水剂的塑化效果，改善混凝土的流动性。当混凝土掺和物坍落度损失太快时，适当增加混凝土外加剂掺量；当混凝土严重泌水时，适量减少混凝土外加剂掺量即可。

4）粉煤灰和矿渣微粉掺入混凝土时，对外加剂的吸附量比水泥低；矿渣微粉掺量大时，有时易泌水，表面干缩率增大；掺入硅灰会增大对外加剂的吸附量，所以使用硅灰做掺和料时，应适当增加混凝土外加剂的掺量。

5）混凝土外加剂中所含的不同官能团，如—OH、—COOH、—CH_2、—SO_3等对水泥颗粒影响不同，且外加剂的相对分子质量、形状不同都会影响到混凝土外加剂的性能。混凝土外加剂是阴离子表面活性剂、阳离子表面活性剂或是非离子表面活性剂，会使水泥中的 C_3A、C_4AF、C_3S、f-CaO 等吸附分散效果不相同，从而导致混凝土外加剂与水泥相容性的问题。

6）混凝土外加剂中碱含量高对混凝土早期强度有利，但会导致新拌混凝土坍落度损失快。有些外加剂引气量过大，而且气泡不均匀、不封闭，易溢出破裂，导致新拌混凝土坍落度损失快，而且不利于混凝土的抗冻性。

7）采用调整混凝土外加剂配方、调整混凝土配合比、采取不同掺加工艺或用掺和料代替部分水泥等措施，综合调整混凝土外加剂与水泥的相容性。

混凝土外加剂与水泥相容性是一个复杂的研究课题。随着国内外研究的深入发展和广大混凝土技术施工人员认识的提高，笔者相信，能正确认识使用混凝土外加剂的人员会愈来愈多，解决混凝土外加剂与水泥相容性的方法也会更加有效。

4. 水泥助磨剂与环境负荷评价

（1）环境负荷评价方法

随着工业化的发展，进入自然生态环境的废物和污染物越来越多，超出了自然界自身的消化吸收能力，对环境和人类健康造成极大影响。同时，工业化也将使自然资源的消耗超出其恢复能力，进而破坏全球生态环境的平衡。因此，人们越来越希望有一种方法对其所从事各类活动的资源消耗和环境影响有一个彻底、全面、综合的了解，以便采取对策，减轻人类对环境的影响。

目前，生命周期评价（Life cycle assessment，LCA）就是国际上普遍认同的为达到上述目的形成的方法。它是一种用于评价产品或服务相关的环境因素及其整个生命周期环境影响的工具。与其他环境影响评价方法显著不同的是，LCA 针对产品、工艺技术或服务系统"从摇篮到坟墓"整个生命周期内所产生的综合环境影响进行系统的评估，从而克服了传统方法仅从产品、工艺技术或服务系统生命周期中某个环节或某个阶段的"末端影响"进行环境评估的片面性和局限性。生命周期评价已被纳入 ISO 14000 环境管理体系，发展成为 21 世纪最有效的环境管理工具之一。

1）生命周期评价的起源和发展

生命周期评价起源于 1969 年美国中西部研究所，他们对可口可乐公司的饮料容器从原材料采掘到废弃物最终处理的全过程进行了跟踪与定量分析，这项研究使可口可乐公司抛弃了过去长期使用的玻璃瓶，转而使用塑料瓶包装。通过类似分析，公司还决定用铝制饮料罐替代原来的钢制饮料罐，因为铝制产品的可重复利用性较好。当时，研究所把这一分析方法称为资源与环境状况分析（Resource and environmental profile analysis，REPA）。自此，欧美一些国家的研究机构和私人咨询公司相继展开了类似的研究。

这一时期的生命周期评价研究工作，主要由工业企业发起，秘密进行，研究的结果作为企业内部产品开发与管理的决策支持工具，并且大多数研究的对象是其产品的包装品。

20 世纪 70 年代初，LCA 方法被进一步扩展应用到研究废弃物的产生、处理和处置中，并为企业选择产品提供判断依据。在美国国家科学基金会支持的国家需求研究计划中，采用了类似于清单分析的"物料—过程—产品"模型，对玻璃、聚乙烯和聚氯乙烯等包装材料生产过程所带来的废弃物进行分析和比较。

20 世纪 80 年代中期至 90 年代初，随着区域性与全球性环境问题的日益严重、全球环境保护意识的加强以及可持续发展思想的普及，可持续行动计划兴起，发达国家开始推行环境报告制度，要求对产品形成统一的环境影响评价方法和数据。一些环境影响评价技术，例如对温室效应和资源消耗等的环境影响定量评价方法，也不断得到发展。这些研究为 LCA 方法的发展及其应用领域的拓展奠定了基础。生命周期影响评价（Life cycle impact assessment，LCIA）方法开始有了实质性进展。

1989 年，荷兰国家居住、规划与环境部针对传统的"末端控制"环境政策，首次提出了制定面向产品的环境政策，即所谓的产品生命周期。该研究还提出，要对产品整个生命周期内的所有环境影响进行评价，同时要对生命周期评价的基本方法和数据进行标准化。1990 年，国际环境毒理学与化学学会（SETAC）首次主持召开了有关生命周期评价的国际研讨会，并在该会议上正式提出了"生命周期评价"的概念，将对产品或材料全过程的评估能耗思路推广到对其全过程能耗、资源消耗、废弃物排放等各个方面，既可对它们进行单项因素评估，又可进行综合评价。在国际环境毒理学与化学学会和欧洲生命周期评价开发促进协会（SPOLD）的大力推动下，LCA 方法在全球范围内得到较大规模的发展和应用。

1993 年，国际标准化组织（ISO）开始起草 ISO 14000 环境管理系列国际标准，正式将生命周期评价纳入该体系，目前已颁布了有关生命周期评价的多项标准。欧洲、美国、日本等国家和地区还制定了一些促进 LCA 应用的政策和法规，如"生态标志计划""生态管理与审计法规""包装及包装废物管理准则"等。德国利用 MFA 方法（物流分析法）研究了国家、地区典型材料和产品的物质流动和由此产生的环境负荷，用于指导工业经济材料及产品生产的环境协调发展。在亚洲，日本、韩国和印度均建立了本国的 LCA 学会，日本于 1995 年对各类典型材料进行 LCA 评价，指导和推进全国范围内材料及其制品产业的环境协调化发展。1996 年，国际上开始正式出版 LCA 研究领域的专业刊物——《国际生命周期评价》（The International Journal of Life Cycle Assessment），表明生命周期评价研究在世界上已占有比较重要的位置。我国针对国际标准采用等同转化的原则，现已颁布了有关生命周期评价的国家标准《环境管理 生命周期评价 原则与框架》（GB/T 24040—2008）。目前，生命周期评价已成为一种广泛应用的产品环境特征分析和决策工具。

2）生命周期评价的定义和特点

目前，LCA 的定义仍然以 SETAC 和 ISO 的定义最为权威。根据 ISO 14040 国际标准的规定，生命周期评价是对一个产品系统的生命周期中输入、输出及其潜在环境影响的汇编和评价。这里的产品系统是通过物质和能量联系起来的，具有一种或多种特定功能的单元过程的集合。在 LCA 标准中，"产品"既可以指（一般制造业的）产品系统，也可以指（服务业提供的）服务系统。生命周期是产品系统中前后衔接的一系列阶段，从原材料的获取或自然资源的生成，直至最终处置。

经过近30年的发展，生命周期评价已发展成为系统评价产品（材料）或活动（服务）的环境影响和环境管理的重要工具，是一种全新的、预防性的环境保护手段。生命周期评价研究具有以下特点：

①全过程评价。LCA涉及产品或活动从原材料采集、加工、产品制造、消费、回收利用到废物处理全"生命周期"的评价，是对产品或活动"从摇篮到坟墓"全过程的分析。

②系统性强。LCA是以系统的思维方式研究产品或行为在整个生命周期中的环境影响。

③涉及面广，工作量大。LCA因为涉及产品或活动整个生命周期，不仅涉及企业内部，还涉及社会各个部门，因此涉及面广。同时，LCA工作量也大，其研究需大量数据，一般一个完整的LCA需十万个数据，这些数据的获取、分析、归类要求投入大量的工作。

④偏重环境影响评价。LCA强调分析产品或行为在生命周期各个阶段对环境的影响，包括能源利用、污染物排放、土地占用等，一般产品的经济影响和社会影响很少涉及。

3）生命周期评价法的主要内容

根据ISO 14040标准定义的技术框架，LCA评价过程包含目的与范围的确定、清单分析、影响评价和结果解释四个组成部分，这四个步骤之间互相联系，不断反复，如图3-2-10所示。生命周期评价的过程为：首先，辨识和量化整个生命周期阶段中能量和物质的消耗以及环境释放；其次，评价这些消耗和释放对环境的影响；最后，辨识和评价减少这些影响的机会。生命周期评价注重研究系统在生态健康、人类健康和资源消耗领域内的环境影响。

①目的与范围的确定

目的与范围的确定是LCA研究的第一步。LCA研究必须明确地规定研究目的与范围，并使之适合于应用意图，这是清单分析、影响评价和结果解释所依赖的出发点和立足点。

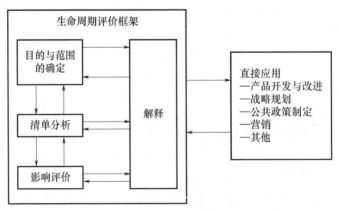

图3-2-10　LCA的评估过程及技术框架

目的与范围的确定首先要确定产品系统和系统边界，包括了解产品的生产工艺和确定所要研究的系统边界。针对生产工艺各个部分，收集所要研究的数据，其中收集的数据要有代表性、准确性、完整性。在确定研究范围时，要同时确定产品的功能单位，在清单分析中将收集的所有数据都要换算成功能单位，以便对产品系统的输入和输出进行标准化。

目的确定，即要清楚地说明开展此项生命周期评价的目的和意图，以及研究结果的预计使用目的，例如提高系统本身的环境性能、用于环境声明或获得环境标志；范围确定的深度和广度受目标控制，一般包括功能单位、系统边界、时间范围、影响评价范围、数据质量要求等的确定。

②清单分析

清单分析是 LCA 基本数据的一种表达，是进行生命周期影响评价的基础。清单分析是对产品、工艺或活动在其整个生命周期阶段的资源、能源消耗和向环境的排放（包括废气、废水、固体废物及其他环境释放物）进行数据量化分析。

清单分析的核心是建立以产品功能单位表达的产品系统的输入和输出，即建立清单。通常，系统输入的是原材料和能源，输出的是产品和向空气、水体以及土壤等排放的废弃物，如废气、废水、废渣、噪声等。清单分析的步骤包括数据收集的准备、数据收集、计算程序、清单分析中的分配方法以及清单分析结果等。清单分析涉及产品整个生命周期，一个完整的清单分析能为所有与系统相关的投入产出提供一个总的概况。这部分工作重点通过对产品生命周期中物流能流的调查分析，建立与环境相关数据矩阵。

③生命周期影响评价

生命周期影响评价是 LCA 研究中理解和评价产品系统潜在环境影响大小和重要性的阶段。影响评价阶段实质上是对清单分析阶段的数据进行定性或定量排序的过程。影响评价目前还处于概念化阶段，还没有一个达成共识的方法。ISO、SETAC 和 EPA 都倾向于把影响评价定为一个"三步走"的模型，即影响分类（Classify）、特征化（Characterization）和量化（Valuation）。分类是将从清单分析中得来的数据归到不同的环境影响类型，通常包括资源耗竭、生态影响和人类健康三大类。每一大类又可包含许多小类，如生态影响包含全球变暖、臭氧层破坏、酸雨等。具体的环境影响类型见表 3-2-41。特征化是分析与定量中的一步，是按照影响类型建立清单数据模型。量化即加权，是确定不同环境影响类型的相对贡献大小或权重，以期得到总的环境影响水平的过程。

表 3-2-41　环境影响类型及其相关负荷项目

环境影响类型	作用范围	相关环境负荷项目
不可再生资源消耗（ADP）	全球	矿物消耗；化石燃料消耗
可再生资源消耗（BDP）	区域	生物资源；水
温室效应（GWP）	全球	CO_2，NO_2，CH_4，$CFCs$，CH_3Br
臭氧层破坏（ODP）	全球	$CFCs$，哈龙（卤代烷），CH_3Br

环境影响类型	作用范围	相关环境负荷项目
人体健康损害（HT）	当地	进入空气、土壤和水体的毒性物质
生态毒性影响（ET）	当地	进入空气、土壤和水体的毒性物质
光化学烟雾形成（POCP）	区域	乙烯，非甲烷系碳氢化合物（NMHC）
酸化效应（AP）	区域	SO_2，NO_x，HCl，HF，NH_4^+
水体富营养化（EP）	当地	氨，磷酸盐，硝酸盐

④结果分析

结果分析是根据 LCA 前几个阶段的研究或清单分析的发现，以透明的方式来分析结果，形成结论，解释局限性，提出建议并报告生命周期解释的结果，尽可能提供对生命周期评价的说明。研究结果应易于理解、完整和一致。

根据《环境管理 生命周期评价 原则与框架》（ISO 14044—2006）和《环境管理 产品寿命周期评价 要求和导则》（ISO 14044—2006）的要求，生命周期解释主要包括三个要素，即识别、评估和报告。识别主要是基于清单分析和影响评价阶段的结果识别重大问题；评估是对整个生命周期评价过程中的完整性、敏感性和一致性进行检查；报告主要是得出结论，提出建议。目前，清单分析的理论和方法相对比较成熟，影响评价的理论和方法正处于研究探索阶段，而改善评价的理论和方法目前研究较少。

4）生命周期评价的应用范围

LCA 作为一种评价产品、工艺或整个生命周期环境后果分析工具，已广泛应用于很多领域，包括能源工业、农业、森林和造纸业、食品业、纺织和皮革工业、水系统产业、化工产业、金属材料工业、建材工业、包装材料、机械工业、电子工业、建筑与桥梁、运输行业、核技术、废弃物处理等。

①LCA 在企业中的应用

LCA 起源于企业内部，也最先在企业部门得到了广泛应用。以一些国际著名的跨国企业为龙头，如惠普公司、IBM 公司、AT&T 公司、西门子公司等，一方面开展 LCA 方法论的研究，另一方面积极对其产品进行 LCA 分析和应用。其主要应用领域可归结为产品系统的生态辨识与诊断、产品生命周期影响评价与比较、产品改进效果的评价、生态产品设计与新产品开发、循环回收管理和工艺设计以及清洁生产审计六个方面。

②LCA 在清洁生产中的应用

企业清洁生产工作程序包括准备、审计、制定方案和实施方案四个基本阶段，其中审计阶段是清洁生产的核心阶段。清洁生产要求在产品或工艺的整个寿命周期的所有阶段，都必须考虑污染防治，因此需要一种能对整个生命周期做出评价的方法。采用 LCA 思想对企业生产全过程进行清洁生产分析和评价，并完善清洁生产指标体系，可为企业清洁生产审计提供可靠的技术指标。生命周期评价是清洁生产诊断与评价的有效工具。根据我国清洁生产的发展现状和趋势，可以预计，LCA 将会在以下四方面发挥大的作用：产品和工艺的清洁生产技术规范制定、清洁产品设计和再设计、废物回收和再循环管理以及生态工业园的园区分析和入园项目的筛选。

③LCA 在环境材料研究中的应用

环境材料的研究已经深入到工业的各个领域。在资源和能源的有效利用，减少环境负荷上，环境材料具有很大优势，是实现材料产业的可持续发展的一个重要发展方向。环境材料的评价方法是环境材料研究的基础，LCA 方法是环境材料评价的重要工具，也是材料环境化问题和环境材料开发设计的基本指导工具。同时，生命周期评价还是材料开发生产过程中环境影响评价的重要方法之一，能够定量评价材料的环境性能，是环境材料开发研制和评价的重要内容。

④LCA 在环境管理中的应用

企业环境管理从末端管理与过程管理，转向以产品为核心的全过程企业环境管理，是大势所趋。企业环境管理必须评价整个产品系统对环境的总影响。生命周期评价可以帮助企业从全过程和全方位来认识产品，从而有利于避免环境决策的失误。生命周期评价应用到企业环境管理中，将有力提高企业环境管理水平。

生命周期思想要求从整体上把握整个系统对环境的影响。在这一点上，生命周期思想和可持续发展思想是一致的。从某种意义上说，LCA 方法是可持续发展思想的具体化和技术化，是可持续发展的度量和技术保障，LCA 的评价过程，体现了可持续发展思想的环境保护策略。在可持续发展战略实施过程中，生命周期评价是进行生态环境判断与决策的科学依据和方法。

5）生命周期评价的意义

生命周期评价被认为是 21 世纪最有潜力的可持续发展环境保护工具，它可以应用于环境保护工作的各个领域，可以全面提高环境保护工作质量和水平。将生命周期评价方法和思想应用于环境保护是解决发展生产与保护环境相矛盾问题的有效途径。生命周期评价具有将环境因素融入管理决策过程的特点，是对活动过程相关的环境影响进行定量分析和评估的方法。生命周期评价也是 ISO 14000 环境管理体系不可缺少的一部分，是 ISO 14000 环境管理体系中确定企业与产品环境因素的重要方法。生命周期评价是可持续发展思想的具体化和技术化，是可持续发展的度量和技术保障。进行 LCA 的过程体现了可持续发展的环境保护策略。同时，生命周期评价也是生态环境设计、清洁生产、环境材料开发、环保工艺技术优选等环保工作的重要手段和科学方法。

（2）生命周期评价法应用实例

生命周期评价法是一种用于评价与产品有关的环境因素及潜在影响的技术，也是目前国际上应用最广泛的环境协调性评价方法。它贯穿产品生命的全过程，从原材料开采、生产、使用，直至最终处置，并将其对环境的影响分解量化为能源消耗、资源消耗、废弃物排放等几个因素；然后，把有关数据通过特征化因子换算成统一单位，得到环境负荷的量化指标；最后，根据被评估对象的计算结果进行综合评价。其考虑的环境影响类型包括：资源利用、人体健康和生态后果等。

由于水泥生产中需要消耗大量的资源和能源，并对大气环境排放一定数量的有害气体，因此不可避免地对生态环境造成直接或间接的影响。而在水泥生产过程中加入助磨剂，不仅能够提高粉磨效率，降低粉磨电耗，还可以减少水泥熟料用量，增加工业废渣用量。因此，水泥助磨剂的应用，不仅能够为水泥企业节约成本，同时能够降低煤炭和电能源的消耗，减少石灰石、黏土等资源的消耗，并显著减少 CO_2、SO_2、NO_x 等有害气体的排放，对我国目前大力提倡的节约资源能源，保护生态环境具有重要意义。但是，目前我国对于助磨剂应用于水泥工业中对降低环境负荷的效果的定性的研究很少。

本节依据国家标准《环境管理 生命周期评价 要求与指南》（GB/T 24044—2008），参照国家"863"计划所列《材料的环境协调性评价研究》项目，运用生命周期评价方法，并结合水泥行业特点和水泥生产的实际情况，分析对比应用助磨剂前后水泥生产过程中环境负荷降低的效果和节能水平，对水泥生产过程中的环境负荷变化进行综合评价，分析水泥助磨剂对于降低水泥生产环境负荷的效果。

1）评价前的准备工作

①评价目的与对象

本节采用 HY 助磨剂应用统计数据和符合我国实际的特征化因子，计算应用助磨剂前后水泥生产过程中的环境负荷，检验应用水泥助磨剂对降低水泥生产环境负荷的效果。

②功能单位的确定

计算中取 1kgP·O 42.5 级水泥所具有的性能为功能单位，其他强度等级的水泥产品可按相应系数进行折算。

③评价范围

对于整个水泥生产工艺流程而言，评价的边界系统包括由水泥原料开采、能源生产、生料制备、熟料煅烧、水泥粉磨直到水泥储存为止的生产工序。若只对水泥生产某个或某几个单元进行评价，则根据具体情况另作确定。助磨剂主要应用于水泥粉磨工艺环节，因此评价边界范围确定为水泥粉磨工艺环节，主要考虑使用水泥助磨剂前后，水泥粉磨工艺环节的资源和能源消耗等产生的环境负荷影响。

2）数据采集与环境负荷计算

①基础数据

以 HY-ⅢB 型助磨剂在 HX 水泥厂应用情况为例，表 3-2-42 为 HY-ⅢB 型助磨剂在 HX 水泥厂应用前后原料配比及水泥抗压强度。

表 3-2-42 HY-ⅢB 型助磨剂在 HX 水泥厂应用前后原料配比及水泥抗压强度

水泥		HY-ⅢB 型助磨剂（%）	配比（%）					抗压强度（MPa）	
			熟料	粉煤灰	石子	石膏	矿粉	3d	28d
P·O42.5	使用前	—	70	12	4.5	3	10.5	23.0	50.0
	使用后	0.1	62	15.5	8	3	10.5	25.2	53.0

由表 3-2-42 的数据，可以得到使用 HY-ⅢB 型助磨剂前后生产 1kg 水泥的基本消耗数据（表 3-2-43）。

表 3-2-43　使用 HY-ⅢB 型助磨剂生产 1kg 水泥的基本消耗数据

项目	单位	使用前	使用后
熟料	kg	0.70	0.62
粉煤灰		0.120	0.155
石子		0.045	0.080
石膏		0.03	0.03
矿粉		0.105	0.105
助磨剂		0.000	0.001
电耗	kW·h	0.0370	0.0337

加入水泥助磨剂最显著的作用是降低了熟料用量，增加了混合材掺量。熟料是生产水泥最主要的组分，本案例评价助磨剂对降低环境负荷的效果，只考虑对降低熟料用量的贡献，而对粉煤灰、石子、石膏和矿粉的掺量变化不作考虑。由于加入助磨剂对环境不造成污染，且掺加量较小，因此，不考虑加入助磨剂对环境负荷的影响。每生产 1kg 熟料，要消耗石灰石 1.26kg、黏土 0.18kg、铁粉 0.09kg、标准煤 0.11kg、耗电 0.07kW·h。使用助磨剂对减少熟料用量、节省煤耗和电耗数据见表 3-2-44。

表 3-2-44　使用助磨剂生产 1kg 水泥节能数据

项目	水泥中熟料掺量及能耗变化			
	基础数据	使用前	使用后	降低值
熟料（kg）	1	0.70	0.62	0.08
电耗（kW·h）	0.07	0.086	0.077	0.009
标准煤耗（kg 标煤）	0.11	0.077	0.068	0.009

通过上述分析和计算，可以得到应用低环境负荷水泥制备技术生产单位功能水泥的基本消耗（表 3-2-45）。

表 3-2-45　应用低环境负荷水泥制备技术生产单位功能水泥的基本消耗（一）

项目	单位	数据	
		使用前	使用后
石灰石	kg	0.882	0.781
黏土		0.126	0.112
铁粉		0.063	0.056
粉煤灰		0.120	0.155
石子		0.045	0.080
石膏		0.030	0.030
矿粉		0.105	0.105
助磨剂		0.000	0.001
标准煤耗	kg	0.077	0.068
电耗	kW·h	0.086	0.077

将电耗累计到煤耗中（1kW·h＝0.36kg 标准煤），并将标准煤耗换算为实物煤耗（1kg 标准煤＝1.27kg 实物煤）改称为总实物煤耗，并进行计算得到表 3-2-46 数据。

表 3-2-46　应用低环境负荷水泥制备技术生产单位功能水泥的基本消耗（二）

项目	单位	数据	
		使用前	使用后
石灰石		0.882	0.781
黏土		0.126	0.112
铁粉		0.063	0.056
粉煤灰		0.120	0.155
石子	kg	0.045	0.080
石膏		0.030	0.030
矿粉		0.105	0.105
助磨剂		0.000	0.001
总实物煤耗		0.116	0.103

②缺失数据的处理

a.CO_2 排放量计算

CO_2 主要产生于燃料燃烧和水泥原料中的石灰石分解。化石能源燃烧的 CO_2 排放量计算如下：

$$E=3.67FQka$$

式中　E——CO_2 的排放量（kg）；

　　　F——燃料的消耗量（kg）；

　　　Q——燃料发热量（MJ/kg）；

　　　k——燃料的碳排放系数，原煤的碳排放系数为 $24.74×10^{-3}$；

　　　a——燃料的碳氧化率，原煤的碳氧化率为 0.9。

水泥生产过程中，原料石灰石化学反应产生大量的 CO_2，其化学反应式为：

$$CaCO_3 \longrightarrow CaO+CO_2$$

由化学反应式可知，1kg 石灰石中的碳酸钙分解生成约 0.52kg CaO 和 0.41kg CO_2。则 CO_2 排放总量的估算公式为：

$$CO_2 排放总量=石灰石消耗量×0.41+E$$

使用低环境负荷水泥制备技术前 CO_2 排放总量 E_{C1} 计算结果为：

$E_{C1}=0.882×0.41+3.67×0.116×23×24.74×10^{-3}×0.9=0.580$（kg）

使用低环境负荷水泥制备技术后 CO_2 排放总量 E_{C2} 计算结果为：

$E_{C2}=0.781×0.41+3.67×0.103×23×24.74×10^{-3}×0.9=0.514$（kg）

b.NO_x 排放量计算

NO_x 的排放量估算公式为：

$$E=0.001Fa（1-rf）$$

式中　E——NO_x 的排放量（kg）；

　　　F——燃料的消耗量（kg）；

a——燃料燃烧时 NO_x 排放因子；

r——脱氮设备的覆盖率；

f——平均脱氮效率。

目前国内脱氮设备较少，暂不考虑脱氮问题，原煤和原油的排放因子分别为 9.95kg/t 和 7.24kg/t。则使用低环境负荷水泥制备技术前 NO_x 的排放量 E_{N1} 计算结果为：

$$E_{N1}=0.001 \times 0.116 \times 9.95=1.15 \times 10^{-3}\ （kg）$$

使用低环境负荷水泥制备技术后 NO_x 的排放量 E_{N2} 计算结果为：

$$E_{N2}=0.001 \times 0.103 \times 9.95=1.02 \times 10^{-3}\ （kg）$$

c. SO_2 的排放量

SO_2 的排放量估算公式为：

$$E=Fa\ （1-rf）$$

式中　E——SO_2 的排放量（kg）；

F——燃料的消耗量（kg）；

a——燃料燃烧时 SO_2 排放因子；

r——脱硫设备的覆盖率；

f——平均脱硫效率。

SO_2 的排放因子，原煤取 1.05×10^{-2} kg/kg。则使用低环境负荷水泥制备技术前 SO_2 的排放量 E_{S1} 计算结果为：

$$E_{S1}=0.116 \times 1.05 \times 10^{-2}=1.22 \times 10^{-3}\ （kg）$$

使用低环境负荷水泥制备技术后 SO_2 的排放量 E_{S2} 计算结果为：

$$E_{S2}=0.103 \times 1.05 \times 10^{-2}=1.08 \times 10^{-3}\ （kg）$$

③基础数据的初步处理

根据已确定的功能单位对表 3-2-46 进行处理，得到数据见表 3-2-47。

表 3-2-47　应用水泥助磨剂前后生产单位功能水泥的清单　　　（单位：kg/kg）

项目		数据	
		使用前	使用后
消耗	石灰石	0.882	0.781
	黏土	0.126	0.112
	铁粉	0.063	0.056
	粉煤灰	0.12	0.155
	石子	0.045	0.080
	石膏	0.03	0.030
	矿粉	0.105	0.105
	助磨剂	0.000	0.001
	总实物煤耗	0.116	0.103
排放	CO_2	0.580	0.514
	SO_2	1.15×10^{-3}	1.02×10^{-3}
	NO_x	1.22×10^{-3}	1.08×10^{-3}

由于本研究的研究范围是水泥粉磨工艺环节的资源和能源消耗，所以资源与能源生产的初级资源消耗不作考虑。

3）环境影响评价

环境影响评价的目的是对资源、能源消耗和污染物排放进行定性和定量化描述，最终获得具有可比性的数据。LCA 体系中影响评价过程包括以下六个步骤：影响类型、类型参数及特征化模型的选择，分类，特征化，归一化，加权和数据质量分析。根据《环境管理 生命周期评价 如何应用标准进行影响评价状况的应用示例》（ISO/TR 14047—2012）、我国 LCA 的研究进展和我国材料产业的发展现状，结合水泥工业的特点，本节用生命周期评价法的目的是评价水泥生产过程中使用水泥助磨剂前后降低环境负荷的效果，因此只考虑前三个步骤。

①影响类型、类型参数和特征化模型的选择及分类

影响类型、类型参数和特征化模型的选择需要确定影响类型、影响的类型参数和特征化模型、类型终点及 LCA 研究将涉及的有关生命周期清单结果。对于水泥行业的 LCA 研究，表 3-2-41 所提供的影响类型及其所关联的环境负荷项目可以满足要求。

根据水泥行业特点，水泥生产过程环境影响类型和环境参数选择见表 3-2-48。

表 3-2-48　水泥生产环境负荷项目的影响归类

环境影响类别	相关环境负荷项目	参数结果
不可再生资源消耗 ADP	石灰石、黏土、铁粉、石膏、燃煤	铁当量
温室效应 GWP	CO_2	CO_2 当量
环境酸化 AP	SO_2、NO_x	SO_2 当量
人体健康损害 HT	SO_2、NO_x	1，4-二氯苯当量
光化学烟雾 POCP	NO_x	乙烯当量

由表 3-2-48 可以看到，SO_2 和 NO_x 同时涉及多项环境负荷，涉及并联和串联下的分配因子的计算。对分配因子进行简化处理后，根据各自作用机理分配因子，SO_2 在酸化效应和人体健康损害两种影响类型是并联关系，按各取其半分配，分配因子均为 0.5；而 NO_x 在光化学烟雾和酸化效应两种影响类型间形成串联机制，二者与人体健康损害形成并联，3 种类型的分配因子为 0.5。

②特征化

特征化步骤是利用不同影响类型的参数结果，来共同展现产品系统的生命周期影响评价特征。其计算过程采用特征化因子将 LCA 结果换算成统一单位，并在一种影响类型内对换算结果进行合并，以得到量化的指标结果。不同环境负荷项目造成同种环境损害效果的程度不同。例如 SO_2 和 NO_x 都可产生酸化效应，但同样的量引起的损害程度并不相同。特征化就是对比分析和量化这种程度的过程，是一个定量的、基本上基于自然科学的过程。

资源能源消耗采用符合我国本土的特征化因子。根据狄向华计算的我国耗竭性特征化因子，并结合上述分配因子，可以得到水泥生产生命周期中的特征化因子（表 3-2-49）。

表 3-2-49 特征化因子

项目	石灰石	黏土	铁粉	石膏	原煤	原油	天然气	CO_2	SO_2	NO_x
ADP	0.29	10.8	1	0.26	0.02	6.04	10	0	0	0
GWP	0	0	0	0	0	0	0	1	0	0
AP	0	0	0	0	0	0	0	0	0.5	0.35
POCP	0	0	0	0	0	0	0	0	0	0.014
HT	0	0	0	0	0	0	0	0	0.048	0.6

根据表 3-2-47 和表 3-2-49 可以得到采用低环境负荷水泥制备技术前后单位功能水泥生产特征化结果，见表 3-2-50。

表 3-2-50 单位功能水泥生产数据的特征化结果

环境影响类别	单位	使用前	使用后	降低值	降低率
不可再生资源消耗 ADP	铁当量	1.68	1.50	0.18	10.7%
温室效应 GWP	CO_2当量	0.580	0.514	0.066	11.4%
环境酸化 AP	SO_2当量	1.00×10^{-3}	8.88×10^{-4}	1.11×10^{-4}	11.1%
人体健康损害 HT	1，4-二氯苯当量	7.87×10^{-4}	6.97×10^{-4}	0.9×10^{-4}	11.4%
光化学烟雾 POCP	乙烯当量	1.71×10^{-5}	1.51×10^{-5}	2.0×10^{-6}	11.7%

根据表 3-2-50 得到图 3-2-11 和图 3-2-12，可以明显看出在水泥生产过程中使用助磨剂后对环境负荷降低的效果。

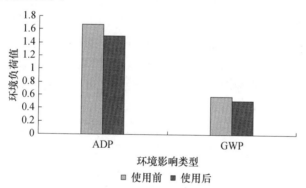

图 3-2-11 使用助磨剂前后对不可再生资源（ADP）和温室效应（GWP）的影响

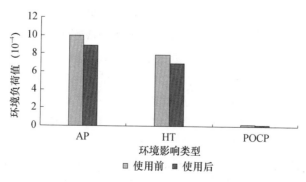

图 3-2-12 使用助磨剂前后对环境酸化（AP）、人体健康损害（HT）和光化学烟雾（POCP）的影响

4）结果与分析

从表 3-2-49、图 3-2-11 和图 3-2-12 可以看出，水泥生产过程中采用水泥助磨剂后，能够明显降低水泥粉磨过程对环境负荷的影响。其中，不可再生资源的消耗降低了 10.7%，因 CO_2 排放引起的温室效应对环境的负荷降低了 11.4%，因 SO_2、NO_x 的排放而引起的环境酸化负荷和人体健康损害负荷分别降低了 11.1% 和 11.4%，因 NO_x 的排放而引起的光化学烟雾的环境负荷降低了 11.7%。

5）环境负荷评价结论

通过利用生命周期评价法检验水泥助磨剂应用对降低水泥生产环境负荷的效果，结果显示，在水泥生产过程中，使用水泥助磨剂后节能减排效果明显，环境负荷得到了显著降低，水泥助磨剂的应用不仅能够有效降低水泥生产成本，而且是实现水泥生产节能、环保的有效方法之一。应用水泥助磨剂能大幅度降低水泥熟料及不可再生资源的用量，使水泥混合材料掺加量增加，拓宽工业废渣的使用范围，减少对土地资源的占用，改善水泥的粉磨环境，提高粉磨效率，降低粉磨电耗，有利于循环经济的全面发展，具有良好的经济和社会效益。

四、激发剂技术

（一）碱激发胶凝材料的命名与分类

1. 碱激发胶凝材料的命名

材料的研究和发展与高新科学技术进步和国民经济的需求密切相关，新材料是作为国民经济八大支柱的科技领域之一。传统材料中的水泥和混凝土在国民经济中具有其独特的地位和作用。但是，如果用可持续发展来衡量，不可否认的是传统材料存在着有悖于可持续发展的问题，也就迫使我们去研究和开发更加符合于可持续发展的新材料。

随着经济建设的发展，各行业对胶凝材料，不仅从数量上而且从质量上提出了新的、更高的要求。目前，水泥和混凝土的力学性能已可以满足基本要求，但是，这些性能对于一些新发展的行业或原有行业的新要求还远远不够，例如对核电站排放的废液的固化处理的材料，对开发大西北（包括部分西南）地区的盐碱地建筑工程抗盐腐蚀的材料，以及开发具有特殊性能的新型胶凝材料用作其他非结构材料等，都是亟待解决的问题。

自然界不存在天然的无机胶凝材料，现在已有的胶凝材料都是选用适当的原料经过一定的方法处理，使原料（单一的或混合的）发生某些化学变化形成的具有胶凝性的材料，处理方法的选择取决于原料的性质和所希望得到的胶凝材料的特性。

化学激发胶凝材料是指原本不具水化活性的物质或混合物，经适当的化学方法处理后，转变为具有胶凝性质材料的统称。化学激发胶凝材料一般是用化学方法处理含铝硅酸盐的物料（天然材料、人工材料、尾矿或工业废渣）而得到的胶凝材料，生产时不必开采天然资源，也不需经高温煅烧，过程简单，是一种节能、节资源、化废弃物为资源、基本不排放环境污染物的清洁型胶凝材料。它符合可持续发展的基本要求，值得深入研究并逐步推广。

化学激发胶凝材料中的激发剂一般以碱为主，因此，通常又将其简称为碱激发胶凝材料。这类材料应当具有下列特点：

（1）原料：工业废渣（铝硅酸盐玻璃体质或晶体）、天然矿物（黏土类矿物、长石）等。

（2）激发剂：各种化学激发剂、试剂、工业副产品或产品，只少量使用，一般在10%以下。

（3）工艺：不用高温处理，常用处理方法有溶液调和、常压或高压蒸汽处理等。处理过程中，材料内部原子或离子发生重新排列，组合成新的结构。以铝硅酸盐玻璃体为例，原有 $[SiO_4]^{4-}$ 四面体、$[AlO_4]^{5-}$ 四面体组成的结构中共价键断裂，再重新结合形成新的铝硅酸盐结构。

（4）胶凝性：形成新结构的体系具有胶凝性，硬固成整体并有一定的特殊性能。碱激发胶凝材料除具有较好的力学性能外，还有其他良好性能，如折压比高。它的特殊性能就在于水化产物中不含 $Ca(OH)_2$ 和水化铝酸盐，所以抗水性和耐化学介质腐蚀性好；浆体凝固后结构致密，因此抗冻性和抗渗透性好，水化热也低。这就提示我们，开发新型碱激发胶凝材料时，应该考虑研究用于硅酸盐水泥不能完全满足要求的场合，以满足特殊工程的需要。为此，我们应从胶凝材料水化后所形成的水化产物和浆体结构特点进行探讨。

拥有上述特点的胶凝材料较多，目前应用最多的是碱激发胶凝材料。根据原料不同和对所需获得胶凝材料的性能要求，在生产时选择不同的处理方法。基本处理方法有：简单的热处理方法、机械处理方法、水热处理方法、化学处理方法和复合激发方法。实际生产时常常需要用复合处理的方法，才能得到较好的效果。虽然每一种处理方法都伴随着化学变化，但是多数胶凝材料生产时往往必须加以其他的方法，才能使化学变化进行。如生产硅酸盐水泥熟料，原料混合物必须在高温下煅烧，才能使化学反应得以进行；而碱激发胶凝材料最主要的特点就是用简单的化学处理就可以得到所需的材料。

2. 碱激发胶凝材料的分类

（1）碱激发胶凝材料范围

从定义和特点出发，化学激发胶凝材料的范围比较广，并采用不同类型的激发剂。

1）以 CaO 为激发剂

以 CaO-SiO$_2$ 砖为例，它是以 CaO 为激发剂，与石英砂混合经蒸汽养护，使 SiO$_2$ 中原 $[SiO_4]^{4-}$ 四面体三维结构状态转变为水化硅酸钙、硬硅酸钙等链状或双链状的一维或二维结构，同时体系成为具有一定强度的制品。这一类还包括了 CaO-粉煤灰、CaO-矿渣等制品，不同的只是原料是以铝硅酸盐玻璃体为主要成分，结构上较 SiO$_2$ 的结构复杂，有 Al—O—Si、Si—O—Si、Al—O—Al 键存在，制品中的产物也不是单一的，但其形成过程的特点是一样的。

2）以硅酸盐水泥熟料为激发剂

以硅酸盐水泥熟料为激发剂的产品即"少熟料水泥"，主要原料是铝硅酸盐玻璃体物质、矿渣、粉煤灰等。

3）以强碱性物质为激发剂

这是目前研究最多、最具应用前景的一类碱激发胶凝材料，即碱的硅酸盐、硫酸盐、铝酸盐、硝酸盐等。其主要原料范围和来源广，可以是各种铝酸盐工业废渣（矿渣、粉煤灰、磷渣、赤泥、煤矸石等）、天然黏土矿物、尾矿（钾长石），还可用碳酸岩矿。化学激发胶凝材料大多指这一类以强碱盐为激发剂的材料。

（2）碱激发胶凝材料生产工艺

根据激发剂和产品的不同，化学激发胶凝材料的生产过程如下：

1）生产半成品

少熟料水泥和各种碱胶凝材料，它们的生产过程最为简单，将原料、熟料或碱一起粉磨至要求细度即可，有的原料需经过预处理，如烘干（水淬矿渣）、低温煅烧（黏土、煤矸石）。制成的半成品加适量的水调制成型，即可生产制品或配制成混凝土。

2）生产制品

以石灰-砂砖为例，其生产制品的生产工艺流程图如图 3-2-13 所示。

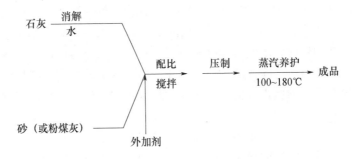

图 3-2-13　石灰-砂砖的生产工艺流程图

3）先制成半成品再做成制品的生产

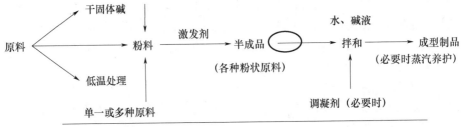

注：如用液体碱激发剂，则粉磨原料时不加固体激发剂，拌和时用碱液即可。

图 3-2-14　碱激发胶凝材料的生产工艺流程图

碱激发胶凝材料的生产工艺流程图如图 3-2-14 所示。由此可知，此类生产的主要过程是原料预处理与一次粉磨，必要时蒸汽养护。不同原料的预处理方法也有不同，如对水淬矿渣、赤泥要烘干；对煤矸石要低温煅烧以除去其中的炭，这部分热量还可以额外利用；对黏土低温煅烧以除去结晶水，获得偏高岭石。有的原料不一定需要预处理，如磷渣、干排粉煤灰、尾矿等。整体上看，先制成半成品再做成制品的生产过程简单，能量消耗少，排出污染物少。

（3）碱激发胶凝材料生产原料

1）煤矸石

我国每年煤矸石的排放量超过 1 亿吨，历年堆积的煤矸石已达约 30 亿吨。在煤矿附近都有煤矸石的小山，仅山西省就有 124 座大型煤矸石堆场，山东省排出的煤矸石近千万吨，占用土地约 1.1 亿平方米，而且随煤开采量的逐年增加而增加，但是煤矸石的使用率不足 45%，相当于每年至少有 5000 万吨的煤矸石资源闲置未加以利用。从煤矸石的化学成分和矿物组成看，它完全可以作为碱激发胶凝材料的原料，但是需要考虑其中占 20%~30% 炭的利用问题。同时，根据它的主要矿物组成，可考虑替代一般的黏土作为研究和开发的对象。

2）粉煤灰

据调查，2003 年粉煤灰年排放量达到 1.75 亿吨，其中近 70% 得到了综合利用。我国至今已累计堆存粉煤灰 6 亿吨左右，占地 50 多万亩。因此，我们应当对粉煤灰进一步加以研究和开发，尤其是对高钙粉煤灰。高钙粉煤灰不仅 CaO 含量高，而且在高温下形成，存在的游离 CaO 呈过烧状态（常称为死烧），不宜直接用作水泥和混凝土的掺和料，但是却有可能作为碱激发胶凝材料的原料。

3）钢渣

2004 年，我国钢渣排放量为 3819 万吨，实际利用率仅为 40% 左右，也可以作为碱激发胶凝材料研究和开发应用的原料。

4）赤泥

我国每生产 1t 氧化铝就会产生 0.8~1.5t 赤泥，而以霞石为原料的烧结法，每生产 1t 氧化铝产生的赤泥高达 5.5~7.5t。目前我国每年排放的赤泥量为 300 万~400 万吨，已堆存 3000 万~5000 万吨赤泥。赤泥的原料中有时会存在放射性的物质，在使用前都应做检测，并尽可能避免用于住房建设的材料。

5）磷渣

每生产 1t 黄磷大约产生 8~10t 磷渣。以我国目前的黄磷生产能力计算，每年的磷渣排放量都在 500 万吨以上，且逐年递增。2002 年，仅云南省的磷渣排放量就达 300 多万吨，全国的磷渣排放量则在 550 万~690 万吨，使用却很少。磷渣的潜在活性较强，是很好的化学激发胶凝材料的原料。

6）矿渣

矿渣目前在水泥行业中使用较多，而且性能良好，特别是将矿渣经超细粉磨和硅酸盐水泥熟料分别粉磨后的效果更好，在水泥中的掺入量几乎可达 50%。目前，碱性矿渣不建议用作化学激发胶凝材料的原料，而对于水泥不便利用的酸性矿渣，却是化学激发胶凝材料的良好原料，目前基本上没有被开发应用。

（二）碱激发机理简介

1. 碱激发溶解-聚合理论

这一理论的中心思想是当碱作用于矿渣、粉煤灰等玻璃体或偏高岭石、长石类铝硅酸盐物质时，颗粒表面的 Si—O 和 Al—O 共价键受 OH^- 的作用溶于液相，生成 $Si(OH)_x^{4-x}$ 和 $Al(OH)_x^{3-x}$。如果不存在 Ca^{2+}、Mg^{2+} 等金属离子，它们自身相互聚合，生成水化铝硅酸盐凝胶，在适合的条件下就可以生成无定形或半晶体态的沸石前驱体或沸石。

（1）沸石机理

20 世纪 70 年代末至 80 年代初，法国 Davidovits 利用烧黏土和碱化合物作用，成功研制出快凝、高强的胶凝材料，并将这种材料称为地聚合物水泥（Geopolymer），并认为在反应过程中，偏高岭石的铝硅酸盐结构将转化为如下结构：

PS：—O—Si—O—Al—O—

PSS：—O—Si—O—Al—O—Si—O—

PSDS：—O—Si—O—Al—O—Si—O—Si—O—

但是，用 PS、PSS、PSDS 只表达了产物中的结构单元，而没有表达出它们之间如何连接并结合为沸石，因为沸石是三维的 Si-O-Al 结构，其特点是 $[SiO_4]^{4-}$ 和 $[AlO_4]^{5-}$ 有规则地结合，在晶体中形成大小不同、有序排列的笼（空腔）。目前，很多文献，尤其是研究偏高岭石的文章都引用了这一结构模式。

（2）沸石前驱体机理

Palomo 将粉煤灰用碱处理后，从电子显微镜下观察到粉煤灰球状颗粒的周围均出现白色环状物，被认为是碱与粉煤灰的反应产物无定形水化铝硅酸盐，同碱与偏高岭石的反应产物相似，但只能称之为沸石前驱体，因为它们不是结晶体。若将试体在 800℃ 养护一定时间，就有部分产物转变为晶体。

（3）铝硅酸盐矿物受碱激发的过程

近十多年来，澳大利亚的科研小组对粉煤灰和 16 种铝硅酸盐矿物进行了碱激发试验。这些矿物中 $[SiO_4]^{4-}$ 四面体的结合状态是多种的，有孤立结构、双聚体、环聚形、链结构、层状结构以及三维网络结构，也就是对铝硅酸盐的 $[SiO_4]^{4-}$ 四面体结构类型都进行了试验，发现除了羟基鱼眼石外，其他矿物都可以被碱激发，得到具有胶凝性的材料，其中以辉沸石的效果最好。

该小组对矿物被碱激发的过程用离子对的概念进行解释，同时也提出了"溶解—无定形水化产物形成—生成物聚合"的三步骤机理。

1）溶解

长石和偏高岭石矿物与碱溶液作用，按下列反应进行：

$$Al_2Si_2O_5(OH)_4 + 3H_2O + 4NaOH \longrightarrow 2Al(OH)_4^- + 2OSi(OH)_3^- + 4Na^+$$

$$NaAlSi_3O_8 + 5H_2O + 3NaOH \longrightarrow 2Al(OH)_4^- + 2OSi(OH)_3^- + 4Na^+$$

这一步骤被称为矿石的溶解。Al 和 Si 在溶液中的量随溶液的碱度增高而增多，高岭石比长石更容易溶解。当体系中 Na^+ 含量高时，反应产物中含有水化铝硅酸钠、水化钠长石 $Na_xAl_ySi_zO_n \cdot H_2O$，未溶解的钠长石颗粒就扮演晶核的作用，此时，溶解和沉淀作用同时发生。

2）形成无定形水化产物

溶解的 Al^{3+}、Si^{4+} 与 Na^+ 离子反应，生成水化产物 $[M_x \cdot (AlO_2)_y \cdot (SiO_2)_z \cdot nNaOH \cdot mH_2O]$，它具有三维无定形（半晶态）聚合物结构，其中 Na^+ 进入结构参加电荷平衡。聚合过程可描绘如下：

Al-Si-O（铝硅酸盐）(s) $+ MOH$ (1) $+ Na_2SiO_3$ (s/l)

Al-Si-O（铝硅酸盐）(s) $+ \{M_z(AlO_2)_x \cdot (SiO_2)_y \cdot nMOH \cdot mH_2O\}$ (gel)

Al-Si-O（铝硅酸盐）(s) $\{M_a(AlO_2)_a \cdot (SiO_2)_b \cdot nMOH \cdot mH_2O\}$（无定形地聚合物）

3）脱水聚合实现浆体的硬化

已经形成的 $Al(OH)_4^-$ 和 $OSi(OH)_3^-$ 离子单体在一定条件下会相互进行聚合反应，通过 DSC 测定可以发现，体系中总的游离水含量随过程发生变化。在反应初期，即溶解期时，自由水减少，说明此时体系生成了含水的离子团和水化物；而在聚合阶段是缩聚反应，Al^-、Si^- 与 OH^- 团聚合时将释放出水，从而测定体系总的含水量可以间接衡量体系聚合的程度，而聚合程度又与硬化浆体的强度密切相关。

2. 溶解—絮凝—聚合结晶碱激发理论

20 世纪 50 年代末，苏联乌克兰建筑工程学院在用废砖做研究时发现，碱可以与其发生反应并产生胶凝性。由于所得到的水化产物中含有与地球表层土壤中的某些矿物类似，因此，这类材料被称为"土壤硅酸盐"，用它制成的混凝土则称为"土壤混凝土"。随着研究的深入，学者发现某些地球表层土壤中的矿物并不总存在，从而把它们统称为"碱激发胶凝材料""碱胶凝材料""碱激发水泥"等，对不同的原料制成的碱胶凝材料就直接以原料命名，如碱-矿渣水泥、碱-粉煤灰水泥、碱-火山灰水泥等。

他们较多地考虑了最终结构中水化产物的物理化学性能，并把胶凝材料的水化硬化过程与性能相联系，提出了 Me_2O，即在周期表上的第一族元素 K 和 Na 也可以形成胶凝性产物的看法，突破了原有胶凝材料组成范围的局限。此外，他们提出了碱激发铝硅酸盐体系的机理，即在碱作用下，铝硅酸盐中 Si—O 和 Al—O 的共价键断裂，原结构遭到破坏，解离出的离子团絮凝成粒子，浆体开始凝结，絮凝的物质相互聚合并部分结晶。浆体硬化的碱激发铝硅酸盐过程的三阶段机理如下：

（1）矿渣玻璃体表面结构破坏形成絮凝物

矿渣玻璃体的铝硅酸盐玻璃体中离子键的程度小，热力学活性低，难以与水直接作用。但与碱液接触后，颗粒表面的各种 Al—O—Si、Si—O—Si、Al—O—Al 以及 Ca—O 共价键首先被 OH^- 侵蚀断裂，脱离颗粒表面，溶入液相，释放出 $[SiO_4]^{4-}$ 与 $[AlO_4]^{5-}$，同时产生相应的阳离子 Ca^{2+}、$Ca(OH)^+$ 或 $Ca(H_2O)OH^+$，形成分散絮凝状产物。试验测试了体系常温下的振幅-频率特征变化规律，发现矿渣在与碱液接触后约 10min 内，体系的共振振幅急剧增加，证明了体系的分散度急剧增大，生成上述各种离子态物质。而且，液相的 pH 越高，共振振幅增强幅度越大，伴随此振幅的增强，液相 pH 很快从 14 降至 13.4。

对于碱化合物中阴离子的作用，一般认为，含碱化合物如果是可溶性硅酸盐或铝酸盐，它们的阴离子与原料中有共同的元素组分，可以作为 Al-O-Si 结构骨架的补充，因此对碱-矿渣水泥的性能是有利的。

（2）絮凝相缩聚阶段

在前一阶段形成的分散絮凝状产物会逐渐聚集并发生缩聚，伴随缩聚反应的发生，早期蕴含在凝聚体系中的结合水逐渐放出，促进并提高体系的反应能力，使矿渣结构继续分解成新的分散相。絮凝颗粒间发生的缩聚反应主要受液相 pH 控制。通常认为，矿渣颗粒内部结构的组成单元是 $[SiO_4]^{4-}$ 四面体和 $[AlO_4]^{5-}$ 四面体，正硅酸 H_4SiO_4 在碱液中的状态除简单离子团外，还会有 $HSi_2O_5^-$ 和 $Si_2O_5^{2-}$。这些离子的稳定性和反应能力直接与液相的 pH 有关，逐渐提高 pH 可促使已聚合的离子团解离。当 pH 较低（约为 7）时，缩聚反应发生，生成 Si—O—Si 键并将结构中的 OH^- 释放出，释放出的 OH^- 可继续与残留的矿渣颗粒作用，解离出新的硅酸根离子。由此可知，这一阶段矿渣的离解和絮凝粒子的缩聚是平行发生的，它们受体系 pH 的控制。一般当 pH＞10.6 时，不会产生游离 SiO_2 沉淀。当然，在实际体系中可能还存在 Al_2O_3、MgO、CaO 等组分。

水化后生成的产物水化硅酸钙的组成，与矿渣组成和碱液 Na^+ 浓度有关。若（CaO/SiO_2）＝1 而（Na_2O/SiO_2）＜1 时，会有介于链状和带状结构的水化硅酸钙生成；如（Na_2O/SiO_2）＝1～5 时，则转成带状结构的水化硅酸钙；当（Na_2O/SiO_2）＞5 时，Na^+ 将进入其中，形成 $NaCaHSiO_4$ 和孤立的〔SiO_4〕$^{4-}$ 四面体硅酸盐，在特定温度和压力条件下可生成类 Na^- 沸石，致使 Na^+ 浓度下降。

（3）聚合物结晶阶段

在第二阶段生成的聚合物虽已构成硬化浆体的结构，但在热力学上是不稳定的，它有自发结晶的趋势。但是就碱-矿渣体系而言，由于 CaO 量较多，聚合物主要是低碱度的水化硅酸钙 C-S-H 凝胶，结晶较难。若存在水化铝酸钙，就容易形成晶体，且在 Na^+ 参与结构的情况下，易形成类沸石晶体。此外，当 SiO_2 与 Al_2O_3 比例合适时，可能形成有很高强度的水化钙黄长石 $2CaO \cdot Al_2O_3 \cdot SiO_2 \cdot 8H_2O$，并由于在水中溶解度低而有很好的水稳定性。

综上所述，碱胶凝材料的激发机理和水化过程的概念可归纳如下：

1）结构复杂的铝硅酸盐（晶体或玻璃体）在碱的作用下（一定 pH），Si—O 和 Al—O 的共价键断裂，解离出的离子或离子团将进一步缩聚和聚合，生成新的化合物。也就是说，在同一体系内，Si—O 和 Al—O 的共价键断裂、原结构破坏和重新组合生成新化合物并形成新结构是平行进行的。

2）对碱的催化机理作了进一步补充，即在适当条件下，一价碱金属离子 Na^+ 和 K^+ 在对铝硅酸盐的激发过程中，不仅起催化作用，而且可以参与生成新的具有胶凝性化合物。这样，原来认为胶凝材料只能在元素周期表上第二族元素与第三、四族元素间组成的概念被突破，拓宽了胶凝材料的组成范围。

3. 碱激发胶凝材料水化过程的两种模型

上述两种碱激发机理实际上都是将激发过程分为：在碱的作用下原料的结构破坏（或溶解）；进入液相的离子或离子团产生结合或凝聚，形成低分子的聚合物，再经过聚合作用形成胶凝材料。但是，用于化学激发胶凝材料的化学组成差别很大，应用的激发剂也不同，因此，经化学激发后的水化生成物必然不同，就不可能用一种水化反应模式描述和概括所有的化学激发胶凝材料的激发机理。Palomo 等将它们归纳为两种模式。

（1）高钙含量的胶凝材料

这种材料以矿渣（磷渣）为代表，铝硅酸盐玻璃体原料由于 CaO 含量高，其中〔SiO_4〕$^{4-}$ 四面体的聚合度不高，较缓和的碱液就可以将它们的潜在活性激发出来，主要生成含钙的水化物 C-S-H 凝胶。早在 20 世纪 20 年代，苏联就用石膏-石灰为激发剂制备石膏矿渣水泥。即使用含碱的化合物作激发剂，它们的水化产物中一般也不存在所谓的沸石水化物和类似天然界的矿物，因此，这类碱激发胶凝材料不应称为地聚合物。

由于 C-S-H 是〔SiO_4〕$^{4-}$ 四面体三重交叠结合的单链结构，原矿渣结构中的〔SiO_4〕$^{4-}$ 四面体聚合体在一定的 pH 和 OH^- 的作用下解离，并结合成链状结构的 C-S-H 凝胶；〔AlO_4〕$^{5-}$ 四面体可能掺杂于 C-S-H 长链中，也可能生成一些无定形的铝硅酸盐水化物和水化铝酸钙晶体。可以设想，材料浆体结构由晶体、凝胶链、无定形等水化物组成，类似于硅酸盐水泥浆体的结构，但是不存在钙矾石和 $Ca(OH)_2$，因此，它们抗化学介质侵蚀的能力更好。

（2）原材料中无钙或少钙的碱激发胶凝材料

无论是铝硅酸盐玻璃体（粉煤灰）或晶体（偏高岭石和长石），由于原料中无钙或少钙，$[SiO_4]^{4-}$ 四面体的聚合度都很高，它们和碱的作用过程与含钙高的原料有所不同。由于偏高岭石的结构相对简单，因此较多作者常取其为研究对象，探究它在碱作用下结构的变化和产生胶凝性能的影响。但是，沸石和偏高岭石在结构上差别较大，偏高岭石的分子式中 Al/Si＝1，$[SiO_4]^{4-}$ 四面体聚合为二维的层状结构，Al-O-（OH）是 6 配位，它如何转变为以 Al-O 四配位结构，同时进入 $[SiO_4]^{4-}$ 四面体的聚合结构中参与结构组成目前尚不清楚。

（三）高效复合水泥添加剂技术

1. 水泥激发剂分类

若想改进水泥实物质量，提高水泥活性是关键。水泥活性与水泥熟料矿物和矿相结构有关，也与水泥的粉磨程度、颗粒级配、形貌，混合材种类及比例、数量有关。在混凝土中，水泥约有 20％～40％没有充分发挥水化作用。如何使水泥（含混合材）更好地发挥活性，适应水泥向高性能和绿色方向发展的要求，更多地利用工业废渣，一是物理激发，即高细粉磨（采用助磨剂）；二是化学激发，即采用向混凝土中添加对耐久性无害的化学物质，化学激发方式可分为碱激发、硫酸盐激发等多种激发形式。

本节主要介绍具有助磨、激发、增强等复合功能的高效复合水泥添加剂技术。

2. 水泥激发剂作用原理

高效复合水泥添加剂是最常用的水泥激发剂之一，它是集助磨、激发、增强、改善性能、降低成本为一体的外加剂产品，是生产绿色高性能水泥的重要技术措施。其作用原理是通过助磨功能提高磨机产量，并增大比表面积，从而提高水泥强度。物料在粉磨时，表面能较高，处于激活状态，表面反应能力较强，因而在粉磨时引入激发物质，可起到诱导和激活作用。在粉煤灰和矿渣的粉磨过程中，引入一定量的含有 Na^+、OH^-、SO_4^{2-} 等激发改性物质，在机械化学力的强化改性下，粉体表面可形成一定的表面活化点。在水化开始进行后，这些活化点优先参与水化反应，从而与其他颗粒或集料形成局部焊点，加快混凝土浆体早期结构的形成。水泥增强剂的增强功能主要是添加剂中的化学物质与水泥及混合材中的钙、硅、铝等进行化学反应，形成有助于水泥增强的水化产物，同时造成水泥中氧化物的晶格缺陷，提高其反应活性。

应用高效复合水泥添加剂技术，能在不增加固定资产投资、不改变生产工艺的情况下，达到提高水泥产质量、降低成本、生产绿色高性能环保水泥的目的。

3. 水泥激发剂应用技术

（1）生产高强度水泥

该方法是往熟料中加入 30％～70％矿渣、高效复合水泥增强型添加剂和适量石膏，经高细粉磨，生产的水泥比表面积达到 $400m^2/kg$ 以上，28d 强度可超过其熟料强度，同等情况下，与不掺添加剂的水泥相比可提高一个等级。

（2）生产低碱低热水泥

一般情况下，熟料中碱的含量是一定的，因此可以用高效复合水泥添加剂技术，在熟料中大量掺加低碱矿渣或低碱粉煤灰，控制最终水泥碱含量达标即可。该技术可生产低碱水泥，如低碱矿渣水泥、低碱粉煤灰水泥、低碱复合水泥；同时，可生产低热水泥，如低热矿渣水泥、低热粉煤灰水泥、低热复合水泥，或生产低热低碱矿渣水泥、低热低碱粉煤灰水泥、低热低碱复合水泥。

（3）生产高抗硫酸盐水泥

利用高效复合水泥添加剂技术大掺量矿渣（60%～70%），适量石膏，高细粉磨后即可制得符合标准要求的高抗硫酸盐水泥。

（4）改善水泥的性能

使用高效复合水泥添加剂大幅度增加了混合材掺量，更有效地消除了熟料中的 f-CaO，使水泥的干缩性、抗冻融性、抗渗性、抗碳化能力、抗侵蚀能力、颜色等方面得到了较大改善。

（5）生产缓凝水泥或超缓凝水泥

高速公路建设、大体积混凝土建设都需要使用缓凝或超缓凝水泥，用缓凝型高效复合水泥添加剂即可简单地生产上述水泥。

（6）生产绿色环保型水泥

大量利用工业废渣，变废为宝，节约资源，减少污染，生产绿色环保型水泥。部分厂家利用高效复合水泥添加剂技术生产数据见表 3-2-51。

表 3-2-51　部分厂家利用高效复合水泥添加剂技术生产数据

熟料 (%)	石膏 (%)	沸石 (%)	矿渣 (%)	炉渣 (%)	粉煤灰 (%)	石灰石 (%)	外加剂 (%)	比表面积 (m²/kg)	3d（MPa）		28d（MPa）	
									抗折强度	抗压强度	抗折强度	抗压强度
46.2	5	—	15	—	28	5	0.8	335	4.2	19.0	8.0	41.0
44.2	5	20	25	—	5	—	0.8	340	4.1	19.2	8.2	39.0
49.2	5	—	10	—	35	—	0.8	330	4.3	18.5	7.8	38.0
24.2	5	—	40	—	30	—	0.8	400	4.4	16.0	8.0	39.2
24.2	10	—	60	—	—	5	0.8	360	4.3	16.2	7.9	37.8

大量利用工业废渣，不仅降低了水泥生产成本，而且有效地改善了水泥性能，增加了水泥的耐久性。

（7）生产其他特种水泥

用硅酸盐水泥熟料、铝酸盐水泥熟料或者硫铝酸盐水泥熟料掺加添加剂生产特种水泥无疑是方便易行、成本较低的方法。例如用硅酸盐水泥熟料掺加膨胀剂生产膨胀水泥或自应力水泥；用硅酸盐水泥掺加速凝剂生产初凝在 3min 之内、终凝在 10min 之内的速凝水泥，用于喷射混凝土；用硫铝熟料掺加促凝早强剂生产特快硬水泥，用于抢修快建等。

（8）生产高活性掺和料

将工业废渣或矿物材料烘干后，加入具有激发性能的高效复合水泥添加剂，经高细粉磨即可生产高活性掺和料。

（9）应用高效复合添加剂注意事项

1）按 $0.6\%\sim1.0\%$ 的比率（粉状）计量，均匀加入水泥磨中，与熟料、石膏、混合材等共同粉磨；

2）入磨物料综合水分含量 $\leqslant1.5\%$；

3）水泥粉磨细度 $\leqslant5\%$，比表面积 $\geqslant320m^2/kg$。比表面积越大，效果越好；

4）混合材的种类以矿渣效果最好，其次是火山灰、煤矸石、粉煤灰等；

5）需通过试验，找出石膏最佳掺入量；

6）尽量提高水泥中 Al_2O_3 含量。

4. 试验实例

碱矿渣水泥在苏联已应用多年。我国重庆建筑大学与南京工业大学等也已经对碱-矿渣水泥进行了研究，开发制作早强、高强水泥。这种水泥除早强、高强外，还具有极好的耐久性。因为 $NaOH$、KOH、$Ca(OH)_2$ 等碱激发使矿渣粉中铝、镁、钙形影不离的结构中的 $Si—O$、$Al—O$ 键断开，使硅、铝离子加快溶出，当有石膏时生成 AFt，加快了矿渣水化。碱激发矿渣的最终生成物是钠钙铝硅酸盐、钠铝硅酸盐、钠钙铝铁硅酸盐等沸石，均是造岩矿物，因此有很好的耐久性。由于矿渣的资源有限，且大量用作普通硅酸盐水泥及矿渣水泥等的混合材，矿渣价格上涨，而我国粉煤灰资源丰富，若不进行合理利用，会造成严重的环境污染。使用液体碱（如水玻璃）作碱激发剂，具有使用不方便、凝结时间难以控制等缺点。为此，我们进行了用固体碱激发剂制备矿渣粉煤灰水泥及混凝土的研究。

（1）原材料及试验方法

1）原材料

①矿渣：NJ9424 厂的水淬粒化高炉矿渣，其化学成分见表 3-2-52。

表 3-2-52　矿渣化学成分　　　　　　　　　（%）

SiO_2	Fe_2O_3	TiO_2	Al_2O_3	CaO	MgO	其他
33.27	2.74	0.48	12.17	39.98	1.38	3.58

②粉煤灰：YC 发电厂干排灰，其化学成分见表 3-2-53。

表 3-2-53　粉煤灰化学成分　　　　　　　　　（%）

SiO_2	Fe_2O_3	Al_2O_3	CaO	MgO	烧失量
55.73	6.18	26.50	3.50	2.02	4.50

③固体碱（$NaOH$）：LYG 碱厂，工业原料。

④复合外加剂：由无机和有机外加剂复合。

⑤砂：Ⅱ区中砂，细度模数为 2.6。

⑥石：5～15mm 碎石。

2）试验方法

采用 $\phi500mm\times500mm$ 的试验磨，将矿渣和固体碱性激发剂、复合外加剂按一定比例入磨粉磨 40min，其 0.080mm 方孔筛筛余为 2.6%，比表面积为 385m²/kg，一次磨好备用，测定其标准稠度用水量、凝结时间及各龄期的强度。

混凝土配合比为水泥∶砂∶石∶水＝1.4∶1.4∶1.7∶0.36；试件尺寸为 100mm×100mm×100mm。

3）试验结果与分析

①粉煤灰的掺量对单掺 NaOH 的碱-矿渣水泥性能的影响。

粉煤灰掺量对碱-矿渣水泥强度的影响见表 3-2-54，对标准稠度用水量及凝结时间的影响见表 3-2-55。

表 3-2-54　粉煤灰掺量对碱-矿渣水泥强度的影响

粉煤灰（％）	抗压强度（MPa）			抗折强度（MPa）		
	3d	7d	28d	3d	7d	28d
0	49.0	59.2	67.8	8.35	10.60	11.10
10	44.2	54.8	64.1	9.88	11.40	12.40
20	42.1	54.8	61.3	8.85	10.40	11.90
30	10.0	47.6	60.0	8.37	9.80	10.70
40	36.2	47.2	58.2	6.73	9.60	10.20
50	31.2	43.8	55.8	6.57	8.20	8.40

表 3-2-55　粉煤灰掺量对碱-矿渣水泥标准稠度用水量及凝结时间的影响

粉煤灰（％）	标准稠度（％）	初凝（min）	终凝（min）
0	25.82	50	82
10	26.00	102	191
20	26.56	120	176
30	28.22	171	300
40	28.22	310	415
50	28.59	362	512

由表 3-2-54 可以看出，随着粉煤灰掺量的增加，水泥的抗压强度不断下降，这主要是由于粉煤灰的活性较矿渣难于激发，但由表 3-2-55 可以看出，掺入 10％粉煤灰时，抗折强度有所提高；而当粉煤灰的掺量为 20％～30％时，水泥抗折强度与不掺相比，变化不大。

由表 3-2-55 可以看出，随着粉煤灰掺量的增加，水泥的标准稠度用水量不断增加，这有利于改善矿渣水泥的泌水性能。随着粉煤灰掺量的增加，水泥的凝结时间得到进一步延长，当掺量为 20％时，初凝时间为 120min，终凝时间为 176min，凝结时间更趋合理。

由此可见，掺入 20％～30％的粉煤灰，可制备 52.5 级碱-矿渣水泥，并且凝结时间较合理。

试验过程中发现，当掺入 20％～30％粉煤灰后，对于 NaOH 激发的碱-矿渣水泥的表面泛碱及疏松现象已基本消除，其原因主要是由于粉煤灰的掺入改善了碱-矿渣水泥的泌水性能，从而使水泥表面的强度和试块内部一样得到发展。

②固体碱激发矿渣粉煤灰混凝土的性能

表 3-2-56 为四种不同配比的碱-矿渣水泥及碱-矿渣粉煤灰水泥配制的混凝土的性能，表 3-2-57 为不同碱用量配制的碱-矿渣水泥及碱-矿渣粉煤灰水泥混凝土的性能，其配比除 NaOH 外，其余同表 3-2-56 的 b 和 d。

由表 3-2-56 可以看出，四种水泥都可以用来配制较高强度的混凝土，b 和 d 两种较好，这进一步证明采用复合外加剂的效果较好。用 20％粉煤灰代替矿渣粉配制的混凝土 28d 强度下降幅度很小，说明用粉煤灰代替部分矿渣来配制碱矿渣混凝土是完全可行的，而且可以降低混凝土成本。由表 3-2-56 中还可看出，掺入 5％的石膏不仅可以提高碱矿渣水泥混凝土的早期强度，还可改善混凝土的表面泛碱及疏松现象。

另外，对于该类混凝土的养护与普通硅酸盐混凝土有些区别，脱模以后不能将其立即放入水中养护，否则强度会大幅度降低。3d 以后的水中养护与在湿空气中养护，强度相差不大。

表 3-2-56　四种水泥配制的混凝土的性能

水泥种类	坍落度（cm）	泌水情况	抗压强度（MPa）				凝结时间（h：min）		混凝土表面情况
			7d	28d	3月	6月	初凝	终凝	
a	5	多	19.3	36.1	41.5	39.7	2：35	5：25	起粉多
b	4	较少	36.9	42.8	58.8	62.0	4：05	8：48	起粉少
c	2	较多	23.2	32.0	48.5	53.0	6：03	11：13	粉较多
d	1	无	29.6	41.8	56.4	54.8	2：58	10：36	起粉少

由表 3-2-57 可以看出，随着 NaOH 用量的增加，混凝土的成型性能变好，7d 和 28d 抗压强度都有所提高，但提高幅度不大。从混凝土的表面情况及经济角度来看，NaOH 的用量以 5％～6％为宜。同样，用 20％粉煤灰代替矿渣也是完全可行的。该混凝土的抗折强度比普通混凝土高，其弹性模量与普通混凝土相近，耐磨性较好，因而用于修筑道路较好。

表 3-2-57　7 种水泥配制的混凝土的性能

水泥种类	NaOH用量（％）	坍落度（cm）	抗压强度（MPa）		抗折强度（MPa）	棱柱抗压强度（MPa）	弹性模量（10⁴MPa）	表面情况	钢筋锈蚀情况	成型性能
			7d	28d	28d	28d	28d			
b	3.67	3	26.4	35.3	—	—	—	起粉	不锈	一般
b	5.16	3	26.6	38.8	—	—	—	起粉少	不锈	较好
b	6.45	3	28.6	39.2	7.2	33.5	3.13	不起粉	不锈	好
b	7.74	4	34.8	39.9	—	—	—	不起粉	不锈	好
d	3.87	4	30.1	38.9	—	—	—	起粉少	不锈	一般
d	5.16	4	30.8	40.1	—	—	—	起粉少	不锈	较好

续表

水泥种类	NaOH用量（%）	坍落度（cm）	抗压强度（MPa）		抗折强度（MPa）	棱柱抗压强度（MPa）	弹性模量（10⁴MPa）	表面情况	钢筋锈蚀情况	成型性能
			7d	28d	28d	28d	28d			
d	6.45	5	33.2	41.7	6.7	32.9	3.95	不起粉	不锈	好
d	7.74	6	33.8	42.9	—	—	—	不起粉	不锈	好

③经济效益分析

以现行的市场价格进行计算，生产碱-矿渣粉煤灰水泥所需的矿渣 79 元/t，固体碱性激发剂 1400 元/t，外加剂 1500 元/t，粉煤灰 30 元/t，电耗 30kW·h/t，综合成本约 140 元/t，比硅酸盐水泥的生产成本低 30%～40%，如果采用废碱液制备混凝土，成本更低；另外，生产这种水泥能够变废为宝，减少环境污染，生产工艺简单，不需要窑炉煅烧，只需球磨机等主要设备。

④结论

采用固体碱激发剂制备矿渣粉煤灰水泥时，复合外加剂的适宜掺量为 1%，固体 NaOH 适宜量为 5%～6%，矿渣为 75%～85%，粉煤灰为 15%～25%，石膏为 2%～5%。

掺入 15%～25%的粉煤灰代替矿渣制备的碱-矿渣粉煤灰水泥混凝土强度降低幅度不大，还可改善水泥混凝土的表面性能，降低生产成本，技术经济效益显著。

（四）碱-集料反应膨胀破坏及其防治

20 世纪 20～30 年代，美国加州的一些建筑结构在建成后几年内就有一些开裂。1945 年，Stanton 证实了碱-集料膨胀反应是引起这些破坏的主要原因，之后发现这些混凝土结构中高碱水泥和蛋白石质集料是共同使用的。由于碱-集料反应而造成的混凝土开裂在其他国家也时有发生。1957 年，碱-碳酸盐反应作为另一种有害的膨胀反应由 Swenson 发现。从此以后，世界各地召开了许多国际会议来讨论由于碱-集料膨胀所造成的混凝土的破坏。

1. 碱-集料反应定义

碱-集料反应（AAR）是混凝土中的碱与集料中的活性组分之间发生的膨胀性化学反应。

AAR 按活性组分类型可分为碱-硅酸反应（ASR）和碱-碳酸盐反应（ACR）。碱-硅酸反应是由蛋白质、玻璃质的火山岩以及含 90%以上硅的岩石反应产生的。碱-硅酸反应和碱-碳酸盐反应的不同之处在于反应产物不同。能发生碱-硅酸反应的岩石包括硬砂岩、硅质黏土岩、硬绿泥石。

混凝土发生碱-集料反应后会出现圆形裂纹，同其他反应的破坏特征相似。反应过后，会在混凝土表面形成凝胶，干燥后为白色的沉淀物。碱-集料反应多在混凝土浇筑几个月或几年后发生。

2. 碱-硅酸反应机理

许多从事混凝土研究工作的科研人员对碱-集料反应可能的机理进行了研究和论述。在水泥中，碱的存在使 pH 提高到 13.5～13.9。有研究表明，由高碱水泥制成的混凝土其溶液中氢氧化物的浓度是低碱水泥溶液的 10 倍，是饱和 $Ca(OH)_2$ 溶液的 15 倍。一般来说，反应的第一阶段为 OH^- 使活性二氧化硅发生水解形成碱-二氧化硅凝胶，接下来水被凝胶吸附，这使得体积增大。水泥是混凝土中碱的主要来源，但其他来源也不容忽视。拌和水、海水、集料中可能的活性矿物组分，如伊利土、云母或长石、地下水、化冰盐以及外加剂都是碱的来源。混凝土中的活性组分可分为硅质活性组分（硅质活性集料）和碳酸岩活性组分（碳酸岩活性集料）。

一些被认为是具有碱活性的天然矿物包括蛋白石、玉髓、火山性玻璃、硅质水泥、微晶石英和白云石等活性岩石。有些外加剂，如 $CaCl_2$ 基的组分和超塑化剂可能加剧碱与二氧化硅的反应。

ASR 膨胀是混凝土中的碱与含有硬砂岩（含有长石或黏土的白砂石）或如硅石一样分层的集料反应的结果。活性的硅酸盐和其他矿物也能与碱溶液反应。在高 pH 条件下，含有硅酸盐（沸石和黏土矿）的反应曾有人研究过，但这些反应对碱-集料膨胀的重要意义仍不清楚。

3. 抑制碱-集料反应的外加剂

（1）化学外加剂

1）锂盐化合物

国际上，关于使用化学外加剂减缓混凝土碱-集料膨胀的研究工作，已经取得很大进展。使用碱-集料反应抑制剂时，需注意的是，所选用的外加剂不能影响混凝土的其他物理或化学性能。

锂盐对抑制碱-集料反应引起的膨胀最为有效，一些有机化合物对抑制碱-集料反应产生的膨胀也有作用。有机化合物中最有效的膨胀抑制剂是甲基纤维素和水解蛋白，相反，乳酸则会加大膨胀。已有的研究结果表明，锂盐、硫酸铜、铝粉、某些蛋白质相抑制剂可以显著降低 AAR 膨胀。氢氧化锂是一种能有效地降低由 ASR 引起的膨胀的外加剂。

更多研究发现，$LiOH$、$LiNO_3$ 和 Li_2CO_3 都能降低 AAR 膨胀。在这些化合物中，Li_2CO_3 比其他物质更有效。膨胀抑制作用依赖于锂钠比，必须测定化合物的长期影响，并且需要确定其最佳配比。在各种锂化合物相对影响被证实以前，有必要进行一些可靠的预测性试验。

2）非锂盐化合物

目前关于非锂盐化合物抑制 AAR 膨胀的研究工作亦取得了较大进展，对二元外加剂体系的研究工作也在进行之中。研究证实，包含各种阳离子的磷酸盐在内的多种化合物，具有非常好的抑制 AAR 膨胀的效果，尤其对抑制 ASR 膨胀更为有效。

研究显示，在混凝土中掺用引气剂，能提高混凝土抵御 AAR 膨胀的能力，这是由于混凝土中引入的微小气泡可容纳反应产物从而减小膨胀应力发展。引气剂掺加 3.6% 可以使膨胀值降低 60%。由此可以推断，混凝土中的多孔集料也能减少 AAR 膨胀。

柠檬酸、蔗糖等缓凝剂与引气剂共同应用使 AAR 膨胀的降低量比它们任何一种单独使用的效果更加显著。

Na 和 K 的硫酸盐、氯化物和碳酸盐对抑制 AAR 膨胀无任何效果，而 Na 和 K 的硝酸盐则是有效的膨胀抑制剂。

硅烷可以显著地降低碱-集料反应膨胀。

（2）矿物外加剂

1）硅灰

关于硅灰对 AAR 膨胀的抑制作用，存在相互矛盾的试验结果。尽管在水泥水化早期，少量的硅灰可有效防止 AAR 反应，但在长期使用中，当硅灰掺量较高时，硅灰本身也将成为混凝土中发生碱-集料反应的碱的来源。硅灰的有效性依赖于其组成（SiO_2和碱含量）、用量、碱-集料反应的类型以及水泥的品种、细度和碱含量。

通过硼硅酸玻璃光谱试验发现，硅灰作为矿物外加剂时有 0.008％的收缩。如果将 0.1％的膨胀作为允许的膨胀上限指标，那么就需要体积比为 10％的硅灰置换率，有研究认为硅灰是矿物外加剂中最有效的 AAR 抑制剂。

以破碎的硼硅酸玻璃作为集料，发现当火山灰是一种高表面积的类型（例如硅灰）时，抑制反应只需要少量的外加剂。使用冰岛的砂子和含碱当量 1.39％的水泥做长期膨胀测量，结果显示在 7.5％和 10％的硅灰掺量时，3 年后的膨胀都是 0.06％。

采用的温度是 25℃和 50℃，而不是标准的 38℃。硅灰对水泥的置换率为水泥质量的 0～40％。试验温度为 50℃时的试验结果表明，用硅灰代替水泥显著地降低了膨胀，但要控制蛋白石的 ASR 膨胀至少需要 20％的置换率。然而，研究数据显示，当硅灰替代量为 15％时，加入超塑化剂可能会削弱硅灰抑制 ASR 膨胀的作用。

比较了粉煤灰、矿渣和硅灰在抑制 AAR 膨胀方面的有效性，以含有泥岩的砂浆为对比试件，硅灰掺量为 5％、10％和 15％时，膨胀分别降低 4％、68％和 83％。在含有白云石质石灰石的混凝土中，膨胀则分别降低 40％、48％和 54％。

测试湿热和干热条件下硅灰混凝土的变形性能。试验用混凝土中水泥的含碱量为 1％，掺用 15％的硅灰取代砂子，并掺用 10％的微细二氧化硅。微细二氧化硅的加入，使 40d 时的膨胀由 0.732％降低到 0.273％。试样上裂缝的形成规律如下：在 0.159％的膨胀（27d）时出现细小裂缝，而在 0.26％的膨胀时出现可见裂缝。在控制试样中，膨胀为 0.046％（7d）时，出现了可见的裂缝。由此可得出如下结论：评价矿物外加剂抑制碱-二氧化硅反应膨胀的有效性时，应考虑的指标是控制膨胀应变、控制开裂、保持混凝土的强度和模量以及控制结构变形。

前面已经提及，混凝土中含有空气可降低由于碱-集料反应引起的膨胀，这是因为碱-二氧化硅凝胶占据了孔隙。而硅灰相抑制剂可降低膨胀，两者复合使膨胀值的降低量最大。

矿物外加剂抑制 AAR 的机理是：当 C-S-H 的 CaO/SiO_2 比值接近于 1.2 或更小时，水泥水化产物对 Na_2O 的容纳量会增加，而 OH^- 浓度会下降；不含矿物外加剂时，水泥水化过程的这个比值大约是 1.5。

用高压技术对空隙溶液的直接测量证明，掺量仅 5％的硅灰也可使 OH^- 浓度降低到 0.3mol/L 的水平，硅灰的存在使 pH 和 OH^- 浓度下降。

基于对含有硅灰的水泥浆体的形态学研究，可以得出如下结论：硅灰形成了近似于碱-二氧化硅凝胶的含碱的水化硅酸盐微晶，这种物质的膨胀性能与其钾含量有关，它不产生膨胀，因为它占据了浆体中可能的空间，并且是在水泥仍具有塑性时形成的；但在长期使用时，硅灰混凝土的膨胀速率显著增加，此时对 ASR 的控制能力下降，可能是因为碱在低 CaO/Si 高碱火山石灰质的 C-S-H 存在时被吸附，然后在后期被释放出来。尽管掺用硅灰有效降低了混凝土 ASR 的潜在危害，但仍需要长期测试以确定所有影响硅灰有效性的参数。

2) 粉煤灰

粉煤灰的火山灰活性依赖于其细度和玻璃质含量。混凝土中的粉煤灰能降低 AAR 膨胀，其有效性与碱浓度有关。粉煤灰中无定形的玻璃体含量也是影响碱-二氧化硅反应的一个关键因素。

为评价粉煤灰作为碱-集料反应膨胀抑制剂的作用，应考虑以下几个因素：粉煤灰中的 R_2O 含量有加速碱-集料反应的趋势；石英和莫来石则会降低混凝土中的总碱量。若水泥中含碱 1.2%，而粉煤灰中含碱量高达 4%，那么 20% 的粉煤灰即可控制碱-集料反应的膨胀。近两年的研究表明，矿渣对 ACR 所起的作用大于对 ASR 所起的作用。与之相反，硅灰和天然火山灰在降低 ACR 膨胀方面的有效性要低于它们对 ASR 的作用。

3) 矿渣

矿渣中含有硅酸盐、铝硅酸盐等物质。粒化高炉矿渣是一种玻璃体物质，由熔融的矿渣急冷而得，矿渣的化学成分依赖于所制生铁的类型以及铁矿石的类型。

众多试验研究证实了矿渣对碱-集料膨胀控制能力的有效性，但是关于矿渣对碱-碳酸盐反应的影响尚存在争议。对矿渣抑制膨胀的作用机理存在一系列假说，包括稀释的影响、火山灰的作用、C-S-H 相中碱的富集、C-S-H 相中 C/S 比的变化、氢氧化钙作用的变化以及矿渣水泥混凝土渗透性降低的作用。矿渣的存在使膨胀降低，在掺量为 60% 时，膨胀降低最显著，如果要求 1 年膨胀量小于 0.1%，那么至少需要 60% 的矿渣来控制膨胀。

矿渣中的碱对 ASR 所起的作用决定了总膨胀量。根据研究，矿渣提供了总碱量 50% 的碱参与 AAR。尽管矿渣对降低由 ASR 引起的膨胀很有效，但它对降低 ACR 膨胀的影响仍有待继续研究。

概括地说，可以认为引入大量矿渣对降低碱-二氧化硅反应产生的膨胀是有效的，并且在某些情况下对抑制碱-碳酸盐反应是有利的，此作用的机理由稀释作用、矿渣本身的固有性质以及矿渣中的碱含量决定。

4) 其他硅质外加剂

除了硅灰、粉煤灰和矿渣，还有许多天然的或加工的硅质材料可用于降低碱-二氧化硅反应引起的膨胀。由于这些材料的加入，混凝土孔隙中 OH^- 浓度很快降低。

试验测试稻壳灰作为高活性火山灰质材料使用时防止 AAR 破坏的效果，试验所用稻壳灰的比表面积约 $50 \sim 60m^2/g$。研究发现，掺用 15% 稻壳灰可使膨胀降低约 95%。天然火山灰质材料也被用于控制易产生碱-集料反应的混凝土体系的膨胀，硅藻土和沸石质材料已被用来抑制 AAR 膨胀。此外，烧黏土具有火山灰活性，已有研究表明，烧黏土可以降低 ASR 膨胀。

4. 碱-集料反应的预防

(1) 使用原则

总体来说，预防混凝土发生碱-集料反应，应遵循以下原则：

1) 避免高碱量，使用低碱硅酸盐水泥，掺用矿物外加剂；

2）避免使用活性集料（含无定形硅）；

3）控制水分渗入；

4）优先选用锂盐外加剂拌制混凝土或对现存混凝土进行处理。

（2）预防措施

预防碱-集料反应，建议采取下列措施：

1）应选用碱含量低于0.6%的低碱水泥。使用具有潜在碱活性的集料时，应尽可能选用碱含量低于0.4%的低碱水泥。

2）用粉煤灰、火山灰或磨细矿渣微粉取代水泥拌制混凝土，可抑制碱-集料反应。掺用粉煤灰或火山灰质材料时，它们对水泥的置换率应不小于25%，最大取代率宜控制在40%左右，因为高掺量粉煤灰或火山灰既给施工造成困难，又使混凝土早期强度降低。限定粉煤灰及火山灰质材料最大含碱量为1.5%。建议磨细矿渣微粉对水泥的置换率为40%～50%。

3）锂盐外加剂可减少ASR膨胀破坏，但主要推荐使用安全且无其他不利副作用的锂盐。

4）防止ASR最好的方法是使用非活性集料。可通过选用长期以来被公认为优质的集料或通过检测途径确定。无论集料是否存在碱活性，都建议在混凝土中掺用粉煤灰或矿渣。

水泥资深专家、中国工程院院士唐明述教授建议，当集料具有碱活性时，可按下表参数值（表3-2-58）控制混凝土的碱含量。

表3-2-58　集料具有碱硅活性时混凝土的碱含量控制值　　　（kg/m³）

环境条件	一般工程	重要工程	特殊工程
干燥环境	不限制	不限制	<3.0
潮湿环境	<3.5	<3.0	<2.1
含碱环境	<3.0	用非活性集料	用非活性集料

第三节　利用水泥工艺外加剂技术合成低碳特种水泥

一、国内外部分特种水泥矿物组成与性能

（一）国内外部分特种水泥生产现状

硅酸盐类通用水泥因历史悠久、性能可靠和价格低廉而得到广泛应用，已成为当今最重要的建筑材料之一。世界水泥产量中95%以上是通用水泥，但这类通用水泥不适用或不完全适用于特种工程，如核辐射防护工程，海水侵蚀防护工程，水利电力工程，油气田固井工程，耐高温工程，装饰工程和耐酸、碱工程等。为此，世界各国都在致力于研究开发具有特殊性能和特种功能的新品种水泥，即"特种水泥"。目前，工业发达国家特种水泥产量一般占水泥总产量的5%～10%，我国约占2%。表3-3-1为我国和日本、美国、俄罗斯3个主要工业国家特种水泥的生产情况。

表 3-3-1　我国和主要工业国家特种水泥的生产情况

品种	生产情况							
	中国		日本		美国		俄罗斯	
	产量（万吨）	占比（%）	产量（万吨）	占比（%）	产量（万吨）	占比（%）	产量（万吨）	占比（%）
快硬高强水泥	25	0.10	355.2	4.2	232.8	3.6	1092.8	7.8
中低热水泥	90	0.38	113.8	1.4	—		—	
抗硫酸盐硅酸盐水泥	2	0.01	0.7	0	18.1	0.28	—	
油井水泥	70	0.29	1	—	296.7	4.6	252.9	1.8
白色硅酸盐水泥	150	0.625	40	0.47	30.1	0.47	78.9	0.56
膨胀和自应力水泥	40	0.17	80	0.93	20	0.31	40	0.28
道路硅酸盐水泥	20	0.08	—		—		—	
耐高温水泥	15	0.06	—		—		—	
合计	412	1.72	589.7	7.0	597.7	9.3	1464.6	10.4

注：未标注的为数据不详。

1. 特种水泥分类

国内外对水泥，特别是特种水泥的分类尚无定论。我国目前将水泥分为通用硅酸盐水泥和特种水泥两大部分。前者包括硅酸盐水泥、普通硅酸盐水泥、矿渣硅酸盐水泥、火山灰质硅酸盐水泥、粉煤灰硅酸盐水泥和复合硅酸盐水泥 6 个品种。特种水泥的分类比较复杂，大致有 3 种分类方法。一是以水泥主要矿物所属体系进行分类。迄今所有特种水泥均可归入硅酸盐、铝酸盐、硫铝酸盐、铁铝酸盐、氟铝酸盐和其他 6 个体系。二是按水泥功能进行分类，如快硬高强水泥、耐高温水泥、低水化热水泥等。但有些特种水泥，如油井水泥，很难用单一的功能予以命名。三是按水泥的用途分类，如油井水泥、装饰水泥等。但这种分类方法存在的问题更多，因为许多特种水泥，如快硬高强水泥、膨胀和自应力水泥等，用途非常广泛，很难用单一的特殊用途命名。为此，我国通常将第二种和第三种两种方法结合在一起进行分类。这样，特种水泥按其功能或用途主要可分为快硬高强水泥、低水化热水泥、膨胀和自应力水泥、油井水泥、耐高温水泥、装饰水泥和其他水泥 7 大类。按上述原则对我国特种水泥进行分类的情况见表 3-3-2。

表 3-3-2　我国特种水泥分类

体系	硅酸盐	铝酸盐	氟铝酸盐	硫铝酸盐	铁铝酸盐	其他
快硬高强水泥	快硬硅酸盐水泥	高铝水泥	型砂水泥	快硬硫铝酸盐水泥	快硬铁铝酸盐水泥	
	无收缩快硬硅酸盐水泥	快硬高强铝酸盐水泥	抢修水泥			
		特快硬调凝铝酸盐水泥	快凝快硬氟铝酸盐水泥			

续表

体系	硅酸盐	铝酸盐	氟铝酸盐	硫铝酸盐	铁铝酸盐	其他
膨胀水泥	膨胀硅酸盐水泥	膨胀铝酸盐水泥		膨胀硫铝酸盐水泥	膨胀铁铝酸盐水泥	含钙膨胀剂水泥
	无收缩快硬硅酸盐水泥					含铁膨胀剂水泥
	明矾石膨胀硅酸盐水泥					
膨胀和自应力水泥	自应力硅酸盐水泥	自应力铝酸盐水泥		自应力硫铝酸盐水泥	自应力铁铝酸盐水泥	
低水化热水泥	低热硅酸盐水泥					
	低热矿渣水泥					
	低热粉煤灰硅酸盐水泥					
	低热微膨胀水泥					
	抗硫酸盐水泥					
油井水泥	A、B、C、D、E、F、G、H、J级油井水泥及特种油井水泥					无熟料油井水泥
装饰水泥	白色硅酸盐水泥					无熟料水泥
	彩色硅酸盐水泥			彩色硫铝酸盐水泥		
耐高温水泥		高铝水泥				磷酸盐水泥
		高铝水泥－65				水玻璃胶凝材料
		高强高铝水泥－65				
		纯铝酸钙水泥				
		N型超早强铝酸盐水泥				
其他	道路硅酸盐水泥	含硼铝酸盐水泥	锚固水泥	低碱水泥		耐酸水泥
	砌筑水泥					氯氧镁水泥
	钡水泥					
	锶水泥					

2. 我国特种水泥发展过程

我国特种水泥的发展历史大致经历了仿造、自主开发和创新三个阶段。

中华人民共和国成立初期，我国仅有白色硅酸盐水泥一种专用水泥，几乎没有特种水泥的研究和生产。为了尽快满足恢复时期国民经济建设的需要，在短短几年内，我国科研技术人员仿照苏联产品研制了一批特种水泥，其中，大批量投入生产并得到推广应用的有快硬硅酸盐水泥、冷堵和热堵油井水泥以及符合苏联技术条件的大坝水泥。快硬硅酸盐水泥一直沿用至今，每年仍有8万吨产量。

1954 年，我国建立了综合性建筑材料研究机构，开始进行系统的水泥科学研究，水泥品种的研究也逐步从仿制进入自主开发阶段。此阶段研究开发的主要新品种水泥有以回转窑烧结法生产的高铝水泥、耐高温铝酸盐水泥、自应力硅酸盐水泥、浇筑水泥（1988 年制定专业标准时改名为无收缩快硬硅酸盐水泥）、明矾石膨胀硅酸盐水泥和 45℃、75℃、95℃、高温油井水泥系列。这些新品种水泥的大量投入使用，标志着我国特种水泥的发展趋于成熟。20 世纪 70 年代后，随着我国在熟料化学、水化化学和水泥石结构等方面理论研究的深入与突破，水泥行业在理论指导下创造发明了多种新品种水泥，为国民经济建设做出了特殊的贡献。重点品种介绍如下：

（1）以 $C_4A_3\bar{S}$、β-C_2S 和石膏为主要成分的硫铝酸盐水泥系列，包括快硬水泥、微膨胀水泥、膨胀水泥和自应力水泥 4 个品种。其中，快硬硫铝酸盐水泥曾用于建造我国南极长城考察站，经受了 -50℃ 的考验；以自应力硫铝酸盐水泥制备的输油、输气、输水管道（管径 86~800mm），迄今铺设总长度已达数千千米。

（2）以 C_4AF、$C_4A_3\bar{S}$、β-C_2S 和石膏为主要组分的铁铝酸盐水泥系列，包括快硬水泥、微膨胀水泥、膨胀水泥和自应力水泥 4 个品种。由于大量铁胶的存在，该品种水泥具有良好的耐蚀性和耐磨性，曾用于引滦入津输水工程、山东青岛海浪观测站和福建东山县防浪墙的建设，证明该水泥抗冻、抗侵蚀、抗冲刷效果明显。

（3）以 $C_{11}A_7 \cdot CaF_2$、β-C_2S（C_3S）和石膏为主要组分的氟铝酸盐水泥系列，包括型砂水泥、抢修水泥和快凝快硬氟铝酸盐水泥 3 个品种。在唐山大地震和对越自卫反击战中，利用该水泥快凝快硬的特点紧急抢修机场，保证了抗震救灾和军事行动的顺利完成。

（4）低热微膨胀水泥，它是所有低水化热水泥中水化热最低并兼有微膨胀性能的新品种水泥。1984 年，我国利用该水泥在浙江紧水滩围堰工程 81m 长块上通仓连续浇筑成功，被专家誉为奇迹，为优质、高速、低价建造混凝土坝开辟了新途径。

（5）自应力值达 10MPa 的高自应力铝酸盐水泥。用该品种水泥制造的高自应力水泥压力管（管径达 1m），于 1979 年在江西源港口电站使用，至今运转正常。与钢管相比，此类水泥造价低，耐久性明显提高。

（6）明矾石膨胀硅酸盐水泥。该水泥强度组分和膨胀组分匹配合理，相互依存，膨胀指数低，后期强度高，被成功用于毛主席纪念堂后浇缝工程及亚运会 13 项工程（包括奥林匹克运动中心看台、速滑馆防渗层和冷却板等），起到了良好的补偿收缩、抗裂防渗等作用。

国内还有许多著名工程成功地采用了特种水泥，如长江葛洲坝工程采用了多种低水化热水泥；成昆铁道采用了抗硫酸盐硅酸盐水泥；上海宝钢工程采用了无收缩快硬硅酸盐水泥；我国唯一的 7000m 超深气井采用了超深井水泥。特种水泥在以上工程中都取得了优质的使用效果，获得了国家或有关部门的好评。

（二）部分特种水泥的矿物组成及主要性能

经过 50 多年、几代人的不懈努力，我国已研究开发了 6 大体系、8 大类，共 60 余种特种水泥，在品种数量和研究水平方面跨入了世界先进行列，但目前这些品种还不能完全满足我国冶金、石油、化工、水电、建筑、机械、交通、煤炭和海洋开发等行业的需要。表 3-3-3 列出了我国部分特种水泥的矿物组成和主要性能特点。

表 3-3-3　我国部分特种水泥的矿物组成和主要性能特点

水泥品种		成分特点	主要性能
快硬高强水泥		硅酸盐系统：高 C_3S，高比表面积	凝结正常，高早强
		硫铝酸盐系统：$C_4A_3\bar{S}$，$\beta\text{-}C_2S$	凝结正常，甚高早强
		铁铝酸盐系统：$C_4A_3\bar{S}$，C_4AF，$\beta\text{-}C_2S$	凝结正常，甚高早强
		氟铝酸盐系统：$C_{11}A_7 \cdot CaF_2$，$C_4A_3\bar{S}$，$\beta\text{-}C_2\bar{S}$	凝结正常，特早强
低水化热水泥		低 C_3A，C_3S 适中或偏低	低水化热，低早强，高抗硫酸盐侵蚀
油井水泥		低 C_3A，C_3S	高温高压水热条件下，流动性好，高强度，稠化时间用外加剂调节
膨胀和自应力水泥		硅酸盐系统：外加 CA，CA_2，$C_4A_3\bar{S}$ 等	自应力较低，膨胀指数高，膨胀稳定期短
		铝酸盐系统：CA，CA_2	自应力很高，膨胀稳定期长
		硫铝酸盐系统：$C_4A_3\bar{S}$，$\beta\text{-}C_2S$	自应力较高，膨胀稳定期较短
		铁铝酸盐系统：$C_4A_3\bar{S}$，C_4AF，$\beta\text{-}C_2S$	自应力较高，膨胀稳定期短，膨胀指数低
耐高温水泥		CA，CA_2（有时外加 $\alpha\text{-}Al_2O_3$）	在 1200～1750℃下具有良好的使用性能
装饰水泥		低 C_4AF	水泥呈白色，掺入各种有机、无机颜料后呈彩色
其他	低碱水泥	$C_4A_3\bar{S}$，C_4AF，CSH_2	液相 pH 低于 11
	道路水泥	低 C_3A，高 C_4AF	耐磨，抗折强度较高，干缩率较低
	耐酸水泥	硅酸钾、钠或硫黄	耐各种浓度的有机、无机酸
	氯氧镁水泥	氯化镁，氧化镁	轻质、高强、耐水性差

（三）我国特种水泥发展途径

1. 特种水泥发展存在主要问题

当前我国特种水泥的发展存在三个主要问题，具体如下：

（1）产量较低

我国特种水泥的产量与国民经济建设规模不相适应。2005 年，我国水泥总产量已经达到 10.7 亿吨，但其中特种水泥不足 5%。而日本特种水泥 1989 年产量为 500 万吨，占水泥总产量的 6.2%；苏联 1989 年特种水泥产量达 1460 万吨，占水泥总产量的 10.4%；美国 1980 年特种水泥产量达 580 万吨，占水泥总产量的 9.0%。据预测，我国对特种水泥的需求量约为 8%，目前离此目标还有很大距离。

（2）产品结构需调整

从特种水泥本身的产品结构看，与美国、日本和苏联等相比，我国装饰水泥和膨胀自应力水泥所占比率大体相当，油井水泥和水工水泥所占比率偏低，快硬高强水泥则严重短缺。国外此类水泥产量通常占 3%～8%，是各类特种水泥中产量最高的一类，而我国仅占 0.13%，是几乎产量最低的一类。

（3）工艺及装备急需更新

我国特种水泥生产的总体工艺水平和装备水平比较落后，在某种程度上甚至比硅酸盐类通用水泥的生产水平和装备水平还要低一些（与大中型水泥企业相比）。这主要是由于特种水泥产量较低，大多由中小型企业的小型中空回转窑生产。

2. 特种水泥发展途径

针对上述问题，结合我国国情，发展特种水泥应在以下几方面进一步强化：

（1）迅速增加特种水泥的生产和用量

根据我国的实际条件和需求，特种水泥产量将在今后 10 年内翻番。从水泥厂的生产能力看，达成这一目标不存在大的问题，因此，重点应放在扩大特种水泥的应用领域和使用量上，行业应特别重视开发各产业部门需求的特种工程材料，如煤炭工业需要的高水基充填材料和快硬泡沫充填材料；核工业需要的核废料固结料；化学工业需要的耐化学腐蚀胶凝材料；冶金工业需要的各种耐高温材料和高强高流动性二次灌浆材料；铁道部门需要的速凝膨胀性喷射材料等。这些特种工程材料均可通过现有特种水泥改性或复合使用各种外加剂加以实现。特种工程材料的大量使用将为特种水泥打开广阔的市场。增加特种水泥的生产和用量需要注意以下几点：

1）加强特种水泥的信息交流

为了迅速增加特种水泥用量，要大力加强对特种水泥的宣传和推广工作。我国国土辽阔，不少水泥生产和使用单位由于缺乏信息，不知特种水泥为何物。许多急需特种水泥的工程因为无法购买或不知何处生产而只能以通用水泥代替，其结果导致工程质量下降、寿命缩短，而特种水泥生产厂却又因为缺乏用户而产量有限。

2）对特种水泥的价格应有客观认识

特种水泥对原料要求较高，有时还需采用较昂贵的原料，加之生产工艺也较复杂，因此生产成本一般高于通用水泥。但只要其具有良好的性能，使用部门是能够接受的。但是，目前存在两种不正常现象：一是少数生产单位借特种水泥之名，漫天要价，使用户望而生畏，不敢使用；二是有些用户不切实际地要求生产单位降低特种水泥的价格，否则宁可以通用水泥代替，使生产厂家难以适从。这两种现象都不利于特种水泥生产和使用的正常发展。

3）设计、使用部门密切配合

工程设计部门在充分了解特种水泥的基础上，逐步将特种水泥列入设计施工规范，确保特种水泥使用的合法地位。有关部门应颁布相应的鼓励政策，对采用特种水泥、新材料的人员给予适当奖励。在大力宣传、开发和推广特种水泥的过程中，施工单位应特别注意扩大快硬高强水泥的用量。我国已成功研制有使用价值的快硬高强类水泥近 10 种之多，居世界之首，但年产量仅 25 万吨。实际上，我国具有快硬高强要求的工程很多，这类水泥只要有一个合理的价格和良好的性能，是大有用武之地的。今后十年内，只有将快硬高强水泥用量增加到 400 万吨，我国特种水泥的产量和产品结构才有可能逐步趋于合理。

（2）特种水泥的性能及其生产工艺的完善

我国现有水泥品种虽已基本满足各行业的需要，但在性能上仍有待改进和完善。如快硬高强类水泥，大多存在凝结时间过短的问题，不能满足日益发展的商品混凝土的要求，因此需要研究延长或调节凝结时间的有效技术途径；低水化热水泥则应在进一步降低水化热和赋予其适宜的膨胀性能上下工夫。除研制和生产国外已有的低热硅酸盐水泥外，还应通过熟料化学和水化化学的理论研究，寻求水化热更低的水泥体系。低水化热水泥理想的膨胀性能应具有集早期膨胀和后期膨胀于一身的"双膨胀"性能，从而能更有效地补偿冷缩和干缩。如何解决后期适量膨胀是一个重要的研究课题。我国油井水泥自1991年3月1日起等效采用美国石油学会标准后，对产品的质量要求大大提高，然而，目前我国即使是生产条件较好的大中型水泥厂，成品率也不高，为此，应研究改进生产工艺和装备，提高成品合格率，使产品质量达到美国和日本等国家的实物质量标准；应加强对膨胀自应力水泥膨胀机理的理论研究，充分掌握膨胀组分及其含量、水泥的使用或养护条件及与混凝土配制工艺对膨胀或自应力混凝土的膨胀量和稳定的影响，在此基础上稳定产品质量，保证膨胀和自应力水泥的安全和有效使用；白水泥的研究开发应以降低能耗、提高白度和强度为主要目标；彩色水泥的研究主要以开发耐久而鲜艳的颜料，并解决表面泛白问题为主；要稳定和提高现有各种耐高温水泥的质量，在此基础上开发 Al_2O_3 含量为 80% 以上的纯铝酸钙水泥，用来配制低水量和低水泥量的高性能耐火浇注料。

在生产工艺和装备方面，今后十年应致力于将特种水泥的生产工艺和装备水平提高一个台阶，配备必要的均化设施、精确的计量和检测仪器以及适当的自动控制手段，从而使我国特种水泥的质量稳定在较高的水准上。

（3）以节能为中心开展水泥品种研究

首先，开展特种水泥的研究应从探索水泥矿物着手，研究开发节能矿物，即低钙、低烧成温度及易磨性好的矿物和矿物体系，系统地研究其共存条件及工业生产的可能性。近年来，我国研究开发了贝利特系列等节能矿物体系，其性能各具特色，均已生产使用。今后，在使上述各体系性能进一步完善的同时，应以发展在原料来源、性能和价格上可与硅酸盐类通用水泥相匹敌的、烧成温度为 1000～1200℃ 的新体系作为长期目标。

其次，相关研究应利用工业废渣制备特种水泥，以达到节能利废的目标。目前，我国已成功研究出利用煤矸石生产快硬早强水泥、利用粉煤灰生产砌筑水泥和低热粉煤灰硅酸盐水泥，以及利用矿渣生产低热微膨胀水泥；用碱渣制备阿利特水泥的研究也已完成工业试生产，熟料烧成温度可降至 1100℃ 左右，但该水泥中 Cl^- 的存在形式及水泥中 Cl^- 的释放和扩散能力，以及对水泥生产设备和混凝土中钢筋的锈等问题尚待进一步研究。

我国每年排放各工业废弃物（包括黑色金属和有色金属尾矿）超过 12 亿吨，有些尾矿中含有较多的 Al_2O_3、Fe_2O_3 或微量元素，这就为发展低钙、低烧成温度的节能水泥和高效矿化剂提供了廉价原料。如果以工业废渣或尾矿为原料开发的节能改性硅酸盐水泥在价格和性能上能与传统硅酸盐水泥竞争，则有可能在今后 20 年内用改性硅酸盐水泥取代 50% 以上的传统硅酸盐水泥，每年至少可多利用废渣或尾矿 2 亿吨，真正实现循环经济的崭新局面。

利用工业废渣或尾矿应注意两个问题：一是废渣和尾矿成分波动较大，在水泥生产过程中需采用均化措施；二是加强环保措施、防止二次污染。部分工业废渣和尾矿往往具有一定的放射性，对其种类和掺量的选择应考虑使最终水泥产品包括放射性在内的环保达标。

（4）新型特种水泥的研究开发

新型特种水泥的研究开发应以优质高性能水泥、超低热水泥和高耐久性水泥为主要内容，这些新型特种水泥也是国际上研究开发的重点和发展趋势。日本小野田水泥公司的长期研究目标中就包括开发抗压强度为 300MPa、抗折强度为 100MPa 以及耐久性可保证 1000 年的水泥基材料。这些新型特种水泥的开发成功有可能引起工程界一场真正的革命。研究途径除探索新的水泥矿物系统外，还要用增强材料、高活性掺和料以及外加剂等加以解决。因此，用普通水泥掺加外加剂或外掺料来制备特种水泥，或用外加剂和增强材料大大改善特种水泥的性能，包括上述超高强、超低水化热和高耐久性等，也将是今后要研究的重要课题之一。

二、利用外加剂生产特种水泥

（一）用于特种水泥生产的外加剂

水泥工业是与国计民生关联十分密切的行业，走新型的工业化道路，走出一条科技含量高、经济效益好、资源消耗低、环境污染少、人力资源优势得到充分发挥的可持续发展新型工业化道路，是今后一段时期的战略目标。

水泥生产已经不再只是满足国民经济建设和人民的需求，而是要向"资源节约型、环境友好型"社会延伸，提倡最大限度地利用低品位的矿产资源、燃料与工业废弃物，大力推进新型干法水泥生产的工艺技术；开发大型化设备和消纳人类生活垃圾及工业废弃物的技术和设备，把分别粉磨、高细粉磨、外加剂技术、均化混合装置等先进的工艺、装备，整合、应用到水泥生产及其深加工领域；提倡最大限度地使用工业废弃物，使水泥生产向零成本甚至负成本发展，降低环境负荷，做到水泥工业对环境的零污染，利用外加剂（功能调节型材料）改善通用水泥的性能，满足混凝土对结构和特种工程的需要，使高性能混凝土和特种工程大量应用现代技术生产的新型合成特种水泥，以此推动混凝土及特种工程的发展。

国内用于合成特种水泥生产的部分外加剂见表 3-3-4。

表 3-3-4 用于合成特种水泥生产的部分外加剂

种类	主要作用	主要成分
调凝剂	调节凝结时间，调节水化、硬化	促凝剂：硫铝酸盐、水化碳铝酸盐碱等、Na_2CO_3；缓凝剂：硫酸盐、磷石膏
增强剂	提高强度	聚丙烯纤维
助磨剂	增大水泥比表面积，改变水泥颗粒组成，磨机节能高产	胺基、羟基、羧基的表面活性物质
激发剂	生产高等级水泥，大量利用工业废弃物节约资源，降低能耗，减少污染，保护环境，提高产量、质量，降低成本，改善性能	碱，硫酸盐 HY-I 型高效复合水泥添加剂
膨胀剂	在水泥硬化时产生体积膨胀，提供"膨胀组分"，产生强拉应力	硫铝酸钙类；氯化钙类；氯化镁类；复合膨胀类；氯化铁类；铝粉类
着色剂	改变颜色	各种颜料
增重剂	增加水泥的体积质量	$BaSO_4$
减轻剂	减轻水泥的体积质量	粉煤灰、硅藻土、膨润土

（二）利用外加剂生产特种水泥的品种

1. 快硬高强水泥

快硬高强水泥是种类较多的特种水泥。随着对氟铝酸钙和硫铝酸钙两种矿物研究的深化，水泥行业先后开发了以这两种矿物为基础的快硬水泥。为了实现烧成系统的节能高产，人们随即又开发了以 C_2S、$C_4A_3\bar{S}$、C_4AF 和 $C_{11}A_7 \cdot CaF_2$ 等低温烧成矿物为主的多种节能硅酸盐熟料，用它们制成的水泥也都具有早强快硬的特性。我国自主开发了快凝快硬硅酸盐水泥（含氟铝酸钙）、快硬硫铝酸盐水泥和快硬铁铝酸盐水泥等五大系列、十多个品种的快硬高强水泥，至今，已成为世界上少有的快硬高强水泥品种齐全的国家。

（1）双快型砂水泥

双快型砂水泥是一种快凝快硬、强度增长以小时计算的特种水泥，是专门用来黏结铸造用砂的一种新型无机黏结剂，又称作"小时水泥"。它是用以 C_3S 和 $C_{11}A_7 \cdot CaF_2$ 为主要矿物组成的水泥熟料，加一定量的无水石膏（天然硬石膏）和外加剂粉磨制成的。用双快型砂水泥黏结铸造用砂，具有造型简单、清砂容易、铸件几何尺寸准确、不产生缩沉、质量好、消耗少、成本低等优点，是铸造行业一项很有发展前途的新工艺。

（2）明矾石高强水泥

明矾石高强水泥是用硅酸盐水泥熟料、天然明矾石、硬石膏、矿渣和外加剂共同粉磨而成的微膨胀高强水硬性胶凝材料（比表面积为 $450\sim500\text{m}^2/\text{kg}$）。明矾石高强水泥早期强度增长快，后期强度增加幅度大，无收缩，结构致密，并具有优良的抗冻、抗渗性能，常用于军事工程和特种工程，配制高强混凝土。

（3）快凝快硬硅酸盐水泥

快凝快硬硅酸盐水泥是用以 C_3S 和 $C_{11}A_7 \cdot CaF_2$ 为主要矿物组成的水泥熟料，加一定量的硬石膏、稳定剂和激发剂粉磨制成（比表面积 $>500\text{m}^2/\text{kg}$）。快凝快硬硅酸盐水泥不仅在常温下具有较高的小时强度，而且在低温（$-2\sim5℃$）条件下也同样能发挥较高的早期强度。它具有微膨胀性，混凝土抗渗性好，磨损率大大低于普通水泥，常用于国防快速施工、飞机跑道、桥梁、隧道快速抢修和补强工程。

（4）快凝快硬氟铝酸盐水泥

快凝快硬氟铝酸盐水泥是用以 $\beta\text{-}C_2S$ 和 $C_{11}A_7 \cdot CaF_2$ 为主要矿物组成的水泥熟料，加一定量的硬石膏、稳定剂和激发剂粉磨制成（比表面积 $\geqslant550\text{m}^2/\text{kg}$）。它具有凝结硬化快，强度增长以小时计算的特点。快凝快硬氟铝酸盐水泥不仅在常温下具有较高的小时强度，而且在低温（$4\sim6℃$）条件下也同样能发挥较高的早期强度。它具有微膨胀性、混凝土抗渗性好、耐腐蚀性强的特点，常用于矿井锚杆工程、堵漏止水工程、飞机跑道、桥梁、公路快速抢修工程以及喷射混凝土工程。

（5）无收缩快硬硅酸盐水泥

无收缩快硬硅酸盐水泥又称"浇筑水泥"，它是一种改性硅酸盐水泥，是以优质硅酸盐水泥熟料、石膏、矿渣、助磨剂和膨胀剂粉磨而成（比表面积 $\geqslant400\text{m}^2/\text{kg}$）。它具有普通硅酸盐水泥所不具备的微膨胀和不收缩性能。这种水泥最适宜用于装配式钢筋混凝土框架浆锚节点的锚固和浇筑一般装配式建筑预制构件间的节点和接缝，以及浇注大型机械设备底座和地脚螺栓等，还可以用于抢修、补强和要求早强的工程。

（6）特快硬调凝铝酸盐水泥

特快硬调凝铝酸盐水泥属于铝酸盐水泥系列。它是以铝酸钙（CaO·Al$_2$O$_3$）为主要矿物的熟料、硬石膏和外加剂配制细磨而成（比表面积≥600m^2/kg）。它具有凝结、硬化快、小时强度高、微膨胀、抗冻和长期稳定性好等优良特性，常用于抢修机场、铁路、桥梁和海港工程，还用于堵漏、冬季快速施工工程。

（7）超高强水泥（DSP、MDF）

与金属材料相比，水泥的抗折强度低，作为结构材料使用时，必须用钢筋或其他纤维进行增强。针对这一问题，水泥科学家研制了两种超高强水泥：DSP水泥和MDF水泥。前者是硅酸盐水泥加硅灰和外加剂（超塑化剂）配制而成；后者是硅酸盐水泥与水溶性聚合物碾压拌和而成。与普通水泥相比，超高强水泥的抗压强度提高2～6倍，抗折强度提高3～14倍，其综合性能已接近陶瓷等烧结材料，应用于代替金属制管、柱、板、T型梁等。

2. 膨胀水泥

通用水泥配制的混凝土容易出现干缩、开裂现象，使建筑物产生渗漏，钢筋锈蚀，降低使用寿命。为了解决这一难题，水泥专家研制了膨胀剂，将普通水泥配制成膨胀水泥或膨胀混凝土，在潮湿条件下能产生适度的体积膨胀，对钢筋施加一定的拉应力，相反，对混凝土自身便产生了压缩作用，因而在混凝土中导入了一定的化学预应力（自应力），改变了混凝土的应力状态，大致抵消由于干缩和蠕变所产生的拉应力，从而达到混凝土的收缩补偿，提高其抗裂、防渗能力。

采用膨胀水泥和膨胀剂制备的混凝土，称之为膨胀混凝土，它分为补偿收缩混凝土和自应力混凝土两种。自应力混凝土在钢筋限制的情况下，能导入0.8～8MPa自应力，这种混凝土可制造压力管、钢筋混凝土铁道轨枕和自应力油罐等；补偿收缩混凝土常用于钢铁管道防腐层、自防水屋面、地下建筑及水利设施等防渗墙、锚接、补漏工程。

（1）膨胀硅酸盐水泥

膨胀硅酸盐水泥是由硅酸盐水泥熟料、二水石膏和膨胀剂共同粉磨制成的膨胀性胶凝材料（比表面积≥420m^2/kg）。膨胀硅酸盐水泥配制的混凝土硬化快，早期强度高，在水中养护膨胀率大，适用于紧急修补工程。

（2）明矾石膨胀水泥

明矾石膨胀水泥是由优质硅酸盐熟料、天然明矾石、石膏、矿渣、粉煤灰按适当比例混合粉磨而成（比表面积≥450m^2/kg）。这种水泥除具有良好的膨胀性、强度和抗裂防渗性能之外，还避免了快凝现象，可在混凝土中产生0.2～0.7MPa自应力，可以补偿收缩、填充在砂浆和混凝土的空隙中，提高结构工程的密实性。该水泥生产工艺简单、成本低、性能好，适用于地铁、人防、坝体、海港工程。

（3）石膏矾土膨胀水泥

石膏矾土膨胀水泥是由矾土水泥熟料、天然二水石膏和少量外加剂，按一定比例共同粉磨而成（比表面积≥450m^2/kg）。该水泥砂浆和混凝土在常温下硬化，早期强度增进率比同一强度等级的普通硅酸盐水泥的混凝土高25％～35％，膨胀性能良好，常用于防渗工程、梁柱修补工程及基础连接、水池接缝工程。

3. 自应力水泥

在水泥水化硬化过程中，以其体积膨胀来补偿水泥混凝土收缩为主的一类水泥，统称为膨胀水泥；而在水化硬化过程中，体积膨胀用以使水泥混凝土产生预应力为主的一类水泥，则称之为自应力水泥。

由于水泥混凝土的干缩值一般在 0.04% 左右，而其极限变形为 0.02% 左右，要求补偿收缩的混凝土，在所使用配筋条件下的膨胀值（即限制膨胀）稍大于 0.04%，并使混凝土最终建立少量的压应力（一般≤0.1kPa），或者使混凝土所受的拉力低于混凝土的抗拉强度，这样就可以防止混凝土的收缩开裂。

对用于产生预应力目的的自应力膨胀混凝土来说，理论上要求其建立的自应力，最好能达到机械预应力的水平（1.5kPa），但达到这一水平还要进一步研究。自应力水泥混凝土最适合于在三向限制条件下的制品或建筑中应用，最理想的制品为水泥压力管。目前，我国开发的用铝酸盐和硫铝酸盐自应力水泥配制的混凝土的自应力一般为 0.1～1kPa，用以制造各种大口径的自应力水泥输水、输油及输气压力管，这种自应力水泥压力管具有较高的抗渗（水、油、气）能力，由它代替铸铁管和部分钢管，从耐久性、经济性和实用性来说，都非常合理。

（1）自应力硅酸盐水泥

自应力硅酸盐水泥是由纯硅酸盐水泥或硅酸盐水泥熟料、矾土水泥或矾土水泥熟料、二水石膏和外加剂分别粉磨（粗磨），达到各自的细度要求后，按一定的配比，再一次混合粉磨到规定的细度要求（比表面积为 380～450m^2/kg）后制备而成。纯硅酸盐水泥或熟料是强度组分，强度等级应不低于 42.5MPa，其成分以高含量 Al_2O_3 和低含量 Fe_2O_3 为佳；石膏和矾土水泥是膨胀组分，石膏中 SO_3 含量在 37%～40% 以上，矾土水泥或熟料中 Al_2O_3 含量应不低于 40%，强度等级不低于 32.5MPa。在自应力水泥生产中，通过控制水泥细度、SO_3 和 Al_2O_3 含量来保证其质量，自应力水泥中不同的 SO_3 和 Al_2O_3 含量，养护方法和产生的预应力大小略有不同，因此在实际应用时，各自适合于不同的领域和工程。

（2）明矾石自应力水泥

明矾石自应力水泥采用优质硅酸盐水泥熟料、天然明矾石、天然无水石膏、外加剂（稳定剂），按一定的配比共同粉磨而成（比表面积≥500m^2/kg）。明矾石中 Al_2O_3 含量≥18%，SO_3 含量≥16%；天然无水石膏中 SO_3 含量≥48%；硅酸盐水泥或熟料是强度组分，天然明矾石和天然无水石膏是膨胀组分。明矾石自应力水泥生产工艺简单、成本较低、技术经济合理，适合于小型水泥企业开发。明矾石自应力水泥主要应用于水泥压力管制造。

4. 水工水泥

用于水下、地下、海港、大坝工程大体积混凝土施工用的水泥统称为"水工水泥"，我国以前也称其为"大坝水泥"。为与国际接轨，1989 年修订的国家标准《中热硅酸盐水泥低热矿渣硅酸盐水泥》（GB 200—1989）将其改名为中热水泥和低热水泥。

水泥水化过程是一个放热过程，在水下施工的大体积混凝土内部是一个绝热状态，水泥水化时可以使内部温度升高 20～25℃，若混凝土浇筑时的原始温度为 20℃，则水化升温后将达到 40～45℃ 或更高。施工结束后，由于热胀冷缩和基础约束等原因，外部冷却较快，内部和外部温差较大，混凝土各部将产生不一致的拉应力，一旦拉应力大于混凝土的抗拉极限强度时，立即产生裂缝，危及坝体等水下建筑物的安全。因此，工程要求在水下大体积混凝土施工用的水泥水化热越低越好，这也是对水工水泥最基本的要求，通常将这些水工水泥称之为低热水泥或中热水泥。

粉煤灰低热微膨胀水泥是由低水化热硅酸盐水泥熟料、粉煤灰、矿渣、适量的硬石膏和外加剂混合磨细而成（比表面积≥500m²/kg），是用于水工工程的水硬性胶凝材料。这种水泥最大的特点是熟料用量少，粉煤灰掺量多（粉煤灰与矿渣混合掺用总量达70％），水化热低且水化放热缓慢，水化热高峰延缓出现；在硬化过程中具有微膨胀性能，减少了总孔隙率，特别适用于大坝和大体积混凝土工程。

5. 油井水泥

在石油、天然气的勘探开发中，当钻机的钻孔深度达到设计要求后，需要停钻向井眼下管套，注入水泥混凝土完成固井工程，防止地下地层各种物质对井眼的破坏和侵蚀，保证井眼长期安全、稳定地输油输气。用于油田固井工程的水泥统称为油井水泥。

国家标准《油井水泥》（GB/T 10238—2015）把我国的油井水泥按抗硫酸盐的性能分为三种类型（普通型、中抗硫酸盐型和高抗硫酸盐型），又按水泥适应井下使用条件的不同，将其分为八个级别（A、B、C、D、E、F、G 和 H），同时，对各类、各级油井水泥的化学组成、生产过程中外加剂的掺量规定了具体的限值要求。

6. 其他种类

（1）纯铝酸钙水泥

纯铝酸钙水泥是一种耐高温水泥，耐火度达到 1650℃以上。生产纯铝酸钙水泥一般用纯铝酸钙水泥熟料、α-Al₂O₃ 和外加剂共同粉磨而成（比表面积≥500m²/kg），Al₂O₃ 含量高于 80％，从而提高了水泥的耐火度。

纯铝酸钙水泥早强性能良好，中温残存强度高，抵抗 CO、H_2、CH_4 等还原介质的侵蚀能力强，适用于配制高温、高压、还原条件下的不定性材料，是当前化工、冶金、建材等行业急需的高性能耐火浇注料的优质结合剂。

（2）低碱度水泥

在生产玻璃纤维增强水泥复合材料时，通常是将具有较高抗拉强度的玻璃纤维与较高耐压强度的水泥复合制成。普通硅酸盐水泥水化时，其碱度 pH 达到 12.5 以上，而玻璃纤维的耐碱性较差，经不起多长时间的腐蚀，就会变脆并丧失强度。因此，一方面需要生产抗碱的玻璃纤维，另一方面需要采用水化时析出少量或不析出 $Ca(OH)_2$ 的低碱度水泥。

低碱度水泥是将硫铝酸盐水泥熟料、硬石膏分别粉磨后，再按一定的比例配料和外加剂共同粉磨而成（比表面积≥500m²/kg）。一般情况下，低碱度水泥水化的碱度 pH≤10，使水泥介质对纤维的侵蚀大大降低。

（3）防辐射含硼水泥

由于原子能科学的迅速发展，放射性同位素技术在国民经济各部门已广泛应用。对人体危害的原子辐射中，主要有 α、β、γ 和中子四种射线，其中 α、β 两种射线穿透能力较弱、容易防护；但是 γ 和中子射线都对物体具有强烈的穿透能力，防护比较复杂。根据辐射与物质作用的基本原理，要有效地减弱 γ 射线，必须尽可能地增加重元素的数量；而减弱中子流，则主要依靠增加材料中的轻元素来达到。

硼是最优良的慢化中子流的吸收材料。防辐射含硼水泥是以铝酸盐水泥为基础、掺加经过煅烧的硼镁石、天然硬石膏、外加剂共同粉磨制成（比表面积≥400m²/kg）硼含量约为8%。由于该水泥富含氢和硼，可慢化中子流、吸收热中子，大量减少俘获辐射和屏蔽层的发热。它还可以与重骨料、含硼骨料等配制成容量较高的含硼水泥混凝土，具有防混合辐射、γ和中子射线的性能，可以用于原子能反应堆的生物防护层和中子应用实验室的防护墙等工程，在国防工程中使用已取得了防原子辐射的良好效果。

（三）利用外加剂生产特种水泥的生产技术

1. 膨胀硅酸盐水泥

渗漏开裂、钢筋锈蚀导致建筑构筑物寿命缩短是混凝土致命的弱点，其原因是水泥的干缩。为解决这个难题，科研人员在"水泥—混凝土—结构（功能）"系统中做了大量工作，研制出各种各样的膨胀剂，用其制备的混凝土就是膨胀混凝土，由于其体积膨胀，达到了混凝土的补偿收缩、抗裂防渗之目的。我国生产的膨胀水泥品种繁多，与国外同类产品比较情况见表3-3-5。

表3-3-5　我国明矾石膨胀水泥及日本、美国膨胀水泥的主要技术指标

水泥种类		凝结时间（h：min）		比表面积（m²/kg）	抗压强度（MPa）		抗折强度（MPa）	
		初	终		3d	28d	3d	28d
中国明矾石膨胀水泥	42.5	0：45	6：00	420	17.5	42.5	3.5	6.5
	52.5				24.5	52.5	4.0	8.0
	62.5				29.5	62.5	5.0	9.0
日本膨胀水泥		0：60	10：00	—	6.9	29.4	—	—
美国膨胀水泥	K 型	0：45	10：00		8.2	—	—	—
	M 型	2：00	10：00		8.2	—	—	—

注：日本膨胀水泥均为硅酸盐水泥掺膨胀剂。

膨胀硅酸盐水泥是由一定比例的硅酸盐水泥熟料、膨胀剂和天然二水石膏共同粉磨而成的一种膨胀性胶凝材料。

（1）生产原料

硅酸盐水泥熟料：要求硅酸盐水泥熟料28d抗压强度＞52.5MPa；膨胀剂：明矾石高铝水泥、矾土膨胀剂和瓷土膨胀剂等（根据工程需要选取一种）；石膏：一般为天然二水石膏，SO_3含量≥40%。

（2）生产工艺

生产硅酸盐膨胀水泥时，一般采用混合粉磨工艺，先将各种原料分别破碎到一定的细度，然后按比例加入磨机内共同粉磨而成。

（3）工艺参数

1）原料配比范围

硅酸盐水泥熟料：72%～78%；膨胀剂：14%～18%；天然二水石膏：7%～10%。

2）主要控制指标

水泥比表面积≥420m²/kg；水泥中 SO_3 含量＜5.0%。

（4）生产膨胀硅酸盐水泥的影响因素

1）硅酸盐水泥熟料的影响

硅酸盐水泥熟料是膨胀水泥的胶凝组分，在凝结过程中产生强度，其掺加量与熟料性能直接影响膨胀硅酸盐水泥的性能。

2）膨胀剂的影响

膨胀剂是膨胀水泥的膨胀组分，它的用量决定了水泥水化时形成钙矾石的数量，直接影响到水泥的膨胀和强度的发展。由于体积膨胀过程必将削弱水泥强度的发挥，膨胀剂用量减少，实际上就相应增加了强度组分用量，有利于提高膨胀水泥的强度。

3）石膏的影响

石膏也是膨胀水泥的膨胀组分，不同类型的石膏溶解度有很大的差别，因此，它们与膨胀剂作用形成钙矾石的时间和数量也就不同。所以，水泥生产中要特别注意掌握石膏的用量，严格控制石膏品质的波动范围，要求水泥中的 SO_3 波动在 $\pm 0.3\%$ 以内。膨胀剂与石膏的比值大于 1 较为合适，否则膨胀性能不太稳定。

4）比表面积的影响

膨胀水泥粉磨产品细度对膨胀性、不透水性和水泥强度都有较大影响。一般来说，水泥比表面积 $\geqslant 420 m^2/kg$ 时，早期膨胀小、膨胀稳定慢、不透水性差；水泥强度和不透水性随比表面积的增大而提高。在生产中常通过改变水泥的比表面积来调节膨胀和强度的增进速度，它是生产控制的重要环节之一。

5）养护条件的影响

不同的养护条件对水泥膨胀性能有显著影响。膨胀水泥成型后，在饱和湿气中养护时膨胀微小；在室温水中养护时，膨胀就大；在湿气中养护时间短、下水早，膨胀就大，即水泥的膨胀量是随下水时间的延长而递减。

6）外加剂的影响

使用适量的高效减水剂能降低膨胀硅酸盐水泥的用水量，改善它的和易性，因此，在水泥用量和混凝土和易性相同的情况下，适量高效减水剂的掺加能大幅度提高膨胀水泥强度，并能大幅度提高膨胀水泥的自应力，从而扩大了膨胀水泥的应用范围。

膨胀水泥主要应用于防水工程、接缝工程和修补工程。明矾石膨胀水泥曾用于毛主席纪念堂、首都国际机场、葛洲坝等工程，使用效果良好。用膨胀水泥作防水混凝土，可省掉防水材料，省工省料，耐久性好，大大降低工程造价和维护费用。

2. 油井水泥

在石油天然气的勘探开发中，优质的水泥质量对成功完井，保证生产井在其整个生产期有良好的采油条件，以及正确评价勘探开采油层和采气层的可能，均有重要的意义。我国地域辽阔，地形、地貌不同，地下岩层构造差异较大，为满足不同条件温度与压力梯度情况的固井，需各种性能的水泥完成固井。

（1）对油井水泥的技术要求

为了适应向正常岩层、低压裂岩以及高压油气层注水泥，油井水泥浆体应具有适宜范围的密度；制备后的水泥浆应有较低的稠度以及较好的沉降稳定性，以有利于水泥浆的泵送；水泥浆在不同的井温条件下，应具有足够的稠化时间和良好的可泵性，以确保注水泥的安全进行；当水泥浆到达被全部顶替管外环境的预定高度后，应迅速地凝结硬化，并具有足够高的抗压强度，而且能在长期时间内稳定；水泥在井下环隙硬化后，应是不透气和不透水的，并对含有不同侵蚀介质的地层水具有良好的抗硫酸盐性能；在井下环隙中硬化的水泥石，应有一定的韧性，以防射孔时产生震裂，与此同时，水泥环应能经得住注水、酸化和压裂等强化工艺措施的长期考验，而不失去其密封性。

（2）油井水泥的品种与级别

国家标准《油井水泥》（GB/T 10238—2015）规定，油井水泥分为 A、B、C、D、E、F、G、H 八个级别，适应于不同井深情况。

1）A、B、C、D、E、F 级油井水泥：由以水硬性硅酸钙为主要成分的硅酸盐水泥熟料，加入适量石膏和助磨剂磨细制成。在粉磨与混合 D、E、F 级水泥过程中，允许掺加其他适宜的调凝剂。

2）G、H 级油井水泥：由以水硬性硅酸钙为主要成分的硅酸盐水泥熟料，加入适量的石膏磨细制成。在粉磨和混合 G、H 级水泥过程中，不允许掺加任何其他外加剂。

G、H 级油井水泥是一种"基本油井水泥"，即在生产该种水泥时除允许掺加适量石膏或石膏和水外，不许掺入任何外加剂。G、H 级油井水泥是母水泥，适用于自地面至 2440m 深的注水泥，与促凝剂或缓凝剂一起使用，能适应于较大的井深和温度范围。只要生产母水泥，就可以配制适应不同井深的油井水泥。

（3）G、H 级油井水泥的生产

1）原料与燃料

石灰石：$CaO \geqslant 53\%$；黏土：$SiO_2 \geqslant 65\%$；$Al_2O_3 \leqslant 12\%$；铁粉 $Fe_2O_3 \geqslant 55\%$；砂岩（辅助材料）$SiO_2 \geqslant 90\%$；二水石膏 $SO_3 \geqslant 40\%$；燃煤：灰分 $\leqslant 15\%$。

2）生产工艺

与普通水泥相同，生产指标根据 G、H 级要求定。

3）生产注意事项

①煅烧采用"薄料快转，长焰顺烧"有利于固相反应充分进行；

②快速冷却有利于熟料晶体的有序排列和提高熟料活性；

③采用闭路系统粉磨，有利于控制水泥的细度，获得较好的水泥颗粒组成；

④粉磨过程中要注意水泥降温，以防石膏脱水，使水泥具有良好的稳定性。

一般油井水泥在高温、高压的水热条件下硬化时，水泥石的相组成及结构会发生明显变化，结果导致水泥石的机械强度急剧下降，无法满足高温、高压下注水泥工程的要求。为了满足这一特定条件下的需要，虽然可以烧制出一定特定矿物组成的水泥熟料磨制水泥，但是由于生产工艺复杂，而且成本很高，致使多数水泥厂无法生产这种水泥。所以，目前世界上大多数国家生产高温油井水泥及特殊油井水泥都是在基本油井水泥（G级或H级）的基础上，通过掺加适当类型的外加剂来实现。水泥厂只需生产一至两种基本油井水泥，通过掺加不同类别的外加剂，即可配制成不同级别并能满足不同注水泥工程所需要的油井水泥系列，这样就大大提高了水泥厂和油田注水泥工艺的灵活性，同时降低了生产成本。例如，D级油井水泥就可以用G、H级油井水泥掺加添加剂来配制，其物理性能完全符合油井水泥标准要求，可以使15～30min的稠度低，稠化时间延缓，大大改善水泥浆的流变性能，有明显的减阻效果，还可以实现低泵压下紊流固井，有效提高注水泥的顶替效果，保证固井质量。

利用外加剂技术完全可以生产特种水泥（专用水泥），生产模式为"基本材料（母料）＋添加剂＝特种水泥（专用水泥）"，其生产工艺简单，使水泥生产企业省时、省力且具有灵活性。外加剂技术改变了传统生产模式，推动"水泥—混凝土—结构（功能）"系统的发展，对其他种类水泥的生产有借鉴意义。

第四节　利用水泥工艺外加剂技术合成绿色高性能低碳水泥

一、利用外加剂煅烧绿色高性能水泥熟料生产技术

人口膨胀、资源短缺、环境恶化是当今社会可持续发展面临的三大问题。人类在创造社会文明的同时，也破坏了自身赖以生存的环境空间，自然资源的缺乏已成为阻碍世界经济稳定高速发展的主要因素之一。世界各国正在为此寻求各种有效的解决途径，国际材料科学与工程界从材料的研究、制备和使用等方面为此已做了大量的工作。

1988 年，第一届国际材料科学研究会提出了"绿色材料（Green materials）"的概念。1992 年，国际学术界明确提出，绿色材料是指在原料采取、产品制造、使用或者再循环以及废料处理等环节中对地球环境负荷最小和有利于人类健康的材料。

1988 年，我国在生态环境材料研究战略研讨会上提出生态环境材料的基本定义为：具有满意的使用性能和优良的环境协调性，或者能够改善环境的材料。所谓环境协调性是指所用的资源和能源量最少，生产与使用过程对生态环境的影响最小，再生循环率最高。

1994 年，我国政府通过了《中国 21 世纪议程——中国 21 世纪人口、环境与发展白皮书》，其中明确指出："人口剧增、资源过度消耗，环境污染，生态破坏和南北差距扩大日益突出，成为全球性的重大问题，严重阻碍着经济的发展和人民生活质量的提高，继而威胁着全人类的未来和发展。""中国是在人口基数大，人均资源少，经济和科技水平都比较落后的条件下实现经济快速发展的，使本来就已短缺的资源和脆弱的环境面临更大的压力。""制定和实施《中国 21 世纪议程》，走可持续发展之路是中国在未来和下一世纪发展的自然需要和必然选择。"并将"生产绿色产品，大力推广清洁生产工艺技术"与"努力实现废弃物产出最小化和资源再生化，节约能源，提高效益"作为重点内容。

1999 年，我国在首届全国绿色建材发展与应用研讨会提出了绿色建材的定义：采用清洁生产技术，不用或少用天然资源和能源，大量使用工农业或城市固态废弃物生产的无毒害、无污染、无放射性，达到使用周期后，可回收利用，有利于环境保护和人体健康的建筑材料。

绿色高性能水泥是水泥工业的发展方向。水泥工业实现"新型工业化"战略目标，中心课题是资源、能源和环境保护问题，其关键是围绕水泥工业"绿化"进程，利用高新技术合成绿色高性能生态水泥。所谓绿色高性能，即在保证产品优越性能的前提下，尽量降低不可再生自然资源、能源的消耗，减少对环境的污染，更多地利用工业废渣和二次能源。利用外加剂技术合成绿色高性能水泥是一项切实可行的有效技术措施，对于实现经济增长方式的转变，走新型工业化道路，建立"资源节约型、环境友好型"社

会，发展循环经济，实现水泥工业的可持续发展具有重大意义。

（一）低钙高性能水泥生产技术

生产低钙水泥，由于熟料 CaO 含量低（一般低于 60%），煅烧温度低（低于 1300℃），熟料煅烧耗能和 CO_2 排放将大幅度降低，另外还可大量采用低品位原料及工业废渣。同时，烧成温度低也可使 NO_x、SO_2 的排放大幅度降低。自 20 世纪 80 年代以来，研究最多且比较成功的当属高贝利特硅酸盐水泥（HBC），这种水泥熟料中 C_2S 含量高于 40%，每吨熟料可节煤 20%～30%，并降低 CO_2 排放量 120～160kg。以这种水泥配制混凝土，可改善混凝土耐久性，降低混凝土温升，提高混凝土工作性及外加剂使用效果。但这种水泥早期强度低，后期强度高，使用这种熟料需引入较多水化活性较高的铝酸盐、硫铝酸盐、氟铝酸盐或氯铝酸盐矿物，以利提高早期强度。生料速烧剂可引入上述早强矿物，又可起到稳定 β-C_2S 的作用，同时发挥提高产质量、降低能耗、保护环境的重要作用。在使用速烧剂生产低钙水泥熟料的同时，使用水泥助磨增强剂可进一步提高水泥强度。

1. 低钙碱胶凝材料及活化

当研究某种特定的低钙且具有潜在活性的胶凝材料，如矿渣和粉煤灰时，研究人员发现其内在因素（化学组成与矿物组成等）相应固定，影响其活性的主要是外在因素（侵蚀介质的性质、温度）以及其表面性质等。实际上，将矿渣存放于空气（包括湿空气）或水中，其水化与硬化的速度极为缓慢，也就是说，矿渣的活性要在适当的外界条件下才可能表现出来，或者说被激发出来。而粉煤灰由于其低氧化钙含量和高 $[SiO_4]^{4-}$ 聚合度，在通常环境下它的活性很难被激发出来。矿渣、粉煤灰都是通过激发作用使其玻璃体结构解体，形成硅酸根与铝酸根阴离子团，并与以钙离子为代表的阳离子生成水化硅酸钙、水化铝酸钙等具有胶凝性质的水化产物，产生胶凝作用。通常，矿渣、粉煤灰的激发作用可分为三大类，即机械激发、热激发和化学激发，其中以化学激发最为普遍和重要。

（1）机械激发

在粉磨过程中，矿渣在机械力作用下粉碎成小颗粒，颗粒表面产生的缺陷及网络中键的断裂有利于网络结构解体；同时，颗粒细度降低，比表面积增大，便于矿渣颗粒表面与侵蚀液之间的反应加速，反应程度提高，这些因素均使矿渣活性被充分激发。此外，在水泥和混凝土中，矿渣细颗粒在硬化水泥浆体（包括其水化产物）中填充孔隙以及消耗 Ca（OH）$_2$ 形成低钙硅比水化产物，便于水泥石的致密度、强度以及耐久性提高，尤其是有利于改善水泥浆体与集料之间的界面结构。如徐光亮采用粉磨工艺，发现当矿渣的比表面积从 363.4m^2/kg 增大到 508.6m^2/kg，水泥中矿渣的掺量可以从 30% 提高到 60% 以上，而水泥 3d 抗压强度仍达到 42.5R 标准，但粉磨电耗相应增加 278%。

从理论上说，矿渣越细，对矿渣活性的激发及水化越有利，但比表面积增大到一定值时，其对活性的影响不再增大。有研究认为，矿渣的比表面积超过 800m^2/kg 对水泥强度的影响不大。一般碱-矿渣水泥中的矿渣，使其比表面积达到 400m^2/kg 以上，在一般粉磨条件下，不仅使水泥粉磨设备的磨损加剧，而且使粉磨电耗急剧增加，磨机产量大幅度下降。因此，要使矿渣获得较大比表面积，必须在水泥粉磨设备、粉磨工艺及操作条件上进行改造。颗粒级配是描述细度概念的另一个参数，近年来有许多文献探讨了颗粒级配对水化性能的影响，比较一致的结论是颗粒级配越窄，水泥强度越高，同时可以节约粉磨电耗；但也有人得出了与之相反的结论，即颗粒级配宽，尤其是水泥各组分易磨性差别大，易磨性好的组分被磨细至 $10\mu m$ 以下则对水泥的强度有利。

研究表明，无论作水泥和混凝土的掺和料，还是用于硅酸盐制品及烧结制品，粉煤灰的细度都是一个重要的指标。

近期，西班牙的 J·Paya 等人较系统地研究了机械处理粉煤灰的作用，发现经用球磨机磨 10～60min 的粉煤灰，体积质量增加，块状体积质量降低，颗粒堆积因子降低，形貌由原来聚集和多球状变成壳状物和碎片，比表面积增大，平均粒径减小，流动度变好，加入磨细的粉煤灰的水泥抗压强度或弯曲强度与养护时间的对数在 3～365d 之间呈现很好的线性关系，线性的斜率随所用磨细粉煤灰细度的减小而增大，而取代水泥量以 30％和 45％为最好。

加拿大的 N·Bouzoubaa 等人还对粉煤灰的最佳球磨粉碎时间进行了研究，提出大部分的聚球状和大的不规则形状的颗粒粉碎 2h 后均已破碎，粉碎时间超过 2h，粉煤灰的体积质量和细度增加不明显；从强度活性出发，最佳粉碎时间约为 4h，超过 4h 需水量反而增加，强度降低或增加不明显。

北京建筑科学研究院的王思恭将分选粉煤灰与磨细粉煤灰进行了比较，认为分选粉煤灰可以达到与磨细粉煤灰相应的活性，但分选结果只是将具有高活性的细小粉煤灰微粒筛选出来，并没有从本质上改变其活性。

（2）热激发

温度提高有利于矿渣和粉煤灰的水化反应。吴学权教授用微量热仪测定不同温度下硅酸盐水泥及矿渣硅酸盐水泥的水化放热速度，发现含 50％矿渣的硅酸盐水泥在常温水化时出现两个分别代表熟料与矿渣水化加速期的放热峰。当温度提高时，这两个峰的峰高增大，其间距缩短，至 60℃时它们合并成一个较大的放热峰，说明矿渣水化因升温而加速的程度高于熟料。同时经计算得到矿渣的表观活化能为 49.1kJ/mol，高于纯硅酸盐水泥的 44.3kJ/mol。从物理化学原理可知，温度提高对活化能高的化学反应有利，这就说明热激发能更有效地促进矿渣和粉煤灰的水化反应。粉煤灰-石灰体系在通常环境下反应能力很低，因此，粉煤灰-石灰制品需要在蒸养或压蒸条件下制备。研究表明，粉煤灰-石灰制品在蒸养条件下的主要化学反应为：

$$SiO_2 \cdot yAl_2O_3 + xCaO + H_2O（95～100℃）\longrightarrow xCaO \cdot （SiO_2 \cdot yAl_2O_3）\cdot H_2O$$

童雪莉的研究表明，常温养护下，当石灰含量低于 10％时，其水化产物为 CSH（B），而在石灰-石膏-粉煤灰系统中，水化产物为 CSH（B）$C_3A \cdot 3CaSO_4 \cdot 3H_2O$；在 100℃蒸养，其产物由 CSH（B）和水化石榴子石（$C_3AH_6 - C_3AS_{0.6}H_{4.8}$）组成；在 175℃压蒸，莫来石晶体减少，这是因为高温下，莫来石晶体与 CaO 发生作用生成$C_3AS_{0.6}H_{4.2}$。

（3）化学激发

从硅酸盐玻璃的化学稳定性可知，玻璃是不耐碱的。在 OH⁻ 的作用下，组成网络的硅氧、铝氧键断裂使玻璃结构解体，在玻璃结构的解体过程中阳离子的影响也不可忽视。例如，当溶液的 pH 相同时，不同种类的碱因其阳离子不同而导致侵蚀程度不同，一价阳离子因与玻璃表面吸附力强，其侵蚀能力高于二价阳离子。

对矿渣玻璃体的化学激发主要是碱激发，其中以 Ca (OH)$_2$ 和 NaOH 为代表。因 NaOH 的碱性高于 Ca (OH)$_2$，即便在 pH 相同的情况下，Na$^+$ 的侵蚀能力亦高于 Ca^{2+}。

碱矿渣作为胶凝材料，它的水化过程包括：矿渣玻璃网络结构的解体（或解聚）；解体后的硅氧、铝氧阴离子团与阳离子结合生成水化产物；水化产物的聚合，最终使水泥凝结与硬化。

在碱-矿渣水泥中，NaOH 对矿渣的解体功能虽然很强，但解体后硅、铝阴离子团只能优先和矿渣本身含有的 CaO 生成具有胶凝性能的水化硅酸钙和水化铝酸钙。在一定条件下，Na$^+$ 有一部分可参与反应进入这些水化产物中，其余或形成无胶凝性的易溶于水的水化硅酸钠凝胶，或成为游离状态从水泥浆体内部渗到表面，并与空气中的 CO$_2$ 反应生成 Na$_2$CO$_3$，这就是含碱水泥常出现泛碱现象的原因。当矿渣本身 CaO 的量不足以与硅、铝阴离子团发生反应时，就会生成硅酸凝胶或铝酸凝胶。Ca (OH)$_2$ 在矿渣玻璃解体功能方面显然不如 NaOH，但它能补充 Ca^{2+} 以生成稳定的具有凝胶性质的水化产物。然而，Ca (OH)$_2$ 的量也不宜过多，否则会有 Ca (OH)$_2$ 残余，会生成六方板状晶体，既无凝胶性，又易溶解于水而在水泥石中产生孔隙。此外，在饱和 Ca (OH)$_2$ 液相存在条件下，水化硅酸钙的 C/S 偏高，使其聚合度下降，对强度发展不利。

矿渣在碱性激发作用下解体形成铝酸盐阴离子团，它与 Ca^{2+} 化合生成六方水化铝酸钙 C$_4$AH$_{13}$ 晶体，这种晶体易发生晶型转化，成为立方 C$_3$AH$_6$。立方 C$_3$AH$_6$ 会破坏水泥石结构，也是高铝水泥后期强度倒缩的原因，其解决办法是加入硫酸盐与 C$_4$AH$_{13}$ 化合，生成具有胶凝性的钙矾石 AFt，它既可防止有害的晶体转化，又可使水泥石强度提高。由于硫酸盐消耗了铝酸根阴离子团，也就促进了矿渣的解体反应过程，从这个意义上来说，可称之为硫酸盐激发作用。硫酸盐掺量亦必须受到限制，以防在水化后期过多的 AFt 体积膨胀导致水泥石被破坏。粉煤灰自身并不会水化，因此需要加入 Ca (OH)$_2$ 进行火山灰反应，生成对强度有利的水化产物 C-S-H。

目前，粉煤灰化学激发分为外部化学激发和内部化学激发两种方法。外部化学激发实质上就是通过加入一些激活剂，以促进系统充分水化，提高材料的性能。激活剂一方面能提高系统中各类反应的速度，另一方面也可与系统中的物质反应生成水化物。这方面的研究报道较多，如在 500℃ 下 Na$_2$SO$_4$、CaCl$_2$·2H$_2$O 及 NaCl 对石灰-火山灰系统有激发作用；木质磺酸钙、聚多环芳烃磺酸钠、萘磺酸与木质素磺酸共聚物、烷基芳基磺酸盐树脂等有机物对粉煤灰水泥强度有促进作用。研究发现，掺入这些外加剂后，粉煤灰水泥各龄期强度均有提高；也有其他研究者探究不同种类的石膏及早强水泥矿物对粉煤灰活性及水化的影响。但是，不同激活剂激发原理至今尚未研究透彻。粉煤灰的内部化学激发的研究也有报道，它主要是通过对粉煤灰进行预处理，来提高粉煤灰的活性。

一般情况下，矿渣粉煤灰的激发通常是采用机械化学复合活化的方法，就是把矿渣粉煤灰的活性与形态效应和微集料效应两方面结合起来。研究表明，这种复合作用有很大的相互促进、叠加效应，所以效果明显，它是属于机械力化学一个新兴学科的范畴，尚待深入研究。

2. 低钙碱胶凝材料的水化机理

（1）矿渣活性激发和水化机理综述

矿渣活性激发着重探讨矿渣本身在外界因素作用下解体和溶解并形成水化产物的过程，而矿渣水化过程则研究矿渣作为组分制成的水泥体系的水化过程，包括各组分在各阶段的水化动力学、反应机理、水化产物乃至水泥石结构等。关于矿渣硅酸盐水泥的研究比较成熟，报道很多。其中，矿渣活性激发主要靠硅酸盐水泥熟料水化产生的 $Ca(OH)_2$ 和石膏对矿渣产生碱激发和硫酸盐激发，可称之为钙硫混合激发。熟料既是碱性激发剂也是胶凝组分，它首先水化产生一次水化产物，然后是矿渣组分被激发并形成二次水化产物。二次水化产物中的 C-S-H 与一次水化产物的不同在于 C/S 比较低，并往往固溶 Na、Al 等杂质，其硅酸根聚合度较高，是矿渣水泥水泥石结构致密、后期强度高和耐久性优于硅酸盐水泥的原因。

关于碱-矿渣水泥的研究成果改变了人们对传统水泥的组成、水化机理、水化产物及水泥石结构等的认识，并为矿渣的激发和水化提出了新的研究课题、思路和理论，这也为研究低钙胶凝材料提供了重要的依据。

关于矿渣的激发机理，孙家碟认为矿渣玻璃体表面有一层较为稳定的"保护膜"网络结构层，矿渣在水玻璃等碱性溶液激发下的水化机理是 OH⁻ 首先破坏矿渣表面的保护层，从而使 OH⁻ 由外部进入到矿渣玻璃体结构内部。廖欣认为水玻璃在碱-矿渣水泥中作为碱组分，既有对矿渣的碱激发作用，又有对水泥浆体结构的溶胶增强作用。彭家彬在解释掺有固体水玻璃矿渣水泥的水化机理时引进了硅胶桥的概念。顾建华认为水玻璃中的含水硅酸钠水解后生成 NaOH 和含水硅胶，矿渣被 NaOH 解体后生成硅酸根与铝酸根阴离子团。硅酸根离子团与含水硅胶结合溶液中的 Ca^{2+} 生成 C-S-H 凝胶，C-S-H 凝胶的生成使溶液中硅酸根离子团和含水硅胶及钙离子浓度降低，结果促进了水玻璃水解和矿渣的进一步解体。禹尚仁通过气相色谱、凝胶渗透色谱测定方法比较了在高炉矿渣中加入少量硅酸钠或氢氧化钠制成的碱-矿渣水泥在不同水化龄期硅酸根阴离子聚合状态的变化，从变化规律可知，碱-矿渣水泥的水化，既有水化产物中硅酸根阴离子的缩聚作用，又有在碱性激发下玻璃体中多硅酸根阴离子的解聚作用，但整个水化过程以缩聚反应为主。用 DTA、IR、TMS-GC 法综合研究水玻璃-矿渣水泥的强度和水化性能，结果发现，水玻璃与矿渣的激发作用具有双重性，OH⁻ 促使矿渣解体，而含水硅胶又能与 Ca^{2+} 反应，使水化生成物增多，所以早期强度发展快。水化产物的硅酸阴离子聚合状态随水化反应的进行而变化，变化过程为"单聚体—双聚体—低聚物—高聚物"，而玻璃态矿渣逐渐解体。杨南如教授从硅、氧、铝的电子层结构及配位状态论述了碱对铝硅酸盐的作用机理及其反应过程。李立坤把碱-矿渣水泥水化归纳为两种不同的反应类型，即溶解—沉淀水化反应。它的反应机制可归纳为：矿渣在 OH⁻、Na⁺ 的催化作用下溶解，在沉淀出 $CaO \cdot SiO_2 \cdot aq$ 或与激发剂阴离子 X^{2-} 作用沉淀出 $CaX \cdot aq$，反应的主要特点是需通过液相介质进行。周焕海用量热仪研究了碱-矿渣水泥的水化机理，证明它与硅酸盐水泥相似，整个水化亦分为五个阶段。

对于碱-矿渣水泥的水化产物，尽管不少文献报道，根据激发剂成分不同可能形成 CASH、CAH_{13} 以及某些沸石类水化产物，但至今能够得到证明并被公认的仍然只有 C-S-H 一种，它与矿渣水泥中由矿渣解体和形成二次水化产物具有相似的性质。

（2）粉煤灰的活性和水化机理综述

粉煤灰与矿渣相比，其化学组成中 CaO 含量极低，因此粉煤灰本身不具备潜在水硬性，但在适当的条件下却能与石灰反应，生成胶凝物质，即具有火山灰性质。

影响粉煤灰活性的因素是多方面的。从化学组成来说，粉煤灰中的 CaO、MgO、SO_3 等含量越高，粉煤灰的活性越高；从相组成来看，粉煤灰中的玻璃体含量越高，尤其是球形颗粒越多，活性越高，而结晶体和未燃炭粒越多，活性越低；从玻璃相的结构来看，玻璃体中 $[SiO_4]^{4-}$ 聚合度越低，玻璃体的稳定性越差，玻璃体解聚越容易，活性就高。

由于粉煤灰是玻璃体、结晶体和未燃炭粒的机械混合物，粉煤灰作为活性混合材掺入水泥中后对水泥强度的贡献，即粉煤灰强度活性，是各方面因素综合作用的结果，而不仅是由化学活性所决定。谷章昭在对粉煤灰中分选出的低铁玻珠、低铁多孔玻璃体和高铁玻珠进行的化学活性检测中发现，这三种颗粒的化学活性由高到低的顺序依次是：低铁多孔玻璃体、低铁玻珠、高铁玻珠；但是在相同条件下采用标准稠度成型蒸养时，各颗粒的硬化浆体强度由高到低的顺序却是：低铁玻珠、高铁玻珠、低铁多孔玻璃体。由此可见，粉煤灰强度活性不仅与玻璃体的化学活性有关，还与玻璃体的形貌有关。与矿渣相比，粉煤灰强度活性更为复杂。

单一的化学活性并不能表征粉煤灰在水泥和混凝土中的强度活性，仍以火山灰反应来解释粉煤灰的作用是不全面的。沈旦通过对混凝土中粉煤灰作用的现象学研究，提出了粉煤灰效应的假说，即粉煤灰在混凝土中的作用有以下几种。

1）形态效应

粉煤灰中粒形圆整、表面光滑、粒度较细、质地致密的颗粒促使水泥浆体需水量减少，保水性和均质性增强，改善了浆体的初始结构。多孔的粗颗粒粉煤灰和含碳量高的粉煤灰，以及组分中含大量石灰和石膏的粉煤灰（固硫粉煤灰）则不具有形态效应。

2）活性效应

粉煤灰中以酸性氧化物为主的玻璃体能与水泥水化所形成的氢氧化钙发生火山灰反应，但在氢氧化钙和粉煤灰颗粒之间存在 $0.5\sim1\mu m$ 厚的水膜层，钙离子通过扩散作用透过水膜层后，与粉煤灰颗粒反应生成水化产物，并在颗粒表面沉积出来。此后水膜层继续被填实，并与水泥水化产物联结，促进强度的增长。

3）活性微集料效应

粉煤灰颗粒本身强度高，空心微珠的抗压强度可达到 700MPa 以上，而且在粉煤灰表面生成的低钙 C-S-H 凝胶使界面黏结力增强，明显增强了水泥石的结构强度。

矿渣与粉煤灰中的活性组分均为矿渣和粉煤灰中的玻璃体，而矿渣的活性高于粉煤灰，主要是两者组成上的差异导致玻璃体结构不同而引起的。对于矿渣和粉煤灰而言，矿渣的组成中钙含量高，玻璃体聚合度低，容易解体，活性较高；粉煤灰尽管铝含量高，但由于钙含量较低，其玻璃体的聚合度高，所以其活性较矿渣差。通常矿渣在 pH 大于 12 时玻璃体结构易被破坏，而粉煤灰则要在 pH 大于 13.4 结构才会被破坏。该结论由溶出试验得到证实，试验通过测定粉煤灰在不同碱度溶液中受侵蚀（40℃，7d）后硅和铝的溶出量来研究粉煤灰在碱环境中的稳定性。结果显示，当 NaOH 溶液的 pH 小于 13 时，粉煤灰的玻璃体结构是稳定的，硅和铝的溶出量很小，而当 NaOH 溶液浓度为 0.5mol/L 时，硅和铝溶出量显著增加，说明粉煤灰的玻璃体结构有一定程度的破坏。这就是为什么在常温下矿渣-石灰体系中的矿渣可以被激发，而在粉煤灰-石灰体系中的粉煤灰激发却不易。

关于粉煤灰水化机理和产物的研究有些报道。一些研究表明，粉煤灰掺入水泥后与水泥浆体间形成界面的形貌特征，在水泥水化初期，粉煤灰表面呈三种状态：被 C-S-H 单层包裹、被 CH-CSH 双层包裹以及嵌入块状 CH 晶体内。

在水泥水化后期，粉煤灰颗粒表层已完全与水泥水化产物发生反应，且形成若干层反应物，呈致密的粒状或环状凝胶体。另外，对粉煤灰-石灰-水系统在压蒸条件下的反应机理，相关研究提出，粉煤灰颗粒在反应中经历"迅速—平缓—加速"三个阶段的模型，而平缓阶段是系统反应的决定性阶段。研究通过 TSM（三甲基硅烷化）、SEM 和化学分析方法来研究粉煤灰对石灰的吸收程度，并通过活化能的计算研究了三个不同阶段的反应机制。其他研究表明，粉煤灰在不同环境（温度、细度和激发剂）中可显示不同的水化机制和水化产物，一般认为其活化和水化过程与矿渣相似，都遵循"解体—反应—聚合"的过程，但各过程的热力学和动力学机制是有差别的。在水化早期，矿渣的结构解体起主导作用，而粉煤灰以离子交换作用为主，这是因为粉煤灰的玻璃体结构较稳定。在粉煤灰体系中，石灰在水化过程中是必不可少的，所以 C-S-H 凝胶是该体系的主要水化产物，其他强碱的加入不仅有助于粉煤灰玻璃体结构的解体，并且会参与反应生成类似沸石类的产物。

（二）高钙高性能水泥熟料生产技术

我国水泥生产中 42.5 级以上水泥产量仅为水泥总量的 10％～20％，导致水泥混凝土行业水泥需求量大，资源综合消耗大。所以，提高熟料质量以及提高熟料和混合材利用效率是水泥行业的技术重点。熟料的矿物组成、结构和晶体尺寸决定了水泥熟料质量，而生产优质熟料与配料方案、煅烧制度和添加剂应用密切相关。国内外大量研究证明，要提高水泥强度应尽量提高硅酸盐矿物（C_3S+C_2S）含量（≥73％），提高早强矿物 C_3A 含量（9％～13％），降低铁铝酸四钙（C_4AF）含量（＜13％）。实践证明，高硅低铁配料方案是实现优质高产的重要技术措施。许多企业尝试高硅配料方案：$KH=0.92～0.94$，$SM≥2.5$，$IM≥1.5$。这一方案可烧出质量较高的熟料：$C_3S+C_2S≥73％$，f-CaO≤2％，3d 强度≥43MPa，28d 强度≥65MPa，且熟料产量高，易磨性好。由于高硅低铁方案易烧性差，所以需用生料速烧剂技术进行配合。

1. 提高 C_3S 含量的水泥熟料烧成技术

提高 C_3S 含量是提高水泥熟料胶凝性能的有效途径。对于研制 C_3S 含量在 70％以上的硅酸盐水泥熟料，一些实验室已经有了成功经验。

采用离子掺杂的方法可以降低 C_3S 大量生成的温度，从而在正常的烧成温度范围内提高 C_3S 含量。比如，在任祥泰等关于含氟硫复合矿化剂的体系高温相区分析的基础上，叶瑞伦等将配合生料的组成点控制在 $3C_2S \cdot 3CaSO_4 \cdot CaF_2 - 2C_2S \cdot CaSO_4 - C_4A_3\bar{S} - C_4AF - C_3S - C_2S$ 相区内，给出石灰饱和系数：

$$KH = \{w(CaO) - [0.7w(SO_3) + 1.05w(Fe_2O_3) + 0.55w(Al_2O_3)]\}/2.8w(SiO_2)$$

生料中 Al_2O_3 含量为 $3\%\sim6\%$，KH 为 $0.92\sim0.98$，$w(SO_3)/w(Al_2O_3)=1.15\sim1.45$，掺加适量的氟硫复合矿化剂，在 $1300℃$ 煅烧制成的熟料中硅酸三钙含量约为 70%，无水硫铝酸钙含量为 $3\%\sim10\%$，高温煅烧石膏含量不超过 6%，并含有少量其他矿物。用这一熟料磨细制成的水泥有相当高的强度，可以达到 $62.5R$ 的强度等级。该种水泥在生料配料时不掺铁粉，在水泥粉磨时不掺石膏。

侯贵华等设计了一种 KH，硅酸率 n 和铝氧率 p 分别为 0.98、2.4 和 2.4 的硅酸盐水泥熟料组成，在该生产中掺加 $1\%CuO$，在各个温度保温 $30min$。没有掺杂的生料在 $1450℃$ 不能烧成，掺 1% 的 CuO 对生料易烧性有很大改善。X 射线衍射分析及显微分析结果表明：$1450℃$ 烧结样中含 C_3S 73.37%，其晶体尺寸大，晶界清晰，因此，该高 C_3S 熟料可以在传统水泥烧成制度下烧成。$1450℃$ 烧成的熟料加入 50% 的粉煤灰及 5% 的石膏制得水泥，该水泥的性能符合强度等级为 32.5 的粉煤灰水泥标准要求。

大量试验结果表明，掺加少量的含磷组分并与氟离子复合，或者掺入适量钢渣，在较宽的掺量范围内，可明显改善超高 C_3S 含量熟料的易烧性。试验采用这些掺杂方式成功地制成了阿利特含量高达 70% 左右的熟料，该熟料的 $28d$ 强度超过 $70MPa$，甚至高于 $80MPa$，可以掺加较多的辅助胶凝组分，实现水泥生产的低环境负荷。

陈益民教授采用石灰石、黏土、铁粉为主要原料，以石英砂和矾土进行矫正，由掺入磷渣引入少量磷，配制成高饱和比的生料，熟料的设计 $KH=0.96$，硅酸率 $n=2.5\sim2.7$，铝氧率 $p=1.62$，生产的熟料 C_3S 含量在 $71\%\sim72\%$，且掺入少量磷后生料的易烧性良好。试验结果还表明，在生料中配入适量钢渣，也可以烧成 C_3S 含量高达 70% 左右的熟料，其原因可能是钢渣中含有少量的 P_2O_5，也可能是钢渣本身已经含有部分熟料矿物。复合掺加氟和磷的设计熟料率值和矿物组成，其中 SO_3 是原料中本身含有的。在 $1450℃$ 烧成熟料，加入 6% 石膏磨制成水泥，掺氟和磷烧制成的高 C_3S 熟料强度高于未掺杂的熟料。

吴秀俊研究了磷渣的矿化作用。研究表明，随 P_2O_5 含量的增加，熟料的强度逐渐下降，当熟料中 P_2O_5 含量超过 2.5% 时，就无法生产出合格的水泥，电炉磷渣中还含有少量氟；生料中电炉磷渣掺量的增加可以改善熟料的易烧性。

随着 P_2O_5 含量的增加，游离 CaO 含量下降，熟料强度提高，但这些强度低于掺少量氟和磷的高 C_3S 含量熟料相应的强度，可能的原因是熟料中游离 CaO 含量偏高，致使 C_3S 含量较低。

童雪莉等研究了 P_2O_5 含量在 $1\%\sim5\%$ 的熟料烧成过程和磷对硅酸盐矿物的形成过程的影响，分析了磷在熟料各个相中的分布。结果表明，掺入磷有利于 C_2S 的形成和高温型 C_2S 的稳定，但是 P_2O_5 含量在 $2\%\sim10\%$ 范围内，无论是采用 $3CaO+SiO_2$ 还是 C_2S+SiO_2 配料，都不利于 C_3S 的形成和稳定，掺入过多的磷甚至会使已经形成的 C_3S 分解；当 P_2O_5 含量达到 5% 时，水泥熟料中阿利特将不能形成。经电子探针分析，熟料中的磷主要分布在贝利特相中，在阿利特中也有少量分布；熟料中 P_2O_5 含量低于 1% 时，水泥的凝结时间稍有延长，对强度性能影响不大。随着磷含量的增加，水泥的强度、尤其是早期强度明显下降；P_2O_5 含量 5% 的熟料制成的水泥凝结时间和安定性均不合格，几乎没有强度。

2. 阿利特硫铝酸盐熟料

在硅酸盐水泥熟料中引入适量硫铝酸盐矿物可以有效提高胶凝性能，这种水泥通常称为阿利特硫铝酸盐水泥或改性硅酸盐水泥，其中，硫铝酸盐和阿利特的含量与其比例是能否烧成和实现高强度与水化产物高致密性的重要因素。该熟料的烧成过程要兼顾到阿利特的形成和避免硫铝酸钙的分解。

李秀英等在硅酸盐水泥熟料中引入硫铝酸钙矿物，制备了阿利特硫铝酸盐水泥，并称之为改性硅酸盐水泥，在水泥厂投入实际生产。此水泥早期和后期强度均很高，可以掺加较多的混合材料而不会过度降低水泥强度。该水泥水化产生的水泥石结构十分致密，具有十分优越的耐久性，但是，熟料的烧成温度范围较窄，生产控制较硅酸盐水泥熟料困难。沈晓冬等对这一水泥熟料的烧成进行研究，发现该水泥熟料的矿物组成主要为 C_3S、C_2S 和 $C_4A_3\bar{S}$，另外还含有少量的氟硅酸钙（$11CaO \cdot 4SiO_2 \cdot CaF_2$），其中，$C_4A_3\bar{S}$ 含量的理论值约为 8%，水泥的 3d 抗压强度超过 32MPa，28d 抗压强度超过 64MPa，可见此水泥具有很高的强度。

由此可见，掺杂高阿利特的高胶凝性水泥熟料具有与传统熟料相同的矿物种类和较宽的烧成温度范围，原料来源广泛，生产控制比较容易，熟料的强度明显高于常规的熟料。在硅酸盐水泥熟料中，引入无水硫铝酸钙矿物虽然具有很好的胶凝性能，也可以在消纳较多的混合材的同时得到较致密的水泥石结构，但是其烧成温度范围偏窄的问题至今尚未得到有效解决，熟料中阿利特含量不易提高，生产控制比较困难，熟料本身的强度也不如高阿利特熟料那么高，其发展前景尚不明确。总之，该水泥的工业化生产工艺还有待于更深入的研究。

3. 结论与展望

（1）提高水泥熟料的胶凝性是提升水泥性能的重要因素。在硅酸盐水泥熟料中，C_3S是提供胶凝性的主要矿物组分，提高熟料中 C_3S 的含量，是提高水泥胶凝性的重要途径，也是水泥化学和水泥工业的一个发展方向。降低 C_3S 大量形成的温度、加快 C_3S 生成速度，一直是水泥科技工作者研究的重点。

（2）将熟料中 C_3S 含量提高到 70% 以上，是提高熟料胶凝性的有效途径，对于这种超高 C_3S 含量的水泥熟料而言，掺杂是比较有效的。研究结果表明：采用氟、硫复合矿化剂、掺加 1%CuO、掺加适量 P_2O_5 或复合掺加磷与氟，都有可能在正常的温度下烧成熟料，降低熟料的游离氧化钙含量，使熟料的强度高于普通的熟料。但是，过量的磷将会导致 C_3S 的分解，所以磷的掺量应该有一定限度，否则将影响熟料的烧成质量或者影响硅酸盐水泥熟料产品的合格率。

（3）在硅酸盐水泥熟料中引入适量硫铝酸钙也可以制成高胶凝性的水泥熟料，但是需要解决矿物合理匹配和烧成温度范围过窄的问题。

二、利用外加剂合成绿色高性能水泥

（一）增加高性能水泥品种

1. 生产高强度水泥

该方法是在熟料中掺加 30%～70% 矿渣、高效复合水泥增强型添加剂与适量石膏，经高细粉磨，其比表面积达到 400m²/kg 以上，生产水泥 28d 强度可超过其熟料强度，同等情况下与不掺添加剂的水泥相比可提高一个等级。

2. 生产低碱低热水泥

一般情况下，熟料中碱的含量是一定的，因此可用高效复合水泥添加剂技术高掺量低碱矿渣或低碱粉煤灰生产低碱低热水泥，控制最终水泥碱含量达标即可。该方法可生产低碱矿渣水泥、低碱粉煤灰水泥、低碱复合水泥，同时可生产低热水泥，如低热矿渣水泥、低热粉煤灰水泥、低热复合水泥或低热低碱矿渣水泥、低热低碱粉煤灰水泥、低热低碱复合水泥。

3. 生产高抗硫酸盐水泥

利用高效复合水泥添加剂技术大掺量矿渣（60%～70%），适量石膏，经高细粉磨，即可制得符合标准要求的高抗硫酸盐水泥。

4. 生产其他特种水泥

用硅酸盐熟料、铝酸盐熟料或者硫铝酸盐熟料加添加剂生产特种水泥的方法无疑是方便易行、成本较低的方法。例如，用硅酸盐水泥熟料加膨胀剂生产膨胀水泥或自应力水泥；用硅酸盐水泥加速凝剂生产初凝在 3min 之内、终凝在 10min 之内的速凝水泥，用于喷射混凝土；用硫铝熟料加促凝早强剂生产特快硬水泥，用于抢修快建等；用缓凝型高效复合水泥添加剂生产缓凝或超缓凝水泥，用于高速公路建设、大体积混凝土建设。

（二）改善水泥使用性能

人们一般都认为，强度高的水泥就是高性能水泥，这种认识是不准确的。水泥强度高只是其使用性能所表现的一个方面，随着社会向现代化发展，各项建筑工程对水泥及其混凝土的性能提出了更高的要求。除强度要求更高之外，还要求施工性更好，水化热更低，体积更稳定，抢修补漏更迅速，耐磨性、耐腐蚀性及耐久性更好，无论在什么条件下施工，都能够使水泥按建筑设计要求正常水化、硬化，水泥石的结构致密度能达到工程质量的要求。但是，要全面满足上述各种各样的要求，单靠某一品种水泥本身的性能，是很难做到的。实践证明，掺水泥外加剂和混凝土外加剂就是实现水泥及其混凝土高性能最有效、最快捷的办法。

使用高效复合水泥添加剂后大幅度地增加了混合材掺量，更有效地消除了熟料中f-CaO，使水泥的干缩性、抗冻融性、抗渗性、抗碳化能力、抗侵蚀能力、水泥颜色等方面得到了较大改善。

将工业废渣或矿物材料烘干后，加入具有激发性能的高效复合水泥添加剂，经高细粉磨即可生产高活性掺和料，不仅可以消纳更多的工业废弃物，而且使混凝土更具备高性能和耐久性，更容易满足工程施工的要求。

三、合成绿色高性能水泥的工艺方法

（一）合成组分构成及生产方法

1. 合成组分构成

合成绿色高性能水泥的组分构成如图 3-4-1 所示。

各合成组分构成说明如下：

（1）高细粉磨水泥熟料粉是含有石膏类（天然二水石膏、硬石膏、磷石膏、氟石

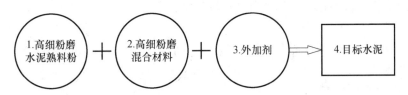

图 3-4-1　合成绿色高性能水泥的组分构成

膏、副石膏等）调凝剂的水泥熟料粉，水泥熟料可以是硅酸盐水泥熟料、铝酸盐水泥熟料、硫铝酸盐水泥熟料等。

（2）高细粉磨的混合材也称为活性掺和料，可以是矿渣、粉煤灰、钢渣、煤矸石等固体工业废渣，亦可以是沸石等矿物料或者以上各种原料的混合物。

（3）外加剂亦称合成剂，可以是助磨剂、增强剂、助磨增强剂、激发剂、速凝剂、缓凝剂、特种性能外加剂等，或是复合外加剂。

（4）目标水泥可以是不同等级不同品种的水泥，可以是低碱低热水泥、高抗硫酸盐水泥，也可以是其他高性能特种水泥。

2. 合成绿色高性能水泥生产方法

（1）绿色高性能生态水泥的合成，根据合成目标水泥等级、性能，调节各组分的种类和掺量，需注意合成的均匀性。各组分比例为高细粉磨水泥熟料粉 10%～80%；高细粉磨的混合材 30%～85%；外加剂 1%～5%。按常规水泥的质量控制方法进行生产质量控制。

（2）粉磨方式可以是分别粉磨或混合粉磨；高细粉磨比表面积≥350m²/kg，合成搅拌要均匀。

（3）水泥工艺外加剂与混凝土外加剂必须有良好的相容性，并进行必要的相容性试验，还要充分考虑混凝土的耐久性。

（二）高细混合粉磨工艺

高细混合粉磨工艺与常规水泥生产相同，可以采用高细高产管磨机作为主机设备。一般采用开路流程，也可以采用闭路流程。混合粉磨工艺流程图如图 3-4-2 所示。

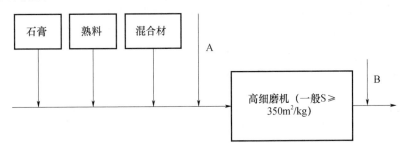

图 3-4-2　混合粉磨工艺流程图

1. 生产方法

选择混合粉磨工艺时，外加剂可以采用前掺法，也可以采用后掺法。

（1）前掺法

用电子计量秤、微机配料系统计量配料，按比例在磨前 A 位置均匀加入外加剂，使其在磨内边粉磨边均化。外加剂可选用助磨增强型。

（2）后掺法

具有合成搅拌均化条件的企业，可选择后掺法，即在磨尾 B 位置掺入外加剂。外加剂可选用增强型。

2. 使用实例及其效果

以长期使用此合成方案的三家水泥企业为例，水泥质量的变化与提高及其技术经济分析分别见表 3-4-1 和表 3-4-2。

表 3-4-1　三家水泥企业采用合成方案的实际生产数据

外加剂种类	使用前后对比	3d 强度（MPa）		28d 强度（MPa）		细度（%）	标准稠度（%）	凝结时间（h：min）		安定性	SO₃（%）	助磨剂（%）	混合材掺加量（%）
		抗压	抗折	抗压	抗折			初凝	终凝				
A-SS	使用前	20.8	4.7	40.8	7.8	2.0	26.5	2：50	3：50	合格	2.2	—	30
	使用后	21.5	4.8	40.6	7.9	2.1	28.4	2：37	3：32	合格	2.4	1	42
B-YT	使用前	18.2	3.9	39.8	7.8	2.4	27.5	2：40	3：25	合格	2.5	—	36
	使用后	20.2	4.2	40.6	7.9	2.5	26.6	2：23	3：30	合格	2.6	1	50
C-DG	使用前	16.2	3.4	38.5	7.4	2.5	26.8	3：40	4：30	合格	2.2	—	35
	使用后	17.1	3.6	38.8	7.6	2.4	27.2	3：20	4：15	合格	2.47	1	49

表 3-4-2　三家水泥企业采用合成方案后的技术经济分析

外加剂种类	使用前后对比	配比							节约成本（元/t）	外加剂使用量（t）	生产水泥（t）	降低成本（万元）
		熟料	矿渣	粉煤灰	石灰石	石膏	外加剂	合计				
A-SS	使用前配比（%）	65	8	15	7	5.0	—	100	10.5	5386	538600	566
	使用后配比（%）	52	12	20	10	5.0	1.0	100				
	原材料价格（元）	190	57	16	30	120	1000	—				
	使用前成本（元）	123.5	4.06	2.4	2.1	6.0	—	138				
	使用后成本（元）	98.80	6.84	3.2	3.0	6.0	10	127.5				

续表

外加剂种类	使用前后对比	配比							节约成本（元/t）	外加剂使用量（t）	生产水泥（t）	降低成本（万元）
		熟料	矿渣	粉煤灰	石灰石	石膏	外加剂	合计				
B-YT	使用前配比（％）	59	20	11	5.0	5.0	—	—	12.3	3350	335000	413
	使用后配比（％）	44	30	15	5.0	5.0	1.0	—				
	原材料价格（元）	204	50	45	35	170	1150	—				
	使用前成本（元）	120.4	10	4.95	1.75	8.5	—	145.6				
	使用后成本（元）	89.76	15	6.75	1.75	8.5	11.5	133.26				
C-DG	使用前配比（％）	60	20	10	5.0	5.0	—	—	8.1	7030	703000	569
	使用后配比（％）	45	34	10	5.0	5.0	10.0	—				
	原材料价格（元）	180	60	40	30	138	1050	—				
	使用前成本（元）	108	12	4.0	1.5	6.9	—	132.4				
	使用后成本（元）	81	20.4	4.0	1.5	6.9	10.5	124.3				

（三）分别粉磨生产工艺

1. 生产方法

分别粉磨工艺流程如图 3-4-3 所示。

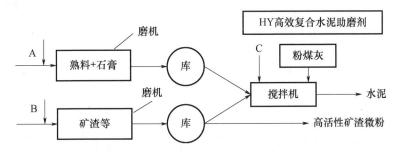

图 3-4-3　分别粉磨工艺流程图

（1）前掺法：分别粉磨系统有一台管磨和一台立磨各自粉磨。前掺法外加剂可选择在管磨机前 A 点或 B 点计量加入。外加剂可选增强型或助磨增强型。

（2）后掺法：在搅拌系统 C 点直接计量加入外加剂。高细粉煤灰也可在搅拌时按比例掺入。

2. 使用效果

分别粉磨工艺具体实施效果见表 3-4-3。

表 3-4-3　分别粉磨工艺实施效果

外加剂类型	外加剂掺量（%）	比表面积（m²/kg）	配合比（%）					标准稠度（%）	凝结时间（h：min）		安定性	抗压强度（MPa）		抗折强度（MPa）	
			熟料	石膏	矿渣微粉	细粉煤灰	石灰石粉		初凝	终凝		3d	28d	3d	28d
A-WH	—	400	35	5	60			26.5	4：20	5：45	合格	9.6	36.5	2.8	7.2
	0.6	410	14.4	5	65	10	5.0	26.5	3：10	4：30	合格	15.6	39.4	3.8	7.6
	0.6	408	19.4	5	40	30	5.0	27.8	3：00	4：15	合格	16.1	39.8	3.8	7.8
B-CZ	—	400	35	5	60	—		26.6	4：40	5：45	合格	11.0	37.2	3.2	7.5
	0.8	395	19.2	5	70		5.0	26.5	3：08	4：20	合格	16.8	39.9	3.4	7.8
C-LB	—	380	40	5	50		5.0	26.7	3：40	5：00	合格	13.2	38.5	3.1	7.6
	0.8	385	19.2	5	70		5.0	26.5	2：40	4：10	合格	17.2	39.8	3.3	7.7
D-YS		306	45	5	50			25.8	7：28	9：03	合格	12.0	36.2	2.9	7.1
	4.0	306	41	5	50			24.0	6：05	7：05	合格	26.8	57.8	6.0	9.2

3. 技术经济分析

分别粉磨工艺实施后经济效益分析见表 3-4-4。该方法实施后，各厂水泥生产成本明显降低，每吨水泥分别节省成本开支为 19 元、14 元和 11 元，全年增收节支效果十分可观。

表 3-4-4　分别粉磨工艺实施后经济效益分析

外加剂种类	使用前后对比	配比							直接节约成本（元/t）	外加剂使用量（t）	生产水泥（t）	直接降低成本总额（万元）	备注
		熟料	矿渣	粉煤灰	石灰石	石膏	外加剂	合计					
A-WH	使用前配比（%）	35	60	—		5	—	100	19.93	480	80000	159.44	2005年6～8月
	使用后配比（%）	19.4	65	10	5	5	0.6	100					
	原料价格（元）	230	85	30	30	150	1200	—					
	使用前成本（元）	80.5	51			7.5		139					
	使用后成本（元）	44.6	55	3.0	1.5	7.5	7.2						

续表

外加剂种类	使用前后对比	配比							直接节约成本（元/t）	外加剂使用量（t）	生产水泥（t）	直接降低成本总额（万元）	备注
		熟料	矿渣	粉煤灰	石灰石	石膏	外加剂	合计					
B-CZ	使用前配比（%）	35	60	—		5	—	100	13.84	1215	151875	210.2	2005年3~5月
	使用后配比（%）	19.2	70	—	5	5	0.8	100					
	原材料价格（元）	180	85	—	15	120	1200	/					
	使用前成本（元）	63	51	—	/	60	/	120					
	使用后成本（元）	34.5	55	—	0.75	6.0	9.6	106					
C-LB	使用前配比（%）	40	50		5	5		100	10.98	660	82500	90.59	2005年6~8月
	使用后配比（%）	19.2	70		5	5	0.8	100					
	原材料价格（元）	160	85	—	15	70	1100	—					
	使用前成本（元）	64	42	—	0.75	3.5	—	110					
	使用后成本（元）	30.7	56	—	0.75	3.5	0.8	100					

（四）高活性掺和料合成工艺

1. 生产方法

图 3-4-4 所示为高活性掺和料合成工艺流程图。烘干后使用管磨或立磨对矿渣（或粉煤灰）进行高细粉磨，两种粉磨型式各有千秋。对管磨可采用前掺法选助磨型活化剂，也可选用后掺法；对立磨宜选后掺法，要保证充分搅拌均匀。

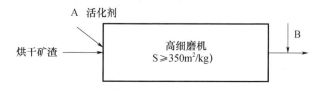

图 3-4-4　高活性掺和料合成工艺流程图

2. 使用效果

高活性掺和料合成工艺使用效果见表 3-4-5。

表 3-4-5　高活性掺和料合成工艺使用效果

种类	配比 (%)			密度 (g/cm³)	比表面积 (m²/kg)	抗压强度 (MPa)		抗折强度 (MPa)		活性指数 (%)		流动度 (%)	含水量 (%)	SO_3 (%)	Cl^- (%)	烧失量 (%)	等级
	熟料粉	矿渣粉	激发剂			7d	28d	7d	28d	7d	28d						
CZ	100	—	—	3.00	305	25.0	50.1	5.7	8.6	—	—	—	—	—	—	—	—
	50	50	—	2.83	423	20.0	49.6	5.6	8.2	80	99	119	0.80	2.32	0	2.92	S95
	50	50	1.0	—	—	24.4	54.1	6.4	9.7	98	108	120	—	—	—	—	S105
XH	100	—	—	3.15	400	39.8	51.1	6.8	7.9	—	—	—	—	—	—	—	—
	50	50	—	2.83	423	29.6	50.3	6.7	10.6	74	98	108	0.80	2.32	0	2.92	S75
	50	50	0.5	—	—	35.5	56.4	7.1	9.7	89	110	109	—	—	—	—	S95
TG	100	—	—	3.00	305	25.0	50.1	5.7	8.6	—	—	—	—	—	—	—	—
	50	50	—	2.88	404	22.6	45.1	5.2	8.4	90	97	122	0.80	0.15	0	0.60	S95
	50	50	0.5	—	—	28.4	59.1	6.6	11.2	114	118	128	—	—	—	—	S105
XT	100	—	—	3.15	400	39.8	51.1	6.8	7.9	—	—	—	—	—	—	—	—
	50	50	—	2.88	404	28.2	45.0	5.5	8.3	71	88	114	0.80	0.15	0	0.60	S75
	50	50	0.5	—	—	34.9	51.1	6.6	9.2	88	100	115	—	—	—	—	S95
HX	100	—	—	3.16	443	29.8	42.3	5.1	6.6	—	—	—	—	—	—	—	—
	50	50	—	2.88	367	28.0	43.1	6.6	9.8	94	102	103	0.80	0.12	0	0.15	S95
	50	50	0.5	—	—	—	—	—	—	132	139	104	—	—	—	—	S105

（五）研究案例

1. 研究背景

提高水泥强度一直是水泥工作者追求的目标之一。尤其是现在，一方面是高性能、高等级混凝土在建筑施工规范中的出现，使建筑业要求提供高等级水泥；另一方面，通用硅酸盐水泥国家标准的全面实施使得水泥生产企业必须采取措施提高水泥强度。

通过引入性能调节型材料对水泥改性，提高强度或改善其他功能，会达到低投入高产出的目的。但是，往年为了利用强碱对粉煤灰、矿渣激发而获得高强度，出现过以牺牲水泥混凝土耐久性为代价的做法，因此其在建筑业的应用受限。现尝试用建筑材料生产常用矿物质材料及富含氧化铝的矿物质材料加入到熟料或水泥中，对水泥进行后期改性，达到提高强度的目的。

2. 试验材料及方法

（1）原材料

试验所用熟料为 ZZ 某回转窑水泥厂的熟料，矿渣取自××建材厂，其化学成分见表 3-4-6。

表 3-4-6　熟料与矿渣化学成分

材料	化学成分含量（%）						
	Loss	SiO_2	Al_2O_3	Fe_2O_3	CaO	MgO	f-CaO
熟料	0.09	21.66	4.63	3.41	64.84	3.87	0.64
矿渣	3.11	30.94	38.68	12.45	8.74	6.55	—

* 石膏为天然二水石膏，取自 JY 水泥厂，经 850℃煅烧后使用。

水化诱导组分 J 为利用同种水泥在试验室经调质、烘干而成，主要成分为水化硅酸钙，早强组分 A 为从市场购买，是含氧化铝较高的无机矿物粉末。

（2）试验方法

在实验室用标准实验球磨机将各原料磨细，然后按比例混合均匀制成水泥。按《油井水泥》（GB/T 10238—2015）检验其强度；用简易量热计测量水化放热温度，计算水化放热量；将养护至规定龄期的水泥净浆用无水酒精终止水化，用 NOVA-100 氮吸附法快速孔隙度分析仪分析水化浆体孔分布。各原料粉磨细度见表 3-4-7。

表 3-4-7　各原料粉磨细度（0.08mm 筛筛余）

熟料	细度（%）			
	J 组分	A 组分	石膏	矿渣
10.4	24.2	16.0	3.5	1.85

3. 试验结果及讨论

（1）试验结果

各方案配比及细度和各方案水泥胶砂物理性能分别见表 3-4-8 和表 3-4-9。

表 3-4-8 水泥配比及细度

编号	配比（％）					细度（％）
	熟料	J	A	石膏	矿渣	
J1	94	1	—	5		11.4
J2	92	3		5		12.0
J3	90	5		5		11.4
J4	94		1	5		12.4
J5	92		3	5		11.9
J6	90		5	5		11.8
J7	87	3	5	5		9.2
J8	87	5	3	5		10.8
J9	59	3	3	5	30	8.0
J10	95	—	—	5		10.2

表 3-4-9 各方案水泥胶砂物理性能

编号	标准稠度用水量（％）	凝结时间（min）		抗折强度（MPa）		抗压强度（MPa）	
		初凝	终凝	3d	28d	3d	28d
J1	29.8	—		7.07	8.20	42.7	58.3
J2	28.8	—	—	6.87	8.97	39.9	57.8
J3	27.3	153	242	6.97	8.78	42.9	57.5
J4	29.4	—	—	7.13	8.42	39.8	53.7
J5	28.8	—		6.58	8.15	38.6	50.8
J6	28.8	136	246	6.97	8.70	36.2	50.1
J7	28.5	—		6.85	8.40	36.8	48.3
J8	27.9	—		7.33	9.30	39.0	55.1
J9	28.5	156	252	7.35	9.62	36.0	61.5
J10	26.8	268	378	7.20	8.45	40.3	53.1

（2）水泥诱导组分的作用

由表 3-4-9 数据可知，J1 抗折强度有小幅度下降，而抗压强度有较大幅度提高；J3除 3d 抗折强度略有下降外，其余各强度值均有不同幅度提高。从凝结时间来看，J3 凝结时间有所提前，但仍符合要求。这表明 J 组分对水泥水化早期的诱导有加速作用。

为探明其作用，研究用量热计分析市售普通 42.5 级水泥和加入 J 组分 1％的同一水泥 J1 的水化浆体温度变化规律，据此计算出水化放热速率。试验条件为 $W/C=0.28$，20℃恒温。将水泥搅拌成浆，放入样品池，安装好仪器，恒温 10min 开始读数计时。试验发现，市售普通水泥 J10 温升拐点约在 3.5h，J1 约在 3h，J1 提前 30min；前者的温度峰值在 10.5h 出现，而后者的温度峰值则在 9.5h 出现，J1 提前约 1h，比市售普通水泥 J10 放热峰拐点略有提前。水化放热峰值约提前 50min，与凝结时间变化相对应。这说明 J 组分对水泥水化确实起到了促进作用。J1 与市售普通水泥 J10 相比，总放热量较小，其原因有待研究，但 J 组分是水化惰性组分应是原因之一。

J 组分是一种水泥水化诱导组分，通过诱导结晶加速硅酸盐矿物水化，从而提高其强度。水化理论认为，硅酸钙水化时存在诱导期，使水泥早期水化反应速度较慢；诱导期结束后，水泥水化加速进行，这时水泥才会呈现高的强度增进率，而诱导期的结束依赖于水泥矿物自身水化产物来消除阻挡层，这一过程则进行得较慢。根据成核机理，成核是这一过程的主要制约因素，引入晶种诱导结晶，则会使这一过程显著加快。

（3）早强组分的作用

由表 3-4-9 数据可知，掺早强组分 A 组数据与市售普通水泥相比，各强度指标均有所下降，J6 下降幅度明显，J4 则与 J10 数据非常接近；加入 A 组分，使得凝结时间大为提前。A 组分为富含氧化铝的无机矿物粉末，在石膏、CaO 存在下水化产生水化硫铝酸钙，生成的数量、时间、分布均会对水泥的强度产生较大影响。引入 A 组分的目的是增加水泥浆体中的结晶相，改善晶胶化，增加浆体密实度，从而提高水泥强度，但是若控制不好，会使水泥浆体产生不均匀膨胀，降低强度。因此，A 组分掺入量不能太大，并应当采取措施，使钙矾石的生成与 C-S-H 的生成在时间、数量上相匹配。

（4）J 组分、A 组分及矿渣粉的复合作用

由表 3-4-9 数据可知，从 J8 数据可看出，J 组分、A 组分复合作用，使得水泥除 3d 抗压强度外，各龄期强度均有大幅度提高。

用氮吸附法测定纯水泥 J10 和掺有 J 组分、A 组分及矿渣粉的水泥 J9 水化 7d 浆体的孔分布，结果见表 3-4-10。可以看出，复合掺加水化诱导组分、早强组分和细磨矿渣粉，可明显降低水泥浆体孔隙率，改善孔径分布，减少较大孔的数量。A 组分使水化早期形成一定数量的钙矾石，J 组分对水泥产生诱导促进作用，使得钙矾石的生成与硅酸钙的水化在时间上有较好的配合，而矿渣粉则保证水泥有较高的后期强度增进率和较高的最终强度，并为水泥浆的耐久性提供了保证。三者配合，赋予水泥优良物理力学性能。

表 3-4-10　水泥浆体孔分布

J10 水泥浆体		J9 水泥浆体	
孔径（$10^{-3}\mu m$）	累计孔体积（$10^{-3}cm^3/g$）	孔径（$10^{-3}\mu m$）	累计孔体积（$10^{-3}cm^3/g$）
781.11	46.16	927.51	13.25
154.04	33.20	150.64	12.34
88.11	23.69	86.62	11.38
61.03	14.06	62.43	10.58
47.28	9.61	47.26	7.11
37.25	5.47	37.08	5.07
—	—	29.82	3.55
—	—	24.62	2.36
		19.76	1.41

4. 结论

（1）在水泥中引入水化诱导组分 J，可对水泥水化产生诱导结晶作用，提高水泥强度。

（2）在水泥中引入早强组分 A，凝结时间大为提前，但掺量不能太多。

（3）A 组分与 J 组分复合作用，在细磨矿渣粉的配合下能改善水泥浆体孔分布，大幅度提高水泥强度。

第五节　利用水泥工艺外加剂技术合成少熟料和无熟料水泥

一、装饰水泥

（一）装饰水泥简介

装饰水泥是指白色水泥和彩色水泥，与天然或人造材料相比，它具有很多技术、经济方面的优越性。白色水泥品种有白色硅酸盐水泥、白色铝酸盐水泥、钢渣白水泥、矿渣白水泥等。白色硅酸盐水泥与其他白色水泥相比，技术经济效果较好，适合于大规模、工业化生产。彩色水泥一般以白色水泥加颜料的方法配制。

（二）白色和彩色硅酸盐水泥

白色硅酸盐水泥是由氧化铁含量低的硅酸盐水泥熟料和适量石膏及标准规定的混合材料，经磨细制成的水硬性胶凝材料，代号 P·W。

白色硅酸盐水泥标准《白色硅酸盐水泥》（GB/T 2015—2017）规定，水泥白度值不应低于 87，水泥强度等级为 32.5、42.5、52.5，水泥中 SO_3 含量不超过 3.5%，水泥细度 80μm 方孔筛筛余小于 10%，初凝时间大于 45min，终凝时间小于 10h。混合材是用石灰石或窑灰，等级小于水泥质量 10%，石灰石中 Al_2O_3 含量应低于 2.5%，窑灰应符合《掺入水泥中的回转窑窑灰》（JC/T 742—2009）标准规定。水泥熟料中 MgO 含量低于 5.0%，若压蒸试验合格可放宽至 6%。

（三）白色硅酸盐水泥的生产

1. 原料的选择

白色硅酸盐水泥的矿物组成和制造方法与普通硅酸盐水泥基本相同，主要采用石灰质原料和黏土质原料进行配料，不同的是，原料应尽量不含有色氧化物，如铁、锰、钛、铬等。通常，白色硅酸盐水泥熟料中的 Fe_2O_3 含量低于 0.1%，黏土质原料 Fe_2O_3 含量低于 1.0%。

2. 生料化学组成设计

白色硅酸盐水泥熟料主要矿物为 C_3S、C_2S、C_3A 和少量 Fe_2O_3。纯矿物 C_3S、C_2S、C_3A、f-CaO 和方镁石呈白色或半透明。因此，用硅酸钙（C_3S、C_2S）和铝酸钙（C_3A）可以配成优质的白色硅酸盐水泥。但工业生产中原料中总或多或少地含有微量的有色金属氧化物，如 Fe_2O_3、MnO、Cr_2O_3、TiO_2 等，会与钙盐生成 C_4AF、CT 等矿物，或固溶于 C_3S、C_2S、C_3A 内使水泥着色，降低白度。因此，设计配料时，首先要考虑原料中着色氧化物，特别是 Fe_2O_3 的影响。

（1）石灰饱和系数 KH 的影响

白色硅酸盐水泥的白度不仅与 Fe_2O_3 含量有关，还与"无色"矿物硅酸钙有关。在

C_3A、C_4AF 含量一定的情况下，水泥熟料的白度随 C_3S 含量的增加而提高，反之则下降。其原因一是 C_3S 的白度较 C_2S 高，二是相对 C_3S 而言，有色金属氧化物更易溶解于 C_2S 中，使之着色从而导致白度下降。所以，适当提高石灰饱和系数，并增加 C_3S 含量，可提高熟料白度。但是石灰饱和系数过高，会使煅烧困难，f-CaO 增加，影响水泥性能，故石灰饱和系数 KH 一般为 0.90 ± 0.02。

（2）硅率 n 的影响

白色水泥由于熟料中 Fe_2O_3 极少，故硅率高于普通水泥很多。降低熟料中 SiO_2 的含量势必引起 CaO 和 Al_2O_3 增加，前者使熟料难烧，后者使 C_3A 矿物增加，给生产和使用带来不利影响，如熟料颗粒增大、硬度提高、易磨性差、快凝等。因此，硅率 n 一般控制在 $3.5 \sim 5.0$ 较为合适。

（3）铝氧率 p 的影响

由于白色水泥熟料中 Fe_2O_3 含量较低，铝氧率 p 一般不做控制指标，$p > 12$ 即可。

3. 生料制备

白色硅酸盐水泥的生料制备工艺在许多方面与生产普通硅酸盐水泥一样，各原料经烘干、破碎入库、粉磨等步骤制备。为降低 Fe_2O_3 含量，可在破碎或粉磨适当位置加置磁铁吸附 Fe_2O_3，同时，有条件的企业可选用陶瓷研磨体。

4. 熟料煅烧

煅烧白色硅酸盐水泥熟料要尽量避免造成过程中的污染，尽力采取措施提高熟料的白度。

（1）燃料的选择

煅烧白色硅酸盐水泥熟料，尽量选用无灰分的燃料——重油或天然气。采用烟煤作燃料时，煤的发热量必须在 27214kJ/kg 以上，挥发分为 $25\% \sim 30\%$，灰分低于 10%，灰分中 Fe_2O_3 低于 13%。

（2）矿化剂的应用

白色硅酸盐水泥由于采用高饱和比、低铁配料方案，烧成难度大，因此可采用矿化剂改善生料的易烧性。在配料中掺入适量 CaF_2，不仅能降低烧成温度，而且有利于调节熟料的白度。

（3）窑内气氛对熟料白度的影响

煅烧白色硅酸盐水泥生料时，窑内要求还原性气氛。窑内气氛对白色水泥白度影响较大，在同样冷却条件下，中性或弱还原气氛中煅烧的熟料，其白度要比在氧化气氛中煅烧的熟料高 $3\% \sim 5\%$。若在生料中掺加少量还原剂还可进一步强化还原效果。因为还原不仅能在颗粒表面起作用，而且能影响到熟料内部。还原剂可以是焦炭、沥青等含碳物质。

目前，对于还原气氛使水泥熟料白度提高的原因，学者有不同的推测：有人认为其改变了有色矿物——铁铝酸钙固溶体的相组成和结构，此时铁铝酸钙的结构近似于高铁态的 C_6AF_2；也有人认为是还原作用的结果，将着色强的 Fe^{3+} 还原成着色弱的 Fe^{2+}。

（4）熟料的漂白

熟料的漂白工艺是白色硅酸盐水泥生产的重要环节。漂白工艺可通过不同方法实现，一种是用急冷方法把高温下形成的处于最白状态的相组成和结构固定下来；另一种是利用各种不同物质对熟料在冷却过程中进行增白。目前，企业广泛采用的是将出窑熟料（1250～1300℃）迅速淋水或投入水中急冷，这种漂白方法简单、经济、稳定效果良好。

5. 水泥粉磨

磨制白色硅酸盐水泥时，石膏的掺入量以 SO_3 计不超过 3.5% 为宜，石膏的白度要比白色水泥高些，亦可掺入 10% 以内的石灰石或窑灰。白色水泥的粉磨大多采用管磨机，内用花岗岩衬板或陶瓷衬，研磨体用海卵石或陶瓷。粉磨过程中可以掺加低于 1% 的助磨剂，提高易磨性。

（四）彩色硅酸盐水泥的生产方法

彩色硅酸盐水泥着色物质的添加方式主要有以下三种：在使用时将颜料加入白色硅酸盐水泥或硅酸盐水泥中；在粉磨白色硅酸盐水泥时加颜料；在水泥生料中加入着色物质，煅烧彩色水泥熟料，磨制彩色硅酸盐水泥。彩色硅酸盐水泥的生产方法与白色硅酸盐水泥类似，主要分为间接法和直接法。

间接法生产彩色水泥所用颜料分为有机颜料和无机颜料两大类。一般来说，有机颜料着色力强、色调鲜艳，但相对无机颜料而言容易褪色，无机颜料不如有机颜料鲜艳。

用于配制彩色水泥的颜料要求为：不溶于水、分散性好、大气稳定性好、抗碱性强、着色性强、不能使水泥强度显著降低。

着色度除与颜料种类有关外，还与颜料的掺量与粒度有关，一般而言，掺量越多，颜色越深；颜料越细，着色能力越强。

直接法即在生料中加入着色剂烧制彩色硅酸盐水泥熟料，常见着色剂对应的熟料颜色为：加入 Cr_2O_3 后熟料呈黄绿色、绿宝石色、蓝绿色；加入 MnO 后熟料呈蓝色、绿色、黑色；加入 CO_2O_3 后熟料呈深黄至红褐色；加入 Ni_2O_3 后熟料呈黄至紫褐色。

（五）白色水泥和彩色水泥的应用

1. 水泥净浆的用途

水泥净浆主要用于水泥涂料和净浆喷涂。此外，白色水泥和彩色水泥可替代普通硅酸盐水泥制造石棉水泥板、纸浆水泥板和水泥刨花板等高档饰面制品。

2. 水泥砂浆的用途

水泥砂浆一般作为装饰用砂浆使用，彩色水泥砂浆一般用于建筑物的墙面、顶棚地面、各种园艺材料，如水池、雕塑工程等。此外，白色水泥砂浆可用于瓷砖接缝。用 1：1 白水泥砂浆做瓷砖接缝胶结材料，为防止产生白霜和提高黏结力可加入 15%～20% 聚醋酸乙烯塑料乳液。

3. 混凝土的用途

彩色混凝土可用作人行道用彩色水泥板。彩色水泥制造的混凝土平板制造方法有浇注成型和压制成型两种，灰砂比为 1：2～1：2.5。它还可制成彩色水泥面砖，亦称水磨石砖，是用不同粒径石子、砂石粉的彩色水泥按一定比例浇注成型，最后表面磨光而成。此外，彩色混凝土还可作为各种饰面墙板，其配制灰砂比为 1：1.5～1：2.0，在砂浆中加入树脂乳液，用玻璃板或不锈钢板模型浇注成型，即可制得表面有光泽的饰面板。

二、无熟料装饰水泥

(一) 概述

无熟料装饰水泥尽管白度比不上白色及彩色硅酸盐水泥，但成本低、工艺简单、设备投资少、可就地取材，生产过程大量利用工业废渣，社会经济效益显著。无熟料装饰水泥有下列几个品种：石膏矿渣装饰水泥、磷矿渣装饰白水泥、石灰矿渣装饰水泥和钢渣装饰水泥。

(二) 石膏矿渣装饰水泥

1. 矿渣

生产石膏矿渣水泥的矿渣不是通常高温炼铁的渣，而是用石灰石、长石、矸石、焦炭等原料专门配制的人造矿渣。将配好的原料用小高炉进行煅烧、熔融经水淬而成，其白度可达50%～60%。人造矿渣应保证矿渣具有一定的活性和白度。造渣时应注意以下几点：

(1) CaO/SiO_2 的比例，即碱度。在 Al_2O_3 含量一定的情况下，碱度越强，活性越强；但 CaO/SiO_2 太高时，炉温达不到要求，熔渣的黏度增高，流动性差，给高炉操作带来困难。在保证高炉易于操作的情况下，尽量提高碱度。

(2) 提高 Al_2O_3 含量，也能增强矿渣活性，但 Al_2O_3 含量太高会使熔渣变黏，不易操作。

(3) 熔炼时要保证足够高的炉温，防止炉温剧烈波动，加强熔炼控制。

2. 激发剂

采用二水石膏经煅烧脱水的无水石膏比天然硬石膏好，它生成钙矾石较快，有利于水泥的早强。另外，这种脱水石膏颜色较白，一般白度可达90%，二水石膏脱水温度一般控制在700～800℃。温度太低，还残留有半水石膏，易使水泥出现急凝现象；温度太高，易使部分 $CaSO_4$ 分解，出现f-CaO。石膏掺量对水泥性能的影响见表3-5-1。

表3-5-1　石膏掺量对水泥性能的影响

序号	配合比			抗折强度 (MPa)		抗压强度 (MPa)	
	石膏	矿渣	石灰	7d	28d	7d	28d
HDS$_1$	12	86	2	4.6	6.2	25.2	46.2
HDS$_2$	13	85	2	4.8	6.5	30.4	46.6
HDS3$_1$	14	84	2	4.8	6.5	30.3	48.0
HDS$_1$	15	83	2	4.4	6.2	24.6	43.4

3. 工艺流程

石膏矿渣装饰水泥生产工艺流程图如图3-5-1所示。

(三) 磷矿渣装饰白水泥

1. 原料

磷渣是电炉还原炼磷之后的废渣，含铁量很少，外观较白，用它生产白水泥，其成本比矿渣白水泥还低。磷渣中 Al_2O_3 含量较低，活性不如白矿渣；主要激发剂为石灰和白水泥，这两种均能激发磷矿渣的活性，且能提高磷渣白度，因磷渣中 Al_2O_3 含量低，

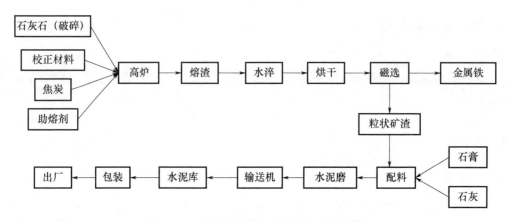

图 3-5-1　石膏矿渣装饰水泥生产工艺流程图

单用硫酸盐激发效果不佳，应以碱性激发为主。

2. 磷矿渣装饰白水泥生产工艺流程

磷矿渣装饰白水泥生产工艺流程如图 3-5-2 所示。

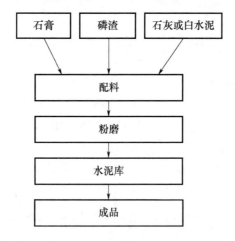

图 3-5-2　磷矿渣装饰白水泥生产工艺流程图

（四）石灰矿渣装饰水泥

石灰矿渣装饰水泥的生产工艺与石膏矿渣装饰水泥基本相同，只是石灰和石膏的掺加量不同。作为碱性激发剂，石灰掺入量较多，而石膏掺入量较少，同时，碱激发剂亦可用白色水泥熟料代替。

（五）电炉还原钢渣装饰水泥

1. 原料

一般多采用二水石膏在 800℃ 左右煅烧脱水时的石膏做硫酸盐激发剂。

电炉还原钢渣白水泥凝结时间较短，白度较低，若增加部分混合材，可改善水泥性能和白度。

2. 电炉还原钢渣装饰水泥性能

（1）强度：早强，7d 强度可达其 28d 强度的 90%；

（2）安定性：煮沸和浸水都合格；

（3）白度：75%以上；

（4）凝结时间：采取一定缓凝措施可达正常值。

三、砌筑水泥

（一）砌筑水泥概述

砌筑水泥是由硅酸盐水泥熟料加入规定的混合材料和适量石膏磨细制成的保水性较好的水硬性胶凝材料，代号 M，广泛应用于建筑砂浆和抹面砂浆。市场需求量较大，占水泥市场的 20%～30%。砌筑水泥是一种少熟料水泥，是典型的低碳节能水泥品种，在高细粉磨和水泥外加剂作用下，可大量掺加各种工业废渣。

国家标准《砌筑水泥》（GB/T 3183—2017）规定：水泥强度分为 12.5、22.5 和 32.5 三个等级，各龄期强度应符合表 3-5-2 规定。

表 3-5-2　砌筑水泥强度指标

水泥等级	抗压强度（MPa）			抗折强度（MPa）		
	3d	7d	28d	3d	7d	28d
12.5	—	≥7.0	≥12.5	—	≥1.5	≥3.0
22.5		≥10.0	≥22.5		≥2.0	≥4.0
32.5	≥10	—	≥32.5	≥2.5	—	≥5.5

在符合上述规定的同时，砌筑水泥还应符合以下要求：SO_3≤3.5%，氯离子含量<0.06%，水溶性铬（Ⅵ）含量<10.0mg/kg，初凝时间>60min，终凝时间<720min，水泥安定性合格，水泥保水率>80%，水泥放射性内照射指数 I_{Ra}<1.0，放射性外照射指标 I_r<1.0。

（二）砌筑水泥的原料及生产工艺

1. 原料

生产砌筑水泥的主要原料是各类工业固体废渣，如矿渣、钢渣、粉煤灰、沸腾炉渣、煤矸石、磷渣、增钙液态渣、化铁炉渣、铬铁渣、石粉、沸石、窑灰等，特别是水泥厂收集的窑灰可用于砌筑水泥生产。除主要原料外，还需掺入少量的硫酸盐激发剂和碱性激发剂，同时可掺入低于 0.5% 的水泥助磨剂。碱性激发剂主要是各类石膏，可采用硅酸盐水泥熟料或石灰。研究表明，少熟料水泥的各项性能指标远远优于无熟料水泥的性能指标。

对于砌筑水泥的配比，一般情况下，石膏掺加量范围为 3%～5%，熟料的掺加量应根据混合材的种类、比例、活性及生产水泥等级统筹考虑，一般控制在 10%～30%。

2. 生产工艺

砌筑水泥的细度要求 80μm 筛余小于 10%。砌筑水泥的粉磨工艺可以采用混合粉磨，也可采用分别粉磨或部分分别粉磨（先将各种原料分别粉磨至一定细度，然后配料再入磨粉磨至要求细度）。如果主要原料为粉煤灰、煤矸石、沸腾炉渣、窑灰、沸石、石灰石粉等较易磨细材料时，由于它们与熟料易磨性相差较大，最好采用分别粉磨或部分分别粉磨。若进行混合粉磨，易造成熟料磨不细而主要原料磨得过细，易引起粘球、糊磨现象；若主要原料为矿渣、磷渣、铬铁渣等，易磨性与熟料相近，则可采用混合粉磨的方式，也可用合成水泥的理念生产砌筑水泥。武钢与华新水泥某 60 万吨粉磨站，创造了 1 吨熟料生产 5 吨水泥的良好记录。

（三）砌筑水泥的性能

砌筑水泥除等级较低外，其他如凝结、安定性等均与通用水泥要求类似。用砌筑水泥配制的砂浆具有良好的强度、抗干缩、抗冻性能，并具有良好的砌体强度和良好的经济效益。

四、碱-矿渣水泥

（一）概述

碱-矿渣水泥（ASC）是以粒化高炉矿渣（也可用其他同类材料）为主要原料，用 $NaOH$、Na_2CO_3 或水玻璃等碱性材料作为激发剂制成的一种水硬性胶凝材料，这种材料具有较高的强度。用碱-矿渣水泥配制的混凝土可达 $50\sim80MPa$，抗渗性、耐蚀性、抗冻性能良好，是一种新型的胶凝材料，产品主要用于建筑、港口、道路等工程。

（二）生产 ASC 的原料与工艺

生产 ASC 的原料主要是粒化高炉矿渣和碱性激发材料两种组分，或用具有潜在水硬性的工业废渣，如磷渣、含钛矿渣、锰铁矿渣、赤泥、增钙液态渣等替代或部分替代粒化高炉矿渣生产 ASC。

（三）ASC 的水化、硬化机理

矿渣有潜在水硬性，在 $Ca(OH)_2$ 和 $CaSO_4$ 的双重激发下呈现水硬性，产生强度。一般用它作为硅酸盐水泥类的活性混合材，或者采用少量熟料或石灰，再加入适量石膏生产少熟料或无熟料矿渣水泥。其实质是 $Ca(OH)_2$ 中的 OH^- 使矿渣玻璃体结构中的硅铝氧键羟基化而断裂，从而使玻璃体网状结构解体；同时，$Ca(OH)_2$ 提供的 Ca^{2+} 形成稳定的水化硅酸钙和水化铝酸钙，在有 $CaSO_4$ 条件下，还生成钙矾石。ASC 的水化产物主要是 C-S-H，但其 C/S 较低，并有一部分可能由 Na^+ 取代 C-S-H 结构中的 Ca^{2+}，形成难溶的沸石类矿物（$NaO \cdot CaO \cdot Al_2O_3 \cdot SiO_2 \cdot H_2O$ 系统的水化产物）。强烈的碱性激发加速了矿渣玻璃体的解体，使 Ca^{2+} 和 Al^{3+} 大量溶于液相，它们将与由矿渣溶出的低聚硅酸根阴离子及由水玻璃溶出的大量 $[SiO_2(OH)_2]^{2-}$，通过缩聚作用生成大量 C-S-H 和水化硅铝酸钙 $CaO \cdot Al_2O_3 \cdot xSiO_2 \cdot yH_2O$，促使 ASC 凝结硬化，大大增强了水泥石的强度；另外，水化反应中部分未与 Ca^{2+} 化合的硅酸凝胶将填充水泥石孔隙，使混凝土更为密实，并起到紧密黏结骨料的作用。以上这些水化和硬化的特点，使 ASC 具有较高的强度和许多优良特性。

（四）ASC 的性能

ASC 是具有较高的强度，一般条件下配制的混凝土，28d 抗压强度可达 $50\sim80MPa$，若采用加压成型则强度更高。据报道，ASC 的强度可达高等级硅酸盐水泥强度的 $1.5\sim2.0$ 倍。因此，ASC 除用来配制普通混凝土外，还可生产强度为 $25\sim70MPa$ 的轻质混凝土和强度为 $100\sim160MPa$ 的重混凝土。ASC 不但适于自然养护，也适于蒸汽养护，其强度发展特点是早期强度高，1d 强度可达 $20\sim35MPa$，3d 强度可达 $65\sim75MPa$，长期强度也很高，5～10 年强度可增长 $1.7\sim1.8$ 倍。

ASC 配制的水泥混凝土，抗渗性指标可达 $1\sim3MPa$；抗冻性可达 $300\sim1000$ 次冻融循环。ASC 水泥石结构十分致密，基本无孔隙，而且水化产物中，不存在易与环境水中的 SO_4^{2-} 和 CO_3^{2-} 等阴离子反应的 Ca（OH）$_2$ 和水化铝酸盐等水化物，故其抗蚀性能十分良好。ASC 的干缩性较差，尤其是在空气中。

关于能否发生碱-集料反应，取决于 ASC 水化后 Na^+ 的存在形式。如果 Na^+ 进入难溶的沸石类矿物，则不会发生碱-集料反应；如果 Na^{2+} 没有掺入矿物，而是遗留在液相中或以 NaOH 形式存在，则在遇到活性集料时，可能发生碱-集料反应。

（五）ASC 的使用情况

苏联、波兰、德国等国家生产使用 ASC 已有几十年的历史，成功制造预制构件、砌块及现浇产品，在民用和工业建筑、海港工程、道路工程等领域均取得良好效果。

五、地聚物水泥

（一）概述

地聚物水泥是以烧黏土（偏高岭土）、碱激发剂为原料，经过适当工艺处理，通过化学反应得到的具有陶瓷性能的一种新材料。它是一类新型的具有三维氧化物网络结构的高性能无机聚合材料，是由 Si、O、Al 等以共价键链接成骨架的无机聚合物。

地聚物水泥的结构分子式为 M_x $\{-（SiO_2）_2-Al_2O_3\}_n \cdot wH_2O$，其中 n 为聚合度，根据 n 值不同可将地聚物分为三类。地聚物三维网状结构由硅氧四面体和铝氧四面体连接组成。地聚物结构及分类见表 3-5-3。

表 3-5-3　地聚物结构及分类

n	名称	类型	聚合单元结构
1	poly（sialate）	PS	$O-Si-O-Al-O$（含上下各一个 O 键）
2	poly（sialate-siloxo）	PSS	$O-Si-O-Al-O-Si-O$（含上下 O 键）
3	poly（sialate-disiloxo）	PSDS	$O-Si-O-Al-O-Si-O-AL-O$（含上下 O 键）

地聚物水泥是碱性激发富含 Si、Al 物质而形成三维网状结构、无定型或半结晶硅铝酸盐。胶凝材料是类似合成沸石的无定性物质，其最终水化产物为碱-碱土铝硅酸盐类沸石矿物。

地聚物水泥是由 Na^+ 破坏其 Si—O 键、Al—O 键，而又重新组合形成的紧固氧化物网络结构体系，因此具有较高的强度、耐高温、抗干缩和良好的耐久性能。

（二）地聚物水泥水化反应机理

目前，最为广泛接受的地聚物水泥水化反应机理是法国 J. Davidovits 提出的解聚和缩聚理论。他认为，地聚物水泥的凝结硬化过程是原材料中的硅氧键和铝氧键在碱性催化剂作用下断裂后再重组的反应过程。他在研究中假设铝硅酸盐聚合过程是通过一些假设基团逐步发生缩聚过程，这样假设的组成单元进一步缩聚形成三维大分子结构，并将这些低相对分子质量的单元（单体、二聚体、三聚体）等称为低聚物。低聚硅铝酸盐指的是单体正硅铝酸盐，二聚体硅铝酸盐，与之类似的也有低聚硅铝酸盐（硅氧体）和低聚硅铝酸盐（二硅氧体）。J. Davidovits 提出地聚合物的反应过程如下：

（1）铝硅酸盐原料在碱性溶液（NaOH、KOH）中溶解；

（2）溶解的铝硅配合物由固体颗粒表面向颗粒间隙扩散；

（3）凝胶相 $M\{-(SiO_2)_2-Al_2O_3\}_n \cdot wH_2O$ 的形成，导致在碱硅酸盐溶液和铝硅配合物之间发生聚合反应；

（4）凝胶相逐渐排出剩余的水分，固结硬化成矿物聚合材料块体。

（三）地聚物水泥原料

地聚物水泥的基础原料大多采用 NaOH、Na_2CO_3 和 Na_2SiO_4 等。除基础组分和 NaOH 型激发剂外，还有增强剂，如硅灰、氟硅酸铝钠和低钙硅比水化硅酸钙等。

（四）地聚物水泥性能

1. 高强度

地聚物水泥具有很高的强度，3d 强度可达 20MPa，28d 强度可达 100MPa。

2. 耐高温

地聚物本身是氧化物网络结构体系，在 1000～1200℃不氧化、不分解，此外，密实的氧化物网络体系可以隔绝空气，保护内部物质不被氧化。经复合改性后，材料的抗压、抗折、抗弯曲强度都是普通水泥基材料的 10 倍以上，同时高温性能好，不燃、隔热、保温［导热系数为 0.24～0.38W/（m·K）］。

3. 耐久性优良

地聚物水化热较低，抗渗性和耐腐蚀性较好。其优良性能一方面源于其稳定的网络结构，另一方面是因为它可以完全避免普通水泥因金属离子迁移与集料反应引起碱-集料反应，不发生膨胀，因而经受自然的破坏能力很强。

4. 功能多样性

硅元素存在稳定的＋4 价态，因此地聚物材料中的硅氧四面体呈中性；铝氧四面体中的铝元素是＋3 价态，但却与四个氧原子结合成键。因此铝氧四面体显电负性，要吸收体系中的正离子来平衡电荷，总体结果使体系显中性。铝离子的这一行为以及地聚物材料本身的特点，使得该材料具有多种功能特性。

第四章 低碳水泥生产技术

第一节 国内外节能减排低碳水泥体系介绍

目前，国内外节能减排低碳水泥体系主要有以下六种：

1. $CaO\text{-}SiO_2\text{-}Al_2O_3$ 体系（NA）

该体系属贝利特铝酸盐水泥，由苏联 L. A. Zakharov 于 20 世纪 60 年代首先提出。体系熟料中 CaO 含量较低，主要矿物为 CA、CA_2 和 C_2S。该体系原料的组成设计要严格控制石灰石和高品质铝质原料中 SiO_2 含量，减少熟料中非活性矿物 CAS 的形成，烧成温度为 1400℃。

2. $CaO\text{-}SiO_2\text{-}Al_2O_3\text{-}CaF_2$ 体系（$\overline{F}A$）

该体系属氟铝酸盐水泥。CaF_2 的引入大大降低了熟料的烧成温度，$\alpha'\text{-}2C_2S$ 在 800℃时形成，非活性矿物在 900℃时形成，保持稳定至 1040℃之后分解成 CaO 和液相，1100℃时，非活性 $C_{11}S_4\overline{F}$ 形成，C_3S 的形成温度比正常低 200℃。Al_2O_3 通常形成两种矿物——$C_{11}A_7\overline{F}$ 或 C_3S。氟化物形成温度为 1050℃。这种氟铝酸盐水泥的原料为石灰石、矾土和萤石，熟料烧成温度为 1300℃。

3. $CaO\text{-}SiO_2\text{-}Al_2O_3\text{-}CaSO_4$ 体系（$\overline{S}A$）

该体系属硫铝酸盐水泥。熟料矿物首先形成 $C_2A\overline{S}$，然后于 1000℃下转化成 $C_4A_3\overline{S}$ 和 $\alpha'\text{-}C_2S$ 矿物；硫铝酸盐在 1200℃下分解，在 1200～1280℃范围内形成中间产物 $C_2A\overline{S}$。硫铝水泥制备原料有矾土、石灰石和石膏，熟料烧成温度为 1350℃。

4. $CaO\text{-}SiO_2\text{-}Al_2O_3\text{-}Fe_2O_3\text{-}CaSO_4$ 体系（FA）

该体系为铁铝酸盐水泥。熟料中 Fe_2O_3 促使 $C_2A\overline{S}$ 转化为 $C_4A_3\overline{S}$ 和 $\alpha'\text{-}C_2S$ 矿物。在熟料中铁相类似于硅酸盐水泥中的固溶体系列，形成 C_2F、C_6A_2F 以及 $CaSO_4$、$C_4A_3\overline{S}$ 和 $\alpha'\text{-}C_2S$ 矿物。铁铝酸盐水泥制备原料为铁铝矾土、石灰石、石膏，熟料烧成温度为 1300℃。

5. $CaO\text{-}SiO_2\text{-}Al_2O_3\text{-}CaCl_2$ 体系（LC）

该体系为阿利尼特水泥，形成的 $CaCl_2$ 和 CaO 共熔混合物大大降低了熟料的烧成温度。600℃时，体系形成中间化合物 2CaO、SiO_2 和 $CaCl_2$；在 975℃时开始转化成较高的温度形态化合物；温度升高至 1050℃，熟料中的高钙化合物开始形成阿利尼特矿物（21CaO·$6SiO_2$·Al_2O_3·$CaCl_2$），该矿物在 1050～1250℃范围内稳定存在；体系中的 Al_2O_3 于 750℃时形成矿物 11CaO·$7Al_2O_3$·$CaCl_2$，至 1300℃时该矿物仍稳定存在。阿里尼特水泥原料为石灰石、粉煤灰、碱矿渣，熟料主要矿物为阿利尼特（21CaO·$6SiO_2$·Al_2O_3·$CaCl_2$）和贝利特（$\alpha'\text{-}C_2S$），熟料烧成温度为 1200℃。

6. $CaO\text{-}SiO_2\text{-}Al_2O_3\text{-}Fe_2O_3\text{-}CaSO_4\text{-}CaF_2$ 体系（HCA）

该体系为高钙硫铝酸盐水泥，熟料中生成了 C_3S 矿物，熟料中主要矿物为 C_3S、$C_4A_3\overline{S}$、

C_6AF_2、$C_{11}S_4\overline{F}$ 和 C_3A。高钙硫铝酸盐水泥熟料主要原料为石灰石、高铝黏土、石膏、氟化物等，烧成温度为 1300℃。

以上六种体系节能水泥体系技术经不断变化形成三种水泥品种：高贝利特水泥、硫铝酸盐水泥和高贝利特硫铝酸盐水泥。

几种主要矿物形成参数、CaO 含量和单位矿物 CO_2 排放量见表 4-1-1。

表 4-1-1　几种主要矿物形成参数、CaO 含量和单位矿物 CO_2 排放量

矿物	形成熔 (kJ/kg)	形成温度 (℃)	CaO (%)	单位矿物产生 CO_2 (kg/t)	备注
C_3S	1848	1450	73.7	578	—
C_2S	1336	1250	65.1	511	—
C_3A	1268	1100	58.3	489	—
C_4AF	1050	1100	46.1	362	—
$C_4A_3\overline{S}$	~800	1200	55.2	216	$3C+3A+C\overline{S}\longrightarrow C_4A_3\overline{S}$
				371	$3C_{12}A_7+7C\overline{S}\longrightarrow 7C_4A_3\overline{S}+15C$

第二节　高贝利特水泥（HBC）

一、高贝利特水泥概述

高贝利特水泥指以贝利特为主导矿物的低热硅酸盐水泥。与传统硅酸盐水泥相比，HBC 中 C_2S 的含量高于 C_3S，一般为 45% 以上。

中国建筑材料科学研究总院在国家"九五"攻关"重点工程混凝土安全性的研究"项目下设专题"安全性混凝土新型胶凝材料的研究"中，成功开发出了一种新型低钙、高性能硅酸盐水泥，即高贝利特水泥，在制备技术上解决了硅酸二钙矿物活化和高活性晶型的常温稳定这两大国际难题，在世界上首次实现了以硅酸二钙（$C_2S\geqslant50\%$）为主导矿物的高性能低热硅酸盐水泥的工业化生产和规模化应用。

该成果属国内首创，在国际上处于领先水平。与硅酸盐水泥熟料比，在同一窑型中煅烧高贝利特水泥熟料，可大幅度提高窑的台时产量，显著降低烧成煤耗：烧成 HBC 熟料窑的台时产量比烧成硅酸盐水泥熟料台时提高 20%，单位质量熟料的石灰石消耗降低 5%～10%，CO_2 排放降低 10%，SO_2、NO_x 排放相应减少；在能耗方面，烧成 HBC 熟料单位煤耗比硅酸盐水泥熟料降低 18%～22%，烧成温度降低 100～150℃，单位熟料成本降低 20 元/吨以上，单位水泥成本降低 10～15 元/吨。由此可见，高贝利特水泥在生产工艺方面具有烧成温度低、石灰石消耗低、CO_2、SO_2 及 NO_x 等有害气体排放少、综合生产成本低等特点。隋同波教授等人研究了高贝利特水泥的性能得出结论：尽管高贝利特水泥在常温条件下的早期强度较同等级传统硅酸盐水泥低，但其后期强度增进率大，而且在高于标养温度下具有传统硅酸盐水泥不可比拟的高温强度稳定性。与传统硅酸盐水泥相比，高贝利特水泥具有较低的水化热和水化温升、优异的干缩和抗化学侵蚀性能及良好的耐磨性。也有研究利用高贝利特水泥固化重金属离子，取得较好的效果。后期研究重点开始转向高性能特性。

从水化进程和水化产物分析，C_3S 和 C_2S 水化反应可用以下简化公式表示：

$$2C_3S+7H \longrightarrow C_3S_2H_4+3CH \qquad \Delta H=-115kJ/mol$$

$$2C_2S+5H \longrightarrow C_3S_2H_4+CH \qquad \Delta H=-45kJ/mol$$

显然，C_2S 与 C_3S 具有相同的水化产物，但 C_2S 需水量低，水化放热少，水化生成的 CH 仅占前者的 1/3。简化计算不难得出，$100gC_3S$ 完全水化产生 $79gC$-S-H 凝胶量，仅占相同质量 C_2S 水化产生 C-S-H 凝胶量的 80%，而产生的 CH 却多 1 倍以上。水泥水化理论研究表明，CH 是通用水泥水化产物中不可缺少的"不良组分"，一方面，浆体中需要 CH 维持一定的碱度和 C-S-H 凝胶的稳定性，同时 CH 又是硅质及硅铝质掺和材料的"天然"碱性激发源；另一方面，浆体中的 CH 具有较高的二次反应能力和一定的溶解度，在不利的环境条件下易在介质中发生物理化学侵蚀，而且 CH 易在水泥浆体与集料界面区域富集并择优取向，形成结构疏松的界面过渡区，影响水泥混凝土的性能。因此，贝利特矿物水化时较低的需水量和水化热表明它具有更好的体积稳定性和热学性能，这些均是贝利特水泥具有优异耐久性的重要原因。

水泥各矿物组分的水化热数据见表 4-2-1，由表可知，C_2S 各龄期水化热均小于其他熟料矿物，这决定了以 C_2S 为主导矿物的高贝利特水泥在对水化热要求较苛刻的大体积混凝土的大型工程应用方面有其不可比拟的技术优势。

表 4-2-1　几种主要矿物水化热（kJ/kg）

矿物名称	3d	7d	28d	90d
C_3A	888	1557	1377	1302
C_3S	243	222	377	435
C_4AF	289	494	418	410
C_2S	50	42	105	176

从水化浆体的微观结构分析，A. K. Chatterjee 根据 W. C. Hansen 的理论对 C_3S 和 C_2S 水化的理论体积孔隙率进行了定量计算，结果见表 4-2-2，表明 C_2S 比 C_3S 的水化体积孔隙率更低。

表 4-2-2　C_3S 和 C_2S 水化的理论孔隙率比较

参数	C_3S	C_2S
固体质量（g）	456	344
体积（m^3·水中）	182.4 *	103.2 *
反应物（g）	270.7	187.2
结合水（g）	126	90
自由水（g）	56.4	13
孔隙（m^3·水中）	23.7	17.8
孔隙总量（m^3·水中）	50.1	31
体积孔隙率（%）	29.6	15.7

注：C_3S：$w/s=0.4$　　C_2S：$w/s=3$

A. K. Chatterjee 还研究了通用硅酸盐水泥和高贝利特体系水泥 5 年强度和孔隙率的关系，二者水化体的毛细体积孔隙率分别为 30% 和 24%。显然，较低的孔隙率与高贝利特体系水泥强度高于通用硅酸盐水泥密切相关。因此，以贝利特为主导矿物的高贝利特水泥与通用硅酸盐水泥相比，水泥浆体结构更加致密，抗渗和抗冻性能更好，具有更高的抗拉强度，对化学侵蚀和碱-集料反应的抵抗能力也更强，是高安全性混凝土理想的新型胶凝材料。

二、高贝利特水泥熟料配料设计

高贝利特水泥（HBC）生产原料和工艺设备与通用硅酸盐水泥（PC）生产基本一致，只是 HBC 要适当降低 CaO 含量，提高 SiO_2 含量。HBC 生产可用低品位石灰石加硅砂实现。一般情况下，PC、HBC 水泥熟料矿物组成如下：

PC：$C_3S=50\%\sim60\%$，$C_2S=15\%\sim36\%$

HBC：$C_3S=15\%\sim35\%$，$C_2S=40\%\sim60\%$

假设 $C_2S>50\%$，$C_3S=20\%\sim30\%$，$C_3A=7\%$，$C_4AF=12\%$，$KH=0.75$，$SiO_2=26\%$，

则：$C_2S=8.6(1-KH)$，$SiO_2=8.6\times(1-0.75)\times26\%=55.9\%$

$C_3S=3.8(3KH-2)$，$SiO_2=3.8\times(3\times0.75-2)\times26\%=24.7\%$

$C_4AF=3.04Fe_2O_3$，那么 $Fe_2O_3=C_4AF/3.04=12/3.04=3.95\%$

$C_3A=2.65A-1.69F$，即 $7\%=2.65A-1.69\times3.95\%$，那么 $Al_2O_3=5.16\%$

因此：

$$n=\frac{C_3S+1.325C_2S}{1.434C_3A+2.046C_4AF}=\frac{24.7+1.325\times55.9}{1.434\times7+2.046\times12}=2.85$$

$$p=\frac{1.15C_3A}{C_4AF}=\frac{1.15\times7}{12}=0.67$$

此为假定矿物，倒推法算出：$KH=0.75$，$n=2.85$，$p=0.67$。然后依此三率值，根据原料、煤灰化学成分进行配料计算。

三、高贝利特水泥制备的核心技术

C_2S 矿物存在 α、β、γ 多种晶型，其中高温稳定型为 α、β，常温稳定型为 γ，其活性顺序 α≈β>γ（非活性），所以高贝利特水泥制备关键是防止"α、β→γ"的晶型转变，并显著提高矿物活性。图 4-2-1 所示为 C_2S 的晶型转变图。

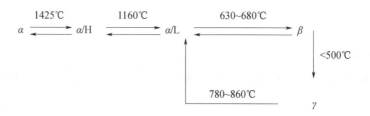

图 4-2-1　C_2S 的晶型转变图

1. 贝利特矿物稳定与活化机理

贝利特作为贝利特水泥的主导矿物，具有形成温度低、后期强度高等特点，但是贝利特晶型不稳定，活性难以激发，导致贝利特水化速度慢，早期强度低，后期强度难以发挥，严重限制了贝利特在水泥熟料中的重要作用。因此，如何稳定贝利特矿物，提高贝利特活性成为国内外研究的重点。

贝利特矿物有 4 种晶型，即 α-$2CaO \cdot SiO_2$、α'-$2CaO \cdot SiO_2$、β-$2CaO$-SiO_2 和 γ-$2CaO \cdot SiO_2$，而贝利特水泥中 C_2S 主要以 α' 和 β 这两种形态存在，这两种形态具有活性，可使水泥具有很高的强度。β-$2CaO \cdot SiO_2$ 呈圆颗粒形，通常是双晶形式，加快其水化反应速度，可以提高水泥质量和节约能源，但是在冷却过程中易于转变成惰性 γ 型晶型，从而导致熟料粉化。因此，为了保证水泥的后期强度，则需要寻找稳定 β-$2CaO \cdot SiO_2$ 并防止其向 γ-$2CaO \cdot SiO_2$ 晶型转变的技术途径。

根据结晶化学原理，提高贝利特水化活性的途径可分为两个方面：稳定贝利特的高温变体；减小贝利特晶粒尺寸，增大晶格畸变。大量研究显示，化学活化为最有效的活化途径，即通过氧化物掺杂，掺入离子与 β-$2CaO \cdot SiO_2$ 形成固溶体，阻止 β-$2CaO \cdot SiO_2$ 向 γ-$2CaO \cdot SiO_2$ 转变，稳定 β-$2CaO \cdot SiO_2$，同时引起贝利特晶格畸变，活化贝利特熟料。根据目前研究结果可知，可与贝利特形成固溶体的离子主要有 B^{3+}、K^+、Na^+、P^{5+}、Ti^{4+}、Sr^{2+}、As^{5+}、Mn^{6+} 等。

图 4-2-2 所示为固溶体中的离子置换方式。根据晶体固溶学原理，外来杂质离子在原晶体点阵中的位置主要有两种。一类是置换固溶体（图 4-2-2 中 a 图），即外掺离子替代了原晶体中的离子，当外掺离子尺寸大于原晶体中离子尺寸，则外掺离子将排挤其周围的原离子（图 4-2-2 中 c 图）；外掺离子若尺寸小于晶体离子尺寸，则其周围的原离子将向外掺离子靠拢（图 4-2-2 中 d 图）。两者尺寸相差越大，点阵畸变程度就越大。另一类是间隙固溶体（图 4-2-2 中 b 图），当外掺离子和原晶体中的离子尺寸相差较大时，特别是在原晶体中离子尺寸较小时，外掺离子填充在点阵的间隙位置。

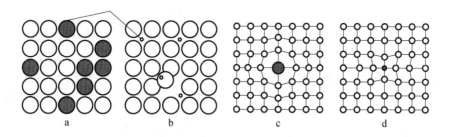

图 4-2-2　固溶体中的离子置换方式

关于微量组分对 β-C_2S 的稳定机理，曾有不同的争论：Nurse 提出的 C_2S 中 Ca-O 键因外来离子而增长的理论，不能解释个别组分的离子进入 β-C_2S 晶格的稳定作用。此外，Regourd 和 Guenier 提出，外掺离子虽使 C_2S 体系的熵增加，但同时也使其本体晶格扭曲，导致体系热力学能增加。根据热力学第二学定律可知，外掺离子并不均能导致体系自由能的降低及 β-C_2S 相的稳定。冯修吉等提出的缺陷自由能降低理论，定性地说明了外掺微量组分离子在 C_2S 晶格缺陷上的富集。显然，比 Ca^{2+} 极化率低或比 Si^{4+} 极化率高的外掺离子均能增加 C_2S 晶格的不完全程度，然而由于体积效应，阴离子团的稳定作用要大于阳离子。在高温冷却时，$\beta\text{-}C_2S$ 是 $\alpha'\text{-}C_2S$ 经晶格错位形成的，其势垒较低；而 $\gamma\text{-}C_2S$ 则是 $\alpha'\text{-}C_2S$ 经晶格重新排列而形成，其势垒较高。当外掺离子富集在 $\alpha'\text{-}C_2S$ 晶格缺陷处从而降低其自由能时，不足以阻挡其向 $\beta\text{-}C_2S$ 的转变，却能提高 $\alpha'\text{-}C_2S$ 向 $\gamma\text{-}C_2S$ 转化的热力学势垒，使这种转变不能进行，$\gamma\text{-}C_2S$ 相则不能生长。外掺微量组分中离子极化率越大（例如 P_2O_5），则自由能越能有效降低。

芦令超教授对高贝利特水泥活化技术进行了充分研究，即在高贝利特水泥生料基础上加入 $0.8\%BaSO_4$ 等微量元素活性剂，使其中的微量元素产生稳定和活化 $\beta\text{-}C_2S$ 的作用，提高了 $\beta\text{-}C_2S$ 的活性。水泥的 3d 强度和 28d 强度大幅度提高，在此基础上加入 0.3% 的萤石和 0.6% 的石膏复合矿化剂，水泥强度进一步提高。

2. 高贝利特水泥的冷却方式

冷却方式对水泥胶砂流动性及 28d 强度有显著影响。在熟料慢冷时，水泥的胶砂流动度显著下降，同时 28d 强度大幅下降；快冷条件下所得熟料强度比慢冷时 3d 强度高约 $3\sim5MPa$，28d 强度高约 $15\sim20MPa$。这一方面是由于慢冷导致熟料矿物晶粒尺寸增大，降低熟料易磨性，降低矿物相的水化活性；另一方面是由于贝利特矿物发生晶型转变，生成少量 $\gamma\text{-}C_2S$，降低矿物的水化活性。所以在实际生产中，应加速冷却，保证获得高活性水泥熟料。

3. 高贝利特水泥粉磨控制

鉴于高贝利特水泥早期强度低、难磨的特点，在水泥粉磨时掺入适量的早强剂、助磨剂以达到提高水泥粉磨效率和提高水泥早期强度的目的。另外，混合材有效搭配和石膏的适当掺量也是保证水泥质量和效益的重要举措。

四、高贝利特水泥的性能及应用

1. HBC 的优势性能

隋同波教授对 HBC 的性能和应用进行了深入研究。

PC（通用水泥）、MHC（中热水泥）、HBC（地热水泥）的水化温升、水化放热情况如图 4-2-3 所示。

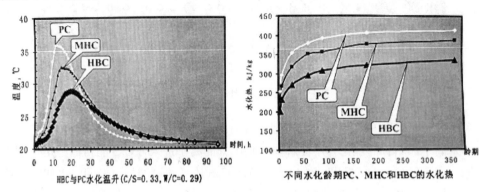

HBC：低热水泥　MHC：中热水泥　PC：通用水泥

图 4-2-3　水化温升、水化放热图

从图 4-2-3 中可以看出，HBC 较 PC、MHC 水化热低，水化温升低。

HBC、PC 不同龄期发展强度见图 4-2-4。

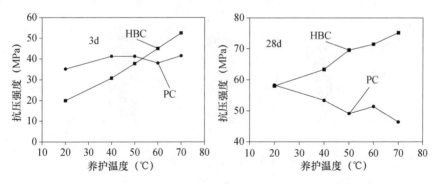

图 4-2-4　高于标准养护温度条件下 HBC、PC 的强度发展规律

从图 4-2-4 中可以看出，HBC 的 3d 强度低于 PC，但 28d 强度明显高于 PC，但高温（50℃以上）养护条件下，HPC 的 3d、28d 强度皆高于 PC。

不同龄期 HBC 与 PC 硬化浆体孔结构如图 4-2-5 所示。

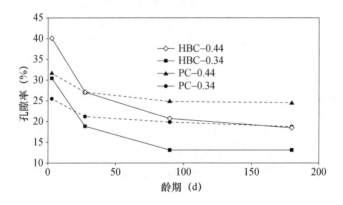

图 4-2-5　不同龄期 HBC 与 PC 硬化浆体孔结构

从图 4-2-5 中可以看出，同等水灰比情况下，28d 以后 HPC 空隙率明显低于 PC。

HBC、PC 抗化学侵蚀性能见表 4-2-3。

表 4-2-3　HBC、PC 抗化学侵蚀性能

种类	28d				3 月			
	淡水	3×海水	3% Na₂SO₄	5% MgCl₂	淡水	3×海水	3% Na₂SO₄	5% MgCl₂
HBC-1	8.80/1.00	8.26/0.94	10.19/1.16	7.42/0.84	9.68/1.00	7.87/0.81	10.44/1.08	8.87/0.91
PC	8.45/1.00	7.59/0.90	8.27/0.98	6.64/0.79	9.08/1.00	6.67/0.74	5.09/0.56	7.21/0.79

从表 4-3-2 中可以看出，HBC 抗化学侵蚀性能远高于 PC。

HBC、PC 干缩率对比如图 4-2-6 所示。

从图 4-2-6 中可以看出，HBC 干缩率明显低于 PC。

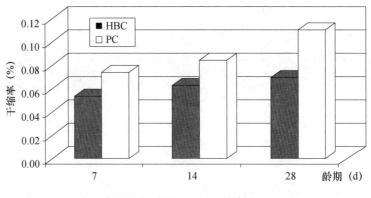

图 4-2-6　HBC、PC 干缩率对比

2. 高贝利特水泥的应用

HBC 是低能源消耗、低环境负荷的低碳水泥的优秀代表，其低热、高强、高耐久的优良性能是制备高性能混凝土的理想材料，广泛应用于大体积混凝土，尤其是水工混凝土。HBC 还成功应用于三峡、紫坪铺水利工程、首都国际机场等工程。HBC 的常规化生产与应用将是水泥工业节能减排低碳化发展的重要方向。

第三节　硫铝酸盐水泥（SAC）

一、硫铝酸盐水泥

硫铝酸盐水泥是将适当成分的石灰石、矾土、石膏等原料经 $1300 \sim 1350℃$ 煅烧形成以无水硫铝酸钙（$C_4A_3\bar{S}$）和硅酸二钙（C_2S）为主要矿物（其中 $C_4A_3\bar{S}$ 含量高于 C_2S）的熟料，之后掺加适量混合材共同粉磨所制成的具有早强、快硬、低碱度等优异性能的水硬性胶凝材料。硫铝酸盐水泥被称为继硅酸盐水泥和铝酸盐水泥之后的第三系列水泥。

20 世纪 50 年代末，国际文献开始报告关于 $C_4A_3\bar{S}$ 的研究成果。日本的 Mori 和 Sudoh 商业化生产快硬"零阿利特"水泥，其中含大量无水硫铝酸钙矿物，熟料的组成为 $55\%C_4A_3\bar{S}$、$27\%C_2S$、$5\%C\bar{S}$ 以及 $4\%C_4AF$，即硫铝酸盐水泥，煅烧温度为 $1250 \sim 1300℃$，掺入 20% 的硬石膏粉磨至 $400m^2/kg$，其 3h、1d 和 28d 抗压强度分别为 29.4MPa、49.0MPa 和 82.5MPa。固定水泥含量为 $370kg/m^3$，水灰比为 0.4，用该水泥制得混凝土抗压强度比采用快硬硅酸盐水泥及减水剂的混凝土强度高 25%，该水泥大规模用于快速硬化潮湿污泥以及固化重金属离子及含重金属离子的废弃物，如 Cr^{3+} 等。少数研究者认为，硫铝酸盐水泥具备快硬、高早强和后期强度，且伴有轻微的膨胀和自应力性能。然而，大部分研究表明，硫铝酸盐水泥水化过程中发生膨胀。

中国建筑材料科学研究总院于 1973 年 3 月首次在实验室成功烧制了硫铝酸盐水泥，突破传统水泥矿物组分，将 $C_4A_3\bar{S}$、C_2S 和 C_4AF 匹配，获得很好的胶凝性能，且具有早强、低徐变、低碱、抗渗、抗冻融等一系列优异性能，逐步为建筑工程行业所认识，开始了推广使用。20 世纪 90 年代以来，硫铝酸盐水泥的生产技术和应用技术不断成熟，从立筒式预热器窑生产工艺发展至 21 世纪的五级旋风预热器煅烧工艺，生产能耗得到了大幅度降低，生产规模和应用范围逐渐扩大。

硫酸盐水泥的主要水化产物是 $Ca(OH)_2$、水化硅酸钙凝胶，以及少量水化硫酸钙和水化铁酸钙等，而水化硫铝酸钙由于形成条件的不同，又分成高硫型水化硫酸铝钙 $(3CaO \cdot Al_2O_3 \cdot CaSO_4 \cdot 32H_2O)$ 和低硫型水化硫酸铝钙 $(3CaO \cdot Al_2O_3 \cdot CaSO_4 \cdot 12H_2O)$ 两种。石膏在硫铝酸盐水泥水化过程中发挥着举足轻重的作用，一方面，原料掺入生料经煅烧形成重要矿物之一高活性无水硫铝酸钙；另一方面石膏作为缓凝剂掺入熟料中，水化生成钙矾石，影响硫铝酸盐水泥的凝结时间和强度性能。

通常，石膏含量不足的条件下，将发生如下反应：

$$2C_4A_3\bar{S} + 2CaSO_4 \cdot 2H + 52H \longrightarrow C_6A\bar{S}_3H_{32} + C_4A\bar{S}H_{12} + 4AH_3$$

石膏含量充足的条件下，发生如下反应：

$$C_4A_3\bar{S} + 8CaSO_4 \cdot 2H_2O + 6Ca(OH)_2 + 54H_2O \longrightarrow C_6A\bar{S}_3H_{32}$$

从上述反应式可以得知，石膏不足的情况下，熟料中的 $C_4A_3\bar{S}$ 矿物无法完全水化生成钙矾石，从而降低了水泥的强度性能，且凝结时间较快，不利于施工；若石膏掺量过量，则生成低硫型水化硫铝酸钙，只有 β-半水石膏形成的 50% 的钙矾石伴随着膨胀，这主要是由于水泥颗粒表面晶体呈辐射生长所致。如所使用的为硬石膏，溶液中钙矾石晶体的形成过程中不发生膨胀。

国外也进行了大量关于硫铝酸盐水泥水化的研究。研究表明，水泥中石膏加快了早期水化，24h 水化反应减缓，而 Cl_2 对硫铝酸盐水泥的缓凝作用弱于普通硅酸盐水泥。也有人认为硫铝酸盐水泥水化初期形成钙矾石和不定形 $Al(OH)_3$ 凝胶，随着硫酸钙消耗完毕，单硫酸盐开始生成，且孔溶液中的 Ca^{2+} 以及 SO_4^{2-} 质量分数大幅降低，pH 从 10~11 增加至 12.5~12.8。此外，有人发现 Na^+ 能促进硫铝酸盐水泥水化产物中 AFm 的形成。

由于硫铝酸盐水泥对原材料品质的利用范围较为广泛，故大量研究利用粉煤灰、矿渣等工业废弃物生产硫铝酸盐水泥，获得了性能良好的水泥。

以矿物 $C_4A_3\bar{S}$ 复合的熟料已发展成硫铝酸盐水泥系列，主要包括普通硫铝酸盐水泥系列和高铁硫铝酸盐水泥（又称为铁铝酸盐水泥）。根据石膏掺入量和混合材的不同，普通硫铝酸盐水泥可分为 5 个品种：快硬硫铝酸盐水泥、膨胀硫铝酸盐水泥、自应力硫铝酸盐水泥、高强硫铝酸盐水泥和低碱度硫铝酸盐水泥；高铁硫铝酸盐水泥可分为 4 个品种：快硬铁铝酸盐水泥、膨胀铁铝酸盐水泥、自应力铁铝酸盐水泥和高强铁铝酸盐水泥。

普通硫铝酸盐水泥熟料体系主要矿物组成为 $C_4A_3\bar{S}$ 55%~75%，C_2S 8%~37%，C_4AF 3%~10%，熟料的烧成温度为 $(1350\pm50)℃$，其水泥具有高强、快硬、自应力等优良特性。此外，其主要矿物之一的 $C_4A_3\bar{S}$ 中 CaO 含量低（36.8%），形成温度低（1300℃），因此该水泥与 C_2S 一样具有低能耗和低 CO_2 排放的特点。水泥熟料中各矿物的 CO_2 排放量见表 4-3-1，硫铝酸盐水泥熟料与通用硅酸盐水泥熟料的能耗比见表 4-3-2。

表 4-3-1　水泥熟料中各矿物的 CO_2 排放量

熟料相	$C_4A_3\bar{S}$	C_3S	C_2S	C_4AF	$C\bar{S}$	C_3A
熟料矿相烧成 CO_2 排放（kg/t）	216[a]	579	511	362	0	489
	371[b]					

注：a. $3C+3A+C\bar{S}\longrightarrow C_4A_3\bar{S}$；b. $3C_{12}A_7+7C\bar{S}\longrightarrow 7C_4A_3\bar{S}+15C$

表 4-3-2　硫铝酸盐水泥熟料与通用硅酸盐水泥熟料的能耗比

对比项目	通用硅酸盐水泥熟料	硫铝酸盐水泥熟料	降低率（％）
烧成熟料 CO_2 排放（化学反应部分）（kg/t）	535	305[a]	43
熟料烧成热耗	3.845	3.305	14
粉磨电耗（kW·h）	45～50	20～30	33～60

注：a：假定表 4-3-1 中 $C_4A_3\bar{S}$ 项所列出的 a、b 反应同时发生。

从表 4-3-1 和表 4-3-2 可得出，硫铝酸盐水泥熟料熟料烧成 CO_2 排放比普通硅酸盐水泥熟料降低 43％，熟料烧成热耗降低 14％，说明该水泥具有节能减排的优势。但是，一方面，硫铝酸盐水泥要求铝矾土原料中 Al_2O_3 含量高于 55％，而铝矾土原料来源和生产成本较高；另一方面，该水泥后期强度不高以及凝结时间不易调节或膨胀不稳定等因素，使其应用范围受到限制。

二、硫铝酸盐水泥的生产与应用技术

（一）配料技术

1. 原料与燃料

硫铝酸盐水泥主要原料是铝质原料（主要提供氧化铝、氧化硅和氧化铁）、石灰质原料（主要提供氧化钙）、硫质原料（主要提供三氧化硫）和烟煤。我国生产硫铝酸盐水泥，铝质原料主要是铝矾土和铁矾土，石灰质原料主要是石灰石，硫质原料主要是石膏。

根据生产的水泥品种和强度等级不同，对原料、燃料的要求有所不同，但基本要求如下：

1）矾土：$Al_2O_3\geqslant60\%$，$SiO_2\leqslant15\%$；

2）石灰石：$CaO\geqslant50\%$，$SiO_2\leqslant3.5\%$；

3）二水石膏：$SO_3\geqslant38\%$；

4）硬石膏：$SO_3\geqslant48\%$；

5）工业烟煤：发热量 $\geqslant23826kJ/kg$，灰分 $<20\%$，挥发分 $>25\%$；

6）所有原料中碱（R_2O）含量 $<0.5\%$。

在熟料磨制水泥的过程中，不同品种的硫铝酸盐水泥掺加不同种类的石膏，具体见表 4-3-3。

表 4-3-3　不同品种硫铝酸盐水泥掺加石膏种类

硫铝酸盐水泥系列	石膏种类
快硬硫铝酸盐水泥	二水石膏或硬石膏
高强硫铝酸盐水泥	二水石膏或硬石膏

续表

硫铝酸盐水泥系列	石膏种类
复合硫铝酸盐水泥	二水石膏或硬石膏
自应力硫铝酸盐水泥	二水石膏
低碱度硫铝酸盐水泥	硬石膏

其中，自应力硫铝酸盐水泥必须使用二水石膏，因二水石膏溶解度高，且溶解度曲线平稳，使水泥的膨胀发展与强度发展相协调，水泥制备的稳定期缩短，防止后期膨胀的产生；而硬石膏的溶解度早期很低而后期很高，溶解度曲线不稳，容易造成水泥制品的后期膨胀破坏。低碱度硫铝酸盐水泥之所以需硬石膏，是因为使用硬石膏比使用二水石膏可以使水泥有更高的强度。

2. 配料计算基本原则

配料计算依据是物料平衡。任何化学反应的物料平衡均为反应物的量应等于生成物的量。随着温度的升高，生料煅烧成熟料经历如下过程：生料干燥蒸发物理水—有机物质分解挥发—碳酸盐分解放出 CO_2—熟料烧成。因为有水分、CO_2 以及某些物质溢出，所以计算时必须采用统一基准。

蒸发物理水以后，生料处于干燥状态。以干燥状态质量所表示的计算单位，称为干燥基准。干燥基准用于计算干燥原料的配合比和干燥原料的化学成分。若不考虑生产损失，则干燥原料的质量应等于生料的质量，即：

$$干矾土＋干石灰石＋干石膏＝干生料$$

去掉烧失量（结晶水、CO_2 与挥发物质等）以后，生料处于灼烧状态。以灼烧状态质量所表示的计算单位，称为灼烧基。灼烧基准用于计算熟料的化学成分。若不考虑生产损失，在采用基本上无灰分掺入的气体或液体原料时，则灼烧原料、灼烧生料与熟料三者质量应相等，即：

$$灼烧矾土＋灼烧石灰石＋灼烧石膏＝灼烧生料＝熟料$$

若不考虑生产损失，在采用有煤灰掺入的烟煤时，则灼烧生料与掺入的煤灰之和应等于熟料的质量，即：

$$灼烧生料＋煤灰（掺入熟料）＝熟料$$

在实际生产中，由于总有生产损失，且飞灰的化学成分不可能等于生料成分，煤灰的掺入量也并不相同。因此在生产中应以生熟料成分的差别进行统计分析，对配料方案进行校正。在生产硫铝酸盐水泥时，配料依据以下两个原则：

（1）CaO 的配入量：在硫铝酸盐水泥系统中，形成熟料矿物所需 CaO 的量是按照不足来设计的。因为如果 CaO 配入量过多，超过熟料矿物所需要的量，将会形成 f-CaO，从而造成急凝、强度低等缺陷；同时，在高钙条件下，$C_4A_3\overline{S}$ 的水化速度会加快。因此，CaO 配入量是硫铝酸盐水泥配料计算的第一个技术关键。

（2）SO₃ 的配入量：在硫铝酸盐水泥中，形成熟料矿物所需 SO_3 的量是按照过量设计的。由于硫铝酸盐水泥熟料煅烧过程中，SO_3 总会有所挥发，如果 SO_3 配入量不足，将直接影响 $C_4A_3\overline{S}$ 的形成。因此，在配料计算中 SO_3 应过量 10％ 左右，这是硫铝酸盐水泥配料计算的第二个技术关键。

熟料中的煤灰掺入量可按照下式计算：

$$G_{TA} = \frac{qA^yS}{Q^y \times 10} = \frac{PA^yS}{100}$$

式中　G_{TA}——熟料中煤灰掺入量（%）；

　　　q——单位熟料热耗（kJ/kg 熟料）；

　　　Q^y——煤的应用基低位发热量（kJ/kg 熟料）；

　　　A^y——煤的应用基灰分含量（%）；

　　　S——煤灰沉降率（%）；

　　　P——煤耗（kJ/kg 熟料）。

煤灰沉降率因窑型而异。立筒预热器或窑外分解窑系统，$S=100\%$；干法中空窑系统，$S=60\%\sim70\%$

3. 配料计算基本公式：

有关物质的摩尔质量比值：

$C_4A_3\overline{S}$ 中：$M(C_4A_3\overline{S})/M(Al_2O_3)=1.99$　$M(SO_3)/M(C_4A_3\overline{S})=0.13$

$M(CaO)/M(Al_2O_3)=0.73$

C_2S 中：$M(C_2S)/M(SiO_2)=2.87$　$M(CaO)/M(SiO_2)=1.87$

C_4AF 中：$M(C_4AF)/M(Fe_2O_3)=3.04$　$M(Al_2O_3)/M(Fe_2O_3)=0.64$

$M(CaO)/M(Fe_2O_3)=1.40$

CT 中：$M(CT)/M(TiO_2)=1.7$　$M(CaO)/M(TiO_2)=0.70$

$CaSO_4$ 中：$M(CaSO_4)/M(SO_3)=1.70$

4. 熟料矿物的计算公式

在硫铝酸盐水泥系统中，主要矿物有：$C_4A_3\overline{S}$，主要提供早期强度；C_2S，主要提供后期强度；铁相（C_4AF），提供中后期强度；CT，为惰性矿物。假设在熟料煅烧过程中，矾土中 Al_2O_3 除形成 C_4AF 以外，全部形成 $C_4A_3\overline{S}$，SiO_2 全部形成 C_2S，TiO_2 全部形成 CT，Fe_2O_3 全部形成 C_4AF，则熟料矿物组成公式计算推导如下：

在硫铝酸盐水泥系统熟料形成过程中，一般认为先形成铁相，熟料中铁相比较复杂，其化学组成为 C_6A_2F-C_6AF_2 之间的系列连续固溶体，通常称为铁相固溶体，其成分接近于铁铝酸四钙 C_4AF，所以用 C_4AF 代表铁相固溶体。由于形成 C_4AF 矿物需要 Al_2O_3，因而在计算 $C_4A_3\overline{S}$ 时，需减去形成 C_4AF 所需 Al_2O_3。

因 $M(C_4A_3\overline{S})/M(Al_2O_3)=1.99$，$M(Al_2O_3)/M(Fe_2O_3)=0.64$

所以 $C_4A_3\overline{S}=1.99(Al_2O_3-0.64Fe_2O_3)$

在硫铝酸盐水泥系统中，假设 SiO_2 全部形成 C_2S

因 $M(C_2S)/M(SiO_2)=2.87$

所以 $C_2S=2.87SiO_2$

在硫铝酸盐水泥系统中，假设 Fe_2O_3 全部形成 C_4AF

因 $M(C_4AF)/M(Fe_2O_3)=3.04$

所以 $C_4AF=3.04Fe_2O_3$

在硫铝酸盐水泥系统中，假设 TiO_2 全部形成 CT

因 $M(CT)/M(TiO_2)=1.70$

所以 $CT = 1.70TiO_2$

5. 配料计算的基本参数

熟料中的 $f\text{-}SO_3$ 是指除了形成 $C_4A_3\overline{S}$ 外所剩余的 SO_3。

因 $M(SO_3)/M(C_4A_3\overline{S}) = 0.13$

所以 $f\text{-}SO_3 = SO_3 - 0.13C_4A_3\overline{S}$

$f\text{-}CaO_1$ 是指除了形成熟料矿物所需的 CaO 之外所剩 $f\text{-}CaO$；$f\text{-}CaO_2$ 则是指 $f\text{-}CaO_1$ 减去 $CaSO_4$ 中结合的 CaO 所剩余的 $f\text{-}CaO$，计算公式如下：

$$f\text{-}CaO_1 = CaO - 1.87SiO_2 - 1.4Fe_2O_3 - 0.7TiO_2 - 0.73(Al_2O_3 - 0.64Fe_2O_3)$$
$$f\text{-}CaO_2 = f\text{-}CaO_1 - 0.7f\text{-}SO_3$$

在实际生产中，通过计算的配料要经小磨试配，对生料进行化学分析，如结果与计算值基本相符，则说明配料计算有效。

6. 配料计算辅助参数

(1) 为了说明生料中配入 CaO、Al_2O_3、SO_3 的量对熟料形成和质量的影响，引入三个系数碱度系数 C_m、铝硅比 n 和铝硫比 P 为参考数值，配料时一般以 $f\text{-}SO_3$ 和 $f\text{-}CaO_1$ 为准。

1) 碱度系数 C_m 计算如下：

$$C_m = \frac{CaO - 0.7TiO_2}{1.87SiO_2 + 0.73(Al_2O_3 - 0.64Fe_2O_3) + 1.4Fe_2O_3}$$

碱度系数 C_m 表示熟料中氧化硅、氧化铝和氧化铁与氧化钙饱和形成 C_2S、$C_4A_3\overline{S}$ 和 C_4AF 的程度。C_m 一般为 $0.95 \sim 0.98$，C_m 必须小于 1，原因在于硫铝酸盐水泥系统中，不能有 $f\text{-}CaO$ 存在，否则将造成水泥急凝。

在硅酸盐水泥系统中，也存在一个系数，即石灰饱和系数（KH），但所表示的意义与硫铝酸盐水泥系统中碱度系数 C_m 不同。KH 表示熟料中全部氧化硅生成硅酸钙（硅酸二钙、硅酸三钙）所需的氧化钙含量与全部氧化硅生成硅酸三钙所需氧化钙的最大含量的比值，即表示熟料中氧化硅被氧化钙饱和形成硅酸三钙的程度。KH 可以大于 1，此时表示熟料中有一定量 $f\text{-}CaO$ 存在。KH 值表达式如下：

$$KH = \frac{CaO - 1.65Al_2O_3 - 0.35Fe_2O_3}{2.8SiO_2}$$

当 KH 值等于 1 时，此时形成的矿物组成为 C_3S、C_3A、C_4AF，无 C_2S 生成。

2) 铝硅比 n

铝硅比表示熟料中氧化铝含量与氧化硅含量之比，反映了熟料中 $C_4A_3\overline{S}$ 与 C_3S 的比值，计算公式如下：

$$n = \frac{A}{S} = \frac{Al_2O_3}{SiO_2}$$

3) 铝硫比 P

铝硫比表示熟料中氧化铝与三氧化硫含量之比，反映了形成 $C_4A_3\overline{S}$ 矿物中 Al_2O_3 与 SO_3 的比值。

$$P = \frac{A}{\overline{S}} = \frac{Al_2O_3}{SO_3}$$

(2) 生料的 $CaCO_3$ 计算值（％）

生料中的 MgO 以 CaO 计算：

$$M（CaCO_3）/M（CaO）=1.78$$

$$F_M（CaCO_3）/M（MgO）=2.48$$

则 $CaCO_3$（%）$=1.78（CaO-0.7SO_3-F_c）+2.48（MgO-F_M）$

式中　F_c——生料中矾土所配入的 CaO，F_c＝矾土的配入量×矾土中 CaO 含量；

　　　F_M——生料中矾土配入的 MgO，F_M＝矾土的配入量×矾土中 MgO 含量。

7. 配料步骤

输入原材料和煤灰的化学全分析结果，确定单位熟料热耗和煤灰沉降率，硫铝酸盐水泥熟料生产工艺在五级旋风预热器和立筒预热器煤灰沉降率一般为 100%，中空窑的煤灰沉降率一般为 60%。

根据水泥品种，确定 $f\text{-}SO_3$ 和 $f\text{-}CaO_1$ 的基本数值，之后根据 $f\text{-}SO_3$ 和 $f\text{-}CaO_1$ 调整原材料的配比，确定初步配料方案。

根据初步配料方案的配比，对原料进行小样试配，测定小样的生料化学成分和化学全分析，与初步配料方案的生料指标进行对比，若在误差范围之内，则可根据配料方案下达生产的原材料配比和生料的控制指标，工业生产的控制指标为 $CaCO_3$ 和 SO_3 滴定值。

8. 配料中参数的选择

（1）根据水泥物化原理和工业生产经验，总结出配料参数选择基本原则，具体如下：

1）配料计算中 $f\text{-}CaO_1$ 应当小于零，否则实际熟料中可能出现游离氧化钙，造成熟料急凝、强度低；$f\text{-}CaO_1$ 应大于-2，如果 $f\text{-}CaO_1$ 太低，则熟料的早期强度发展较慢，早期强度较低。与 $f\text{-}CaO_1$ 相互印证的参数是 C_m，同理 C_m 值应当小于1，范围一般为 0.95～0.98。

2）配料计算中 $f\text{-}SO_3$ 一般在 0.3～2.5，如果 SO_3 配入不足，则不能满足形成 $C_4A_3\overline{S}$ 的要求，同时，还需考虑 SO_3 的挥发。与 $f\text{-}SO_3$ 相对应的是 $A/\overline{S}$ 应小于 3.82。

3）n 值一般只能由原材料的优劣决定，从而决定熟料的早期强度，n 值仅作为参考系数。

（2）几种典型配料方案

根据工业生产具体实践，总结出几种配料方案，见表 4-3-4 至表 4-3-6。

表 4-3-4　高钙低硫方案

参数	五级旋风预热器和立筒预热器窑	中空窑
$f\text{-}CaO_1$（%）	-0.3～-0.5	-0.3～-0.5
$f\text{-}SO_3$（%）	0.3～0.6	1～2

注：本方案适合于生产高强水泥、熟料早期强度高。

表 4-3-5　低钙高硫方案

参数	五级旋风预热器和立筒预热器窑	中空窑
$f\text{-}CaO_1$（%）	-1.0～-1.5	-1.0～-1.5
$f\text{-}SO_3$（%）	2～3	3.5～4.5

注：本方案适合于生产膨胀和自应力水泥。

表 4-3-6　中钙中硫方案

参数	五级旋风预热器和立筒预热器窑	中空窑
f-CaO₁（％）	−0.5～−1.0	−0.5～−1.0
f-SO₃（％）	1.3～2.5	2.5～3.5

注：本方案适合于生产快硬和低碱水泥，凝结时间适合。

9. 生料配料计算——尝试误差法

这种方法是先按照假定的原料配比计算熟料组成，若计算不符合要求，则调整原料配合比，再进行重复计算，直到符合要求为止。举例说明如下：

（1）确定熟料组成。原料与煤灰的化学成分见表 4-3-7，煤的工业分析见表 4-3-8。已知熟料的系数为：

$$f\text{-}CaO_1 = -0.5 \sim -1.0$$
$$f\text{-}SO_3 = 1.3 \sim 2.5$$

表 4-3-7　原料与煤灰的化学成分（％）

名称	烧失量	SiO_2	Al_2O_3	Fe_2O_3	CaO	MgO	TiO_2	SO_3	合计
矾土	14.68	11.12	63.50	5.85	1.46	0.51	2.58	—	99.70
石灰石	41.42	3.26	1.08	0.66	51.28	1.82	—	—	99.52
石膏	19.95	1.54	0.66	0.34	33.48	3.86	—	39.60	99.43
煤灰	—	58.68	18.6	4.9	10.22	1.24	—	3.06	96.70

表 4-3-8　煤的工业分析

挥发分	固定碳	灰分	热值	水分
30.90％	54.20％	15.20％	27180kJ/kg	0.5％

（2）计算煤灰掺入量：

$$G_{TA} = \frac{q \cdot A^y S}{Q^y \times 100} = \frac{1100 \times 15.2 \times 100}{6502 \times 100} = 2.57\%$$

（3）计算干燥原料配合比。通常矾土配比 35％～40％，石灰石配比 45％～50％，石膏配合比 15％～20％。设定干燥原料配合比为矾土 36％，石灰石 48％，石膏 16％，依此计算生料的化学成分，见表 4-3-9。

表 4-3-9　生料化学成分　　　　　　　　　　　　　　　　　（％）

名称	配合比	烧失量	SiO_2	Al_2O_3	Fe_2O_3	CaO	MgO	TiO_2	SO_3
矾土	36.1	5.28	4.00	22.86	2.11	0.53	0.18	0.93	—
石灰石	48.0	19.88	1.56	0.52	0.32	24.61	0.87	—	—
石膏	16.0	3.19	0.25	0.11	0.05	5.36	0.62	—	6.34
生料	100.0	28.35	5.81	23.49	2.48	30.5	1.67	0.93	6.34
灼烧生料	—	—	8.12	32.78	3.46	42.57	2.33	1.29	8.85

煤灰掺入量 $G_{TA} = 2.57\%$，则灼烧生料配合比为：（100−2.57）％＝97.43％，按此计算熟料化学成分，见表 4-3-10。

表 4-3-10　熟料化学成分 （％）

名称	配合比	SiO₂	Al₂O₃	Fe₂O₃	CaO	MgO	TiO₂	SO₃
灼烧生料	97.43	7.91	31.94	3.37	41.48	2.27	1.26	8.62
煤灰	2.57	1.51	4.78	1.26	2.63	0.32	—	0.79
熟料	100	9.42	36.72	4.63	44.11	2.59	1.26	9.41

具体熟料系数计算如下：

$$f\text{-}CaO_1 = CaO - 1.87SiO_2 - 1.4Fe_2O_3 - 0.7TiO_2 - 0.73(Al_2O_3 - 0.64Fe_2O_3)$$
$$= 44.11 - 1.87 \times 9.42 - 1.40 \times 4.63 - 0.7 \times 1.26 - 0.73(36.72 - 0.64 \times 4.63)$$
$$= 44.11 - 17.6 - 6.48 - 0.88 - 24.64$$
$$= -5.49$$

$$f\text{-}SO_3 = SO_3 - 0.13C_4A_3\overline{S}$$

又 $C_4A_3\overline{S} = 1.99(Al_2O_3 - 0.64Fe_2O_3)$

所以 $f\text{-}SO_3 = SO_3 - 0.13 \times 1.99(Al_2O_3 - 0.64Fe_2O_3)$
$$= 9.41 - 0.13 \times 1.99(36.72 - 0.64 \times 4.63)$$
$$= 9.41 - 8.73$$
$$= 0.68$$

通过上述计算可知，f-CaO₁ 偏低，f-SO₃ 稍低，因此应增加石灰石比率，增加石膏比率，减少矾土比率。调整为：矾土 34％，石灰石 49.5％，石膏 16.50％，重新计算，结果见表 4-3-11。

表 4-3-11　生料与熟料的化学成分（重新计算结果）

名称	配合比	烧失量	SiO₂	Al₂O₃	Fe₂O₃	CaO	MgO	TiO₂	SO₃
矾土	34	4.99	3.78	21.59	1.99	0.50	0.17	0.88	—
石灰石	49.5	20.5	1.61	0.53	0.33	25.38	0.9	—	—
石膏	16.5	3.29	0.25	0.11	0.06	5.52	0.64	—	6.53
生料	100	28.78	5.64	22.23	2.38	31.4	1.71	0.88	6.53
灼烧生料	—	40.41	7.92	31.21	3.34	44.09	2.40	1.24	9.17
灼烧生料	97.53	—	7.72	30.44	3.26	43.0	2.34	1.21	8.94
煤灰	2.57	—	1.57	4.78	1.26	2.63	0.32	—	0.79
熟料	100	—	9.28	35.22	4.52	45.63	2.66	1.21	9.73

则

$$f\text{-}CaO_1 = CaO - 1.87SiO_2 - 1.4Fe_2O_3 - 0.7TiO_2 - 0.73(Al_2O_3 - 0.64Fe_2O_3) = -2.52$$
$$f\text{-}SO_3 = SO_3 - 0.13 \times 1.99(Al_2O_3 - 0.64Fe_2O_3) = 1.37$$

从上述计算可知 f-SO₃ 尚可，f-CaO₁ 偏低，所以还要增加石灰石比率，降低矾土比率，直至达到要求为止。

（二）生料的制备及质量控制

硫铝酸盐水泥生料的制备工艺与装备与普通硅酸盐水泥生料的制备工艺与装备相同。硫铝酸盐水泥生料控制指标重点是 CaO 和 SO₃，控制好这两项指标，生料的各种原材料配比也就可以确定。生料质量的均匀稳定，是熟料质量的基础。生料控制指标及频次（T）如下：

出磨生料 T（$CaCO_3$）：波动范围±0.5，每小时一次，合格率＞60％；或出磨 T（$CaCO_3$）波动范围±0.3，每小时一次，合格率＞60％（合格率＝合格次数/检验次数×100％）；

出磨生料 T（SO_3）：波动范围±0.5，每小时一次，合格率＞75％；

出磨生料细度：0.080mm 方孔筛（水筛法）筛余小于 8.0％；0.2mm 方孔筛筛余小于 1.5％，每小时一次，合格率＞90％；

出磨生料水分含量：低于1％，每两小时一次，合格率＞95％；

出磨生料成分化学全分析：每 24 小时测一次，CaO、Al_2O_3、SiO_2、SO_3 的滴定值与理论值偏差小于 1.0％，其他小于 1.5％。

为提高入窑生料的合格率，确保熟料的正常煅烧，对生料必须进行再均化，生料均化系数应大于 5.0，最低不小于 2.5；

入窑生料 T（$CaCO_3$）波动范围±0.5，每小时一次，合格率＞80％；或入窑生料 T（CaO）波动范围±0.3，每小时一次，合格率＞60％；

入窑生料 T（SO_3）波动范围±0.5，每两小时一次，合格率＞85％；

入窑生料全分析每 24 小时一次，与出磨生料相同。

（三）硫铝酸盐水泥熟料的煅烧技术

1. 硫铝酸盐水泥熟料的化学组成

硫铝酸盐水泥熟料主要包括硫铝酸盐水泥熟料（CSA）和铁铝酸盐水泥熟料（FCA）。硫铝酸盐水泥熟料主要化学成分为 SiO_2、Al_2O_3、CaO、SO_3，以及少量 Fe_2O_3、TiO_2、MgO 等。铁铝酸盐水泥熟料主要化学成分为 SiO_2、Al_2O_3、CaO、SO_3、Fe_2O_3，以及少量的 TiO_2、MgO 等。

硫铝酸盐水泥熟料化学组成见表 4-3-12。

表 4-3-12　硫铝酸盐水泥熟料化学组成

品种	SiO_2（％）	Al_2O_3（％）	CaO（％）	SO_3（％）	Fe_2O_3（％）
CSA	3～10	28～40	36～43	8～15	1～3
FCA	6～12	25～35	43～46	5～12	5～10

由于受矾土原料的影响，硫铝酸盐水泥熟料和铁铝酸盐水泥熟料中可能还有微量的碱（R_2O）。熟料的化学成分是决定熟料性能的主要因素，在煅烧正常情况下，熟料成分决定了熟料的矿物组成。

2. 硫铝酸盐水泥熟料的矿物组成

硫铝酸盐水泥熟料和铁铝酸盐水泥熟料主要矿物组成种类基本一致，只是各矿物组成含量不同，它们的主要矿物组成见表 4-3-13。

表 4-3-13　硫铝酸盐水泥熟料的主要矿物组成

品种	$C_4A_3\bar{S}$（％）	C_2S（％）	C_4AF（％）
CSA	55～75	15～30	3～6
FCA	45～65	15～35	10～25

除以上矿物外，硫铝酸盐和铁铝酸盐水泥熟料中还存在有少量其他矿物，如钙钛矿、方镁石、游离石膏等；煅烧不正常情况下，还可能存在 $C_{12}A_7$、CA、$C_2A\overline{S}$ 和 $2C_2S \cdot CaSO_4$ 等其他矿物。

（3）硫铝酸盐水泥熟料形成过程

研究表明，硫铝酸盐水泥熟料和铁铝酸盐水泥熟料形成过程与机理在低温（850℃以下）是一致的，只是在高温（850℃以上）有所不同。

硫铝酸盐水泥熟料形成过程如下：

室温～300℃：原料脱水干燥；

300～450℃：Ⅲ型无水石膏变为Ⅱ型无水石膏；

450～600℃：矾土的水铝石分解，形成 α-Al_2O_3，物料中同时出现 α-SiO_2 及 Fe_2O_3；

850～900℃：碳酸钙分解，产生 CaO，随温度升高分解反应加快；

950℃以上：$C_4A_3\overline{S}$ 和 $C_2A\overline{S}$ 开始形成；

1050℃：$C_4A_3\overline{S}$ 和 $C_2A\overline{S}$ 增多，石灰吸收率达到 50% 左右，生料中 α-Al_2O_3、α-SiO_2、$CaSO_4$ 和 CaO 含量迅速减少；

1150℃：$C_4A_3\overline{S}$ 和 $C_2A\overline{S}$ 继续增多，同时出现 β-C_2S，石灰吸收率达到 2/3；

1250℃：$C_4A_3\overline{S}$ 继续增加，$C_2A\overline{S}$ 消失，同时出现 $2C_2S \cdot CaSO_4$，除 $2C_2S \cdot CaSO_4$ 外，其他生料组分消失，物料主要矿物组成为 $C_4A_3\overline{S}$、C_2S、$2C_2S \cdot CaSO_4$、f-$CaSO_4$ 和少量铁相（C_6AF_2）；

1300℃：$2C_2S \cdot CaSO_4$ 消失，熟料主要矿物为 $C_4A_3\overline{S}$、β-C_2S、α'-C_2S 铁相及 $CaSO_4$；

1300～1400℃：矿物无明显变化；

1400℃以上：$C_4A_3\overline{S}$ 及 $CaSO_4$ 开始分解，熟料出现熔块。

由上述反应历程可知，硫铝酸盐水泥熟料的烧成温度为（1350±50）℃，此时不但熟料形成反应已完成，而且烧结情况较好。

（4）铁铝酸盐水泥形成过程

在 850℃以下，铁铝酸盐熟料煅烧历程和各组分变化与硫铝酸盐基本一致。850℃以上的反应过程如下：

850℃：CaO 与 Al_2O_3、Fe_2O_3 等开始反应，生成 $C_2A\overline{S}$ 和 CF 等矿物；

850～1000℃：$C_2A\overline{S}$ 逐渐增加达到最大值，开始形成 $C_4A_3\overline{S}$，生料成分减少；

1000～1150℃：$C_4A_3\overline{S}$ 明显增多，出现 C_2S 和 C_2F；

1200℃：此温度是生料和熟料的分界线，此温度下生料组分完全消失，$C_2A\overline{S}$ 也消失，f-$CaSO_4$ 达到最少，$C_4A_3\overline{S}$ 接近最大值，铁相多数以 C_6AF_2 固溶体存在，出现 $2C_2S \cdot CaSO_4$；

1250℃：$C_4A_3\overline{S}$、β-C_2S、α'-C_2S 及铁相达到最大值，过渡矿物 $2C_2S \cdot CaSO_4$ 消失，由于 $2C_2S \cdot CaSO_4$ 分解使游离石膏量增多；

1250～1350℃：熟料矿物基本没有变化，仅出现少量液相；

1400℃以上：熟料液相量增加，f-$CaSO_4$ 和 $C_4A_3\overline{S}$ 开始分解，出现急凝矿物 $C_{12}A_7$。

从以上反应历程看，铁铝酸盐水泥熟料的烧成温度范围为（1250～1350℃）。

（四）硫铝酸盐水泥熟料形成的影响因素

1. 原材料生料成分对烧成的影响

生料的化学成分均匀化、易烧性是保证烧出合格熟料的基础。因此，要根据生产窑的设备状况和热工制度，将 C_m 和 SO_3 控制在合适的指标范围内。

（1） C_m 对熟料形成的影响

不同 C_m 为不同碱度的配料。$C_m \approx 1$ 时，熟料形成正常，温度低于 1250℃ 时，不同 C_m 配料熟料的矿物形成基本相同；煅烧温度 1250℃ 时，当 C_m 大于 1 时，将出现 f-CaO。随温度的升高，f-CaO 被吸收，此时高钙铝酸盐矿物将形成，并随温度升高而增加。1300℃ 时可以明显看到 $C_{12}A_7$，这种熟料会使水泥产生急凝或水化早期产生膨胀；当 C_m 小于 1 时，将会出现 $C_2A\overline{S}$，它的含量随碱度的下降而增加，此时 β-C_2S、α'-C_2S 的含量将随碱度的下降而减少，碱度过低，熟料会出现慢凝，甚至 2~3h 不凝，早期性能受到影响。

（2） $A/\overline{S}$ 值对熟料形成的影响

只要配料满足 $C_m \approx 1$ 和 $A/\overline{S}$ 值小于 3.82 两个条件，所采用原料 $A/\overline{S}$ 值不影响熟料的形成规律和矿物组成，而仅决定熟料中 $C_4A_3\overline{S}$ 和 β-C_2S、α'-C_2S 含量的比值。因此，我们可利用不同品质的矾土、高岭土、黏土来配料，得到以 $C_4A_3\overline{S}$ 和 β-C_2S、α'-C_2S 为主要矿物的熟料。$A/\overline{S}$ 值增加，$C_4A_3\overline{S}$ 和 β-C_2S、α'-C_2S 含量的比值增大，水泥的早期强度和膨胀性能也增强，但 $A/\overline{S}$ 值过高，β-C_2S、α'-C_2S 含量太少，会对硫铝水泥水化不利。

（3） $A/\overline{S}$ 对熟料形成的影响

不同石膏配入量成为不同的 $A/\overline{S}$ 配料。当 $A/\overline{S}$ 大于 3.82 时，由于配入的 SO_3 不能满足完全形成 $C_4A_3\overline{S}$ 的要求，此时将会出现 $C_2A\overline{S}$、$C_{12}A_7$、CA 等不利矿物。若石膏配入量过高，并且在高温下分解，将会引起熟料碱度和 $A/\overline{S}$ 值的增大，即使仍挥发，在冷却过程中也可能生成 $2C_2S \cdot CaSO_4$，对水泥性能不利。

（4）生料中 MgO 对熟料烧成的影响

生料中 MgO 主要由生料中的石灰石或石膏带入，其对熟料烧成的影响主要表现在使烧成范围变窄，易出现液相。硫铝酸盐水泥熟料中 MgO 主要以方镁石存在，其结晶极为细小，不会对水泥的安定性产生影响，但为确保水泥安定性合格，通常要求水泥熟料 MgO 含量低于 3.5%。

2. 热工制度对熟料煅烧的影响

热工制度的稳定是烧出高质量熟料的保证，如果热工制度不稳定，温度忽高忽低，就会交替出现高温料和低温料，有时甚至会出现生烧料或大量熔料的现象，从而严重影响熟料质量甚至出现废料。

（1）来料对热工制度的影响

熟料的煅烧要求窑尾来料均匀。正常情况下，煤燃烧放热，生料发生化学反应吸热，两者用量适当时，窑内达到稳定平衡状态，一旦两者之中任何一个发生变化，平衡即被打破，窑的热工制度随之变化。硫铝酸盐水泥生料中含有较多的石膏，生料发黏。窑尾下料比较困难，易造成来料不均匀，因此需要窑尾最好有溢流装置。

（2）窑操作对热工制度的影响

在窑的操作过程中，短火急烧，以及对风、煤、料的不适当调整都会造成热工制度不稳定。短火急烧本身不会对物料预烧造成不利影响，但由于熟料颗粒内外部煅烧程度不均，影响熟料质量，同时由于火焰短，对物料及煤的波动特别敏感，稍有变化就会造成死烧和生烧。

3. 工况对熟料煅烧的影响

（1）煅烧温度对熟料煅烧的影响

根据研究和实践经验，硫铝酸盐水泥熟料烧成温度为（1350±50）℃，温度偏高或偏低都不能烧出好的熟料。如温度偏低时，熟料烧结不好，熟料中 C_2AS、$2C_2S$、$CaSO_4$不能转化成有用矿物，甚至会出现 f-CaO，在性能上表现为熟料强度低或凝结快，外观上表现为熟料颜色浅，呈灰白或绿色，粉状料增多。若温度偏高（高于1400℃），则会使熟料中的 $f-CaSO_4$ 和已形成的 $C_4A_3\bar{S}$ 分解，产生 f-CaO，严重时在外观上表现为熟料本身为熔块或有熔芯，呈黄褐色，在性能上表现为熟料急凝、强度低。立筒预热器回转窑系统各部分的温度控制范围见表4-3-14。

表4-3-14　立筒预热器回转窑系统各部分的温度控制范围

参数名称	窑尾	立筒入口	立筒出口	二级预热器出口	一级预热器出口
正常温度范围（℃）	850～860	800～850	680～720	500～550	320～380

熟料立升重（体积密度）是反映熟料煅烧温度是否合适的重要指标。煅烧温度偏高时，熟料立升重偏高；煅烧温度偏低时，熟料立升重偏低。所以可用控制立升重的方法间接控制窑的煅烧温度。

（2）气压对熟料煅烧的影响

烧成系统各部分的气压直接影响窑内的通风，影响窑内的气氛、热工制度等。窑头应略呈负压，否则将影响操作。立筒预热器回转窑系统的气压控制范围见表4-3-15。

表4-3-15　立筒预热器回转窑系统的气压控制范围

参数名称	窑尾	立筒入口	立筒出口	二级预热器出口	一级预热器出口
正常气压控制范围（Pa）	−200～−150	−500～−300	−1100～−900	−3000～−2800	−4000～−3800

（3）窑速对熟料煅烧的影响

窑速的快慢直接影响物料在窑内的停留时间。窑速快，物料在窑内的停留时间短，容易产生欠烧料；窑速过慢，物料在窑内停留时间长，容易产生过烧料。窑速一般控制范围为：立筒预热器回转窑35～50r/s，中空窑50～60r/s。

（4）还原气氛对熟料煅烧的影响

窑内煅烧气氛对煅烧硫铝酸盐水泥熟料具有重要意义。煅烧硫铝酸盐水泥熟料必须在氧化气氛下进行。若窑内煅烧气氛为还原气氛，则会使未反应的石膏分解，具体反应如下：

$$CaSO_4 \xrightarrow{C\text{还原}} CaO + SO_2 + CO_2 \uparrow$$

或

$$CaSO_4 \xrightarrow{C\text{还原}} CaS \uparrow + CO_2 \uparrow$$

石膏分解出的 SO_2 会随废气排放导致物料中的硫大量减少，不能满足生成 $C_4A_3\bar{S}$ 的需要，致使熟料中的 $C_4A_3\bar{S}$ 减少，而且由于硫的缺乏，熟料中会有 C_2AS 等铝酸盐矿物存在；还原气氛还会使已经形成的 α'-C_2S 或 β-C_2S 转化成 γ-C_2S，使熟料粉化。以上两种情况都会使熟料质量大大降低。另外，强烈的还原气氛会使熟料中出现硫化钙，从而带来水泥稳定性不好和钢筋锈蚀问题。

造成窑内还原气氛的原因主要有以下四个：

1) 风、煤配合不当。入窑煤、气混合物中空气过剩，系数过低，窑内通风不良会使煤粉燃烧不完全，产生 CO 使窑内形成还原气氛。

2) 预烧不良。物料预烧不良将加大烧成带负担，使烧成带 CO_2 浓度增高，造成供氧不足，形成还原气氛。此时可发现蓝色火焰，而且火焰较短。如果增加煤量，就会产生急烧料，这种熟料中 SO_3 大量减少，并且有熔块和熔芯。

3) 煤粉过粗。在窑中可见到从喷煤嘴飞溅红色火星落到物料上，未燃尽的固定碳落在物料上，不能完全燃烧，造成还原气氛。这种熟料特点是烧失量较高。

4) 热工制度不稳定。由于热工制度不稳定，往往会结厚窑皮。由于窑尾下料不均，造成结大块或大球现象，使窑内实际有效直径减小，窑内通风不良，造成还原气氛。

4. 生产合格硫铝酸盐水泥熟料的注意事项

若想生产出合格的硫铝酸盐水泥熟料，首先要调整好生料配料。由于 $CaSO_4$ 在高温下分解，熟料化学成分发生变化，熟料不仅 $A/\bar{S}$ 值增大，C_m 值也增大。当 $A/\bar{S}>3.82$ 时，就会出现 C_2AS、$C_{12}A_7$ 等矿物；当 $C_m>1$ 时，会出现 f-CaO 或高钙的铝酸盐矿物。所以，在配料时要考虑多配石膏，少配石灰石。一般情况下，$C_m=0.96\sim0.99$，$A/\bar{S}=2.8\sim3.5$。同时，要稳定窑的热工制度。

硫铝酸盐水泥熟料的立升重为 $750\sim950g/L$，比硅酸盐水泥熟料质量轻。我国硫铝酸盐水泥质量见表 4-3-16。

表 4-3-16 我国硫铝酸盐水泥质量

熟料分级	Al_2O_3（%）	SiO_2（%）	初凝（h：min）	3d 抗压强度（MPa）	主要用途
AAA	>38	<6.5	>0：30	>90	出口
AA	33～37	6.5～8.5	>0：25	>80	少量出口
A	30.5～33	8.5～10.5	>0：20	>65	配制快硬、低碱度复合硫铝酸盐水泥
B	28.5～30.5	<12	>0：10	>55	配制快硬、低碱度复合硫铝酸盐水泥
C	<28.5	>12	>0：08	40～50	配制低碱度 32.5、复合 32.5 硫铝酸盐水泥

（五）硫铝酸盐水泥制备

1. 原料

制备硫铝酸盐水泥的原料有硫铝酸盐水泥熟料、石膏和混合材。表 4-3-17 为不同品种硫铝酸盐水泥组分。

表 4-3-17 不同品种硫铝酸盐水泥组分

硫铝酸盐水泥品种	组分				
	硫铝酸盐熟料	二水石膏	硬石膏	石灰石	混合材
快硬硫铝酸盐水泥	√	√	√	√	√
复合硫铝酸盐水泥	√	√	√	—	√
自应力硫铝酸盐水泥	√	√	—	—	—
低碱硫铝酸盐水泥	√	—		√	—

2. 配料计算

硫铝酸盐水泥性能主要由熟料和石膏的化学反应所决定，调整石膏掺加量，可以制得不同品种的硫铝酸盐水泥。

石膏掺量按如下式计算：

$$C_T = 0.13M(A_c/\overline{S})$$

式中 C_T——石膏与熟料的比值，设熟料为 1，即可计算出石膏含量；

A_c——熟料中 $C_4A_3\overline{S}$ 含量；

$\overline{S}$——石膏中 SO_3 含量；

M——$CaSO_4$ 与 $C_4A_3\overline{S}$ 的比值，不同品种石膏 M 值有所不同。

关于 M 值的物理、化学含义，要从熟料的主要矿物与石膏的化学反应来解释。水泥水化时依次发生与性能密切相关的有下列两个主要反应式：

$$C_4A_3\overline{S} + CaSO_4 \cdot 2H_2O + 16H_2O \rightarrow C_3A \cdot CaSO_4 \cdot 12H_2O + 2Al_2O_3 \cdot 3H_2O$$

$$C_4A_3\overline{S} + 2CaSO_4 \cdot 2H_2O + 34H_2O \rightarrow C_3A \cdot 3CaSO_4 \cdot 32H_2O + 2Al_2O_3 \cdot 3H_2O$$

从上述反应式看出，随石膏参加化学反应的物质的量增加，水泥石中主要水化产物从低硫型水化硫铝酸钙（AFm，$C_3A \cdot CaSO_4 \cdot 12H_2O$）为主向高硫型水化硫铝酸钙（AFt，$C_3A \cdot 3CaSO_4 \cdot 32H_2O$）为主转变。当 $M=1$ 时，主要水化产物为 AFm；当 $M=2$ 时，主要水化产物为 AFt。水化产物的变化必然引起水泥石性能的变化，性能变化到一定程度，便形成新的水泥品种。所以，M 值的定义可解释为 $C_4A_3\overline{S}$ 结合石膏的量，不同的水泥品种有各自的结合量，从而表现出不同的物理、化学性能。

在配料计算中，为制得所需品种，必须确定相应的 M 值。我们从实践中得出各种水泥的 M 值范围供参考，确切数据由企业根据自身具体条件通过试验加以确定。表 4-3-18 为配制硫铝酸盐水泥的 M 值。

表 4-3-18 配制硫铝酸盐水泥的 M 值

硫铝酸盐水泥品种	M 值
快硬硫铝酸盐水泥	<1.0
复合硫铝酸盐水泥	1.0~1.5
自应力硫铝酸盐水泥	2.0~3.0
低碱硫铝酸盐水泥	≤1.5

企业确定水泥配比值时，首先进行配料计算，然后按计算结果进行小磨试验，做强度与膨胀曲线，根据曲线特点选择若干个石膏和熟料的比值，在此基础上做大磨试验，

最后筛选出一个适合本厂情况的石膏与熟料最佳配比，确定石膏与熟料配比值后再选择混合材比例。

（六）硫铝酸盐水泥的性能与应用

1. 硫铝酸盐水泥的性能

硫铝酸盐水泥的主要矿物组成特征是以其含有大量硫铝酸钙（$C_4A_3\bar{S}$）而区别于其他系列水泥。用其配制的混凝土与传统的硅酸盐水泥混凝土相比，具有早强、高强、抗冻融、抗渗、耐腐蚀等特点。

（1）早强、高强

硫铝酸盐水泥具有优异的早期强度，其3d抗压强度指标相当于普通硅酸盐水泥28d强度。由于水泥熟料中含有大量硅酸二钙，因此水泥的后期强度会缓慢增长，不会出现后期强度倒缩的情况。

表4-3-19为某水泥厂生产的42.5快硬硫铝酸盐水泥与某水泥厂生产的42.5普通硅酸盐水泥各龄期抗压强度的比较。可以看出，硫铝酸盐水泥的1d抗压强度高达35.6MPa，而同等级的普通硅酸盐水泥的1d强度仅为15.4MPa，硫铝酸盐水泥3d的抗压强度接近普通硅酸盐水泥28d的强度。

表4-3-19 不同品种水泥各龄期抗压强度对比

水泥品种	抗压强度（MPa）		
	1d	3d	28d
P·O42.5级水泥	15.4	27.8	49.7
42.5级快硬硫铝酸盐水泥	35.6	45.7	55.0

（2）凝结时间短

国家标准《通用硅酸盐水泥》（GB 175—2007）规定：硅酸盐水泥初凝不小于45min，终凝不大于390min；普通硅酸盐水泥、矿渣硅酸盐水泥、火山灰质硅酸盐水泥、粉煤灰硅酸盐水泥和复合硅酸盐水泥初凝不小于45min，终凝不大于600min。而国家标准《硫铝酸盐水泥》（GB/T 20472—2006）规定，初凝不得小于25min，终凝不得大于180min，可见其凝结时间比普通硅酸盐水泥短得多。

（3）抗冻性能好

普通硅酸盐水泥在早期受冻后温度恢复到常温的状态下，其强度损失大约为50%，而相同条件下的硫铝酸盐水泥强度损失仅在9%左右。在0～10℃的低温下使用硫铝酸盐水泥，其早期强度是普通硅酸盐水泥的5～8倍；在0～-20℃的负温环境下使用硫铝酸盐水泥，加入少量专用外加剂，混凝土入模温度则可维持在5℃以上，并且混凝土的3～7d强度可达设计强度的70%～80%。在正负温交替情况下施工，对后期强度增长影响不大。

（4）抗腐蚀性能强

该种水泥对海水、氯盐（$NaCl$、$MgCl_2$）、硫酸盐［Na_2SO_4、$MgSO_4$、$(NH_4)_2SO_4$］，尤其是它们的复合盐类（$MgSO_4$、$NaCl$），均具有极好的耐蚀性。

（5）抗渗性能高

中国建筑材料科学研究院的试验表明，由于早期强度高，硫铝酸盐水泥混凝土3～7d抗渗能力与普通硅酸盐水泥混凝土28d的抗渗能力相当。该种水泥的水泥石结构比较致密，使得其抗渗性能较好，混凝土的抗渗性是同等级硅酸盐水泥混凝土的 2～3 倍。

2. 硫铝酸盐水泥的应用

鉴于硫铝酸盐水泥具有上述优异性能，目前已被广泛应用于高等级混凝土结构工程、冬季施工工程、抢修和抢建工程、配制喷射混凝土、生产水泥制品及混凝土预制构件、GRC 制品等各种特殊工程上。

第四节　贝利特硫铝酸盐水泥（BCSA）

一、贝利特硫铝酸盐水泥的发展

为了减少水泥生产过程中的能源消耗和 CO_2 气体排放，国内外大规模兴起对低铝或高硅硫铝酸盐水泥的研究，即贝利特硫铝酸盐水泥系列。该水泥品种主要是在高贝利特水泥的基础上，为了解决其因水化慢而导致的水泥及混凝土早期强度较低的难题而产生的。综合国内外研究成果，目前主要有三种贝利特活化方式：机械活化——将合成的贝利特置于振动磨中粉磨 1～70h，可改变贝利特晶胞参数，降低晶体结晶度，从而提高贝利特的早期水化活性，大大提高贝利特浆体早期水化强度；稳定贝利特活性晶型——快速冷却、化学活化，通过稳定贝利特的高温变体、减小贝利特结晶尺寸和增大晶格畸变可增加其水化反应活性；熟料中引入活性矿物组分——无水硫铝酸钙（$C_4A_3\bar{S}$），该矿物可快速水化生成钙矾石，贡献水泥的早期强度。由于无水硫铝酸钙矿物的形成温度约为 1100℃，其能耗不会高于贝利特水泥。

20 世纪 80 年代，Mehta 教授提出以低钙组分替代高钙组分，在实验室成功制备了"改性水泥"，熟料体系为 C_2S 25%～65%、$C_4A_3\bar{S}$ 10%～20%、C_4AF 15%～40%、$C\bar{S}$ 10%～20%，在 1200℃下煅烧 1h 制得熟料，该水泥表现出良好的早期强度和较高的后期强度。由于该水泥熟料含 CaO51.8%，且烧成温度比普通硅酸盐水泥低 250℃，理论能耗低 25%，成功达到了节能减排的目的。由于此水泥并未进行工业化制备的深入研究，因此缺乏实际应用的理论基础。20 世纪 80 年代后期，Kusnetsova 研究的由 C_2S、$C_4A_3\bar{S}$、CA 和 $C_{12}A_7$ 组成的贝利特硫铝酸盐水泥也得到了较好的发展。M. Carmen 等人使用高岭土、γ-Al_2O_3、碳酸钙以及纯石膏为原料制备了贝利特硫铝酸盐熟料，矿物组成为：C_2S 50%～60%、$C_4A_3\bar{S}$ 20%～30%、CA 10%、$C_{12}A_7$ 10%，研究得出最佳煅烧温度为 1350℃，适宜保温时间为 15min，且水泥水化时铝酸盐相的水化关键取决于石膏掺量。此外，由于高贝利特硫铝酸盐水泥中无水硫铝酸钙的微膨胀特性以及贝利特的后期强度潜能，该水泥混凝土具有良好的耐久性能。

贝利特硫铝酸盐水泥因其贝利特含量较高，且水化较慢，故而为了促进水泥强度的发展，研究方向毫无疑问转向了贝利特矿物的稳定与活化。

二、贝利特硫铝酸盐水泥生产关键技术

（一）生料配料技术

1. 原燃料的选择

根据试验方案，生料中 BaO 的掺入质量百分数为 0.8%，根据低品位重晶石中 BaO

含量为 34.29%，计算得出掺入生料的重晶石为 2.33%。考虑到易粉磨性因素，将重晶石与砂岩按照既定的比例进行混磨，进行化学成分全分析。此外，对石灰石、铝矾土和石膏三种原料及煤灰进行化学成分全分析，结果见表 4-4-1。

表 4-4-1　试生产所用原材料化学成分（%）

原料	L.O.I	SiO_2	Al_2O_3	Fe_2O_3	TiO_2	CaO	MgO	SO_3	BaO
石灰石	42.29	2.85	1.15	0.61	0	50.25	2.36	0	0
矾土	14.52	15.58	60.06	4.48	2.75	1.52	0.89	0	0
硬石膏	9.27	1.84	0.54	0.37	0	36.52	4.47	46.65	0
砂岩（复合）	1.47	76.68	2.39	1.8	0	0.96	0.21	6.62	0
重晶石	1.01	40.3	0	0	0	1.03	0	19.85	34.29
煤灰	—	55.22	26.65	8.78	2.11	0.58	2.61	—	0

由表 4-4-1 中可知，石灰石中 $CaO \geqslant 50\%$，矾土中 $Fe_2O_3 \leqslant 5\%$，$Al_2O_3 \geqslant 60\%$，符合生产 BCSA 水泥对原材料的基本要求。

对 BCSA 水泥试生产只需要一般的工业煤，对煤进行了工业分析，结果见表 4-4-2。

表 4-4-2　煤的工业分析结果

进厂水分（%）	灰分（%）	挥发分（%）	水分（%）	干燥基固定碳（%）	低位发热量（kJ/kg）	低位热值（kJ/kg）
9.5	14.33	27.09	1.04	57.54	27620	25044

由表 4-4-2 的煤的工业分析技术指标可知，其发热量为 $27620kJ/kg > 23826kJ/kg$，灰分为 $14.33\% < 20\%$，挥发分为 $27.09\% > 25\%$，由此可得该煤完全符合生产用煤的基本指标要求。

2. 配料计算

（1）按照矿物优化匹配组成

将矿物组分硅酸二钙（C_2S）45%~50%、无水硫铝酸钙（$C_4A_3\overline{S}$）40%~45%、铁相（C_4AF）5%~10%代入表 4-4-3，计算得出生料中 CaO、Al_2O_3、SO_3、SiO_2 和 Fe_2O_3 的含量。

表 4-4-3　矿物组成计算所需组分的量

组分	计算公式	计算结果（%）
CaO	$0.6512C_2S + 0.3674C_4A_3\overline{S} + 0.4615C_4AF$	49.00
Al_2O_3	$0.5012C_4A_3\overline{S} + 0.2098C_4AF$	22.10
SO_3	$0.1312C_4A_3\overline{S}$	5.51
SiO_2	$0.3488C_2S$	16.74
Fe_2O_3	$0.3286C_4AF$	1.64

根据原料石灰石、铝矾土、石膏和砂岩的化学成分，计算得出配制生料所需要的原料质量百分数，将计算结果列于表 4-4-4。

表 4-4-4　计算所得原料配合比

原料	石灰石	铝矾土	石膏	砂岩	重晶石	合计
折算成质量百分数（%）	61.12	25.46	8.82	3.30	1.70	100

（2）熟料中煤灰沉降量计算

煤耗 $P = 150$kg 煤/t，熟料 $= 0.14$kg 煤/kg 熟料，$A_y = 14.33\%$，煤沉降率 $S = 100\%$，则煤灰配比 $G_A = (P \times A_y \times S/100) / (1 - 水分\%) = (0.15 \times 14.33 \times 100/100) / (1 - 0.095) = 2.375\%$；计算理论生料组分列于表 4-4-5。

表 4-4-5　试生产所用生料化学成分组成

原料	L.O.I	SiO_2	Al_2O_3	Fe_2O_3	TiO_2	CaO	MgO	SO_3	合计
生料（%）	30.24	10.85	15.03	1.58	0.65	34.27	2.04	4.27	98.93
灼烧生料（%）	—	15.56	21.54	2.27	0.93	49.12	2.92	6.12	98.47
实测生料值（%）	29.94	10.77	15.80	1.55	0.80	34.44	1.57	4.49	99.36

根据以上结果计算熟料的化学成分见表 4-4-6。

表 4-4-6　试生产所用原料及熟料化学成分

原料	配合比	SiO_2	Al_2O_3	Fe_2O_3	TiO_2	CaO	MgO	SO_3	合计
灼烧生料（%）	97.63	15.188	21.033	2.214	0.904	47.958	2.853	5.979	96.129
煤灰（%）	2.38	1.247	0.646	0.199	0	0.083	0.031	0.061	2.266
熟料（%）	100.00	16.435	21.679	2.413	0.904	48.041	2.883	6.040	98.395

（3）熟料系数计算

计算公式如下

$$C_m = \frac{w(CaO) - 0.70w(TiO_2)}{0.73[w(Al_2O_3) - 0.64w(Fe_2O_3)] + 1.40w(Fe_2O_3) + 1.87w(SiO_2)}$$

$$= (48.041 - 0.7 \times 0.904) / \{0.73 \times [(21.679 - 0.64 \times 2.413)] + 1.40 \times 2.413 + 1.87 \times 16.435)\} = 0.97$$

根据

$$P = \frac{w(Al_2O_3) - 0.64w(Fe_2O_3)}{w(SO_3)}$$

$$= (21.679 - 0.64 \times 2.413) / 6.04 = 3.33$$

通过上述计算可知，C_m 值介于所要求的范围为 $0.95 \sim 0.98$，铝硫比 p 小于 3.82，表示生料中 $CaSO_4$ 理论上足以使 Al_2O_3 完全形成 $C_4A_3\bar{S}$ 矿物。

3. 生料制备

生料制备是水泥生产的重要环节，直接影响着熟料质量，因此要严格按照指定方案控制生料的化学成分、细度和均匀性。水泥生料制备目的是预制具有一定细度和成分均匀的粉状物料，主要包括粉碎、粉磨、选粉、均化等工艺过程。入窑生料及煤粉的化学分析及控制指标见表 4-4-7。

表 4-4-7　入窑生料及煤粉的化学分析及控制指标

物料名称	检验项目	检验频率
出磨生料	CaO	次/1 小时
	Fe_2O_3	次/1 小时
	细度（0.08mm 筛筛余）	次/1 小时
入窑生料	化学全分析	次/2 小时
煤粉	细度（0.08mm 筛筛余）	次/2 小时
	水分	次/2 小时

每 2 小时取生料进行化学成分全分析平均值，数据列于表 4-4-8。

表 4-4-8　生料化学成分全分析平均值

生料	L.O.I	SiO_2	Al_2O_3	Fe_2O_3	TiO_2	CaO	MgO	SO_3
出磨生料（%）	29.99	10.91	15.10	1.46	0.52	34.83	2.40	4.79
平均值（%）	30.30	11.00	15.64	1.48	0.73	35.11	2.09	4.56

根据表 4-4-8 的生料化学成分计算其品质控制工艺参数，见表 4-4-9。

表 4-4-9　生料品质控制工艺参数

生料	$T(CaCO_3)$（%）	$T(SO_3)$（%）	细度（%）	C_m	p
出磨生料	60.81	4.79	7.6	1.03	2.96
入窑生料平均值	60.83	4.56	6.7	1.03	3.31

由表 4-4-9 得知，取样生料 $T(CaCO_3)$ 值与出磨生料相比，波动范围控制在 $\pm0.5\%$；$T(SO_3)$ 的值波动范围也控制在 $\pm0.5\%$。以上两个关键指标控制在正常的波动范围内，说明生料成分均匀且稳定，具备生产性能良好熟料的关键基础。

（二）熟料煅烧技术

和传统硅酸盐水泥熟料相比，BCSA 主要形成以硅酸二钙、无水硫铝酸钙和铁相为主导矿物的熟料，因此所需烧成温度可低 $100\sim150℃$。根据实验室研究可知，其适宜烧成温度在 $1300\sim1350℃$。考虑到主导矿物 C_2S 的晶体形态及特征和保证出窑熟料的质量，生产过程中，在保证熟料立升重指标的前提下，严格控制出窑熟料的游离氧化钙含量，以保持窑内热工制度的稳定，尽量避免熟料结大块或出现黄芯料。同时，在生产工艺允许的条件下，尽量提高熟料的冷却速度。

出窑熟料每 2 小时进行一次化学全分析，以判定熟料质量，并以此作为生料质量控制和调整各原料配比的依据。

BCSA 水泥熟料煅烧工艺参数见表 4-4-10。每隔 20 分钟记录烧成工艺参数，以确保煅烧工艺的稳定。

表 4-4-10　BCSA 水泥熟料烧成工艺参数

窑系统					预热器				分解炉		排风系统	熟料	
时间	窑速	计量仓量	头煤用量	二次风温度	C1出口	C2入口	入炉料温	入窑料温度	三次风温度	尾煤用量	入口温度	f-CaO	立升重
均值	1820	300	30.3	879	331	480	593	952	743	35.5	189	0.04	966

　　出窑熟料每小时取样 2 次，测定熟料立升重和 f-CaO 含量。熟料平均样从各小时样中取等量熟料混合而成。出窑熟料的化学成分、率值及矿物组成见表 4-4-11，熟料外观如图 4-4-1 所示。每隔 1 小时选取试样进行 XRD 成分分析如图 4-4-2 所示，红外光谱分析如图 4-4-3 所示。

表 4-4-11　出窑熟料的化学成分、率值及矿物组成

	化学成分,%					率值			矿物组成,%		
	SiO_2	Al_2O_3	Fe_2O_3	CaO	SO_3	C_m	P	n	C_2S	$C_4A_3\bar{S}$	C_4AF
平均值	16.43	22.37	2.44	48.74	5.98	0.97	3.48	1.27	47.16	41.50	7.42

　　表 4-4-11 表明，不同时间取样熟料的率值 $C_m<1$，$p<3.82$，符合熟料基本指标。熟料矿物组成波动范围：C_2S 为 46%～48.3%，$C_4A_3\bar{S}$ 为 40%～42.2%，C_4AF 为 7.2%～7.5%，在预先设计的熟料组成范围（C_2S：45%～50%，$C_4A_3\bar{S}$：40%～45%，C_4AF：5%～10%）内，说明熟料的各项指标严格控制在设计范围内。

图 4-4-1　所生产的高贝利特硫铝酸盐熟料外观

　　由图 4-4-1 可以看出，熟料呈灰褐色，且颗粒大小均匀，大部分熟料颗粒直径为 4～6cm，有 10%～20% 直径小于 2cm 的颗粒，可判断熟料正常烧成。

　　由图 4-4-2 可以看出，第 3 小时和第 7 小时出窑熟料中 $C_4A_3\bar{S}$ 和 β-C_2S 特征峰较强，且峰多而完整，说明熟料中无水硫铝酸钙和贝利特矿物发育完好，且熟料中该两种矿物形成数量较多。

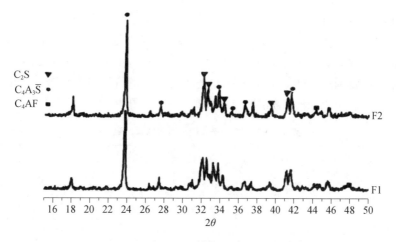

图 4-4-2　BCSA 水泥熟料的 XRD 图谱

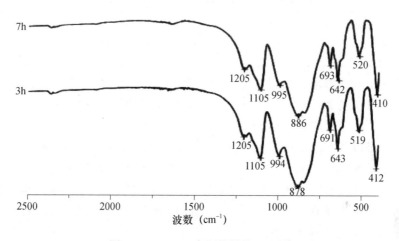

图 4-4-3　BCSA 水泥熟料的 IR 图谱

由图 4-4-3 可以看到，第 3 小时出窑掺熟料中［SiO_4］的伸缩振动由波数 992cm^{-1} 移至 994cm^{-1}，虽然吸收峰不强，但波峰向高波位数移动，弯曲振动由 521cm^{-1} 移至 520cm^{-1} 处，吸收峰较强，向低波位数移动，且吸收带形状也发生变化，由此推断表明熟料中的 β-C_2S 晶体结构对称性降低，晶格发生畸变，从而阻止了 β-C_2S 向 γ-C_2S 转变，提高了 β-C_2S 的水硬性。此外，观察水泥熟料中 $C_4A_3\bar{S}$ 矿物的［AlO_4］和［SO_4］四面体的特征吸收峰（1101cm^{-1}、882cm^{-1}、644cm^{-1} 和 415cm^{-1}）可知，［AlO_4］和［SO_4］的伸缩振动由 1101cm^{-1} 移动至 1105cm^{-1}，由 882cm^{-1} 移动至 886cm^{-1}，均向高波数发生移动，415cm^{-1} 向低波数 410cm^{-1} 移动，由此可推测熟料中的 $C_4A_3\bar{S}$ 晶体结构也发生了较大变化，产生晶格畸变，$C_4A_3\bar{S}$ 的水化反应活性得到大幅提高。第 7 小时的 IR 图谱中的吸收峰变化与第 3 小时相近，较大差别主要在于［AlO_4］和［SO_4］的伸缩振动由 882cm^{-1} 移动至 878cm^{-1}，这表明该温度段熟料中 $C_4A_3\bar{S}$ 晶格结构变化较大，则活性较强。

从上述分析可知，熟料中 β-C_2S 和 $C_4A_3\bar{S}$ 晶格均发生了不同程度的晶格畸变，从而阻止了 β-C_2S 向 γ-C_2S 转变，提高了 β-C_2S 的水硬性和 $C_4A_3\bar{S}$ 的水化反应活性。

（三）BCSA 水泥性能

将生产的 BCSA 水泥熟料与 5％～15％（占水泥质量分数）硬石膏在球磨机中进行粉磨，制得水泥，控制比表面积为（400±20）m²/kg，测试其物理性能，结果列于表 4-4-12 中。根据研究结果，对抗压强度最佳的试样进行了 SEM 形貌分析，分析试样的龄期包括：1d，7d 和 28d，如图 4-4-4、图 4-4-5 和图 4-4-6 所示。

表 4-4-12　试生产 BCSA 水泥的物理性能

石膏掺量（%）	比表面积（m²/kg）	标准稠度用水量（%）	凝结时间（min）		抗压强度（MPa）					抗折强度（MPa）				
			初凝	终凝	6h	1d	3d	7d	28d	6h	1d	3d	7d	28d
5	401	25.0	25	36	18.9	38.7	42.9	44.3	49.5	4.3	5.6	6.2	6.7	6.5
12.5	400	24.7	29	43	19.6	38.8	43.4	46.1	57.5	4.6	6.1	6.4	6.5	6.8
15	409	24.2	31	41	20.3	39.1	43.3	45.4	65.7	4.5	6.8	7.0	7.8	8.1
18	392	23.6	30	42	22.7	39.1	44.3	45.8	54.7	5.4	5.6	6.2	6.6	6.8
15	420	24.6	28	36	22.6	39.7	43.7	45.7	66.9	4.9	6.6	7.0	7.7	8.0
15	440	25.3	26	32	25.1	4.03	44.2	46.1	63.2	5.6	6.9	7.1	7.9	7.8

由表 4-4-12 可以看出，早期强度从 1d 发展至 3d，随着石膏掺量的增加，水泥强度逐渐增高，这可能是由于早期 $C_4A_3\bar{S}$ 与石膏发生了较快的水化反应，生产了大量钙矾石，强度增高。随着养护龄期的延长，5％石膏掺量的水泥强度处于最低值，这可能是由于石膏量不足以使 $C_4A_3\bar{S}$ 反应生成钙矾石，故而相对少量的钙矾石导致强度不高。而随着石膏掺量继续提高至 18％，水泥 28d 的抗压强度反而有所降低，这可能是由于过量的石膏使钙矾石发生二次结晶，导致体积膨胀，且活性降低，故而水泥强度降低。因此，石膏的最佳掺量取决于水泥熟料中实际形成 $C_4A_3\bar{S}$ 的量，适宜的石膏掺量下，水泥的抗压强度才能达到理论值。

由图 4-4-4 可以看出，BCSA 水泥水化 1d 时，水泥颗粒表面长出一些细小的针状钙矾石（AFt）晶体，多在空隙中生长；同时可以观察到有薄片状 C-S-H 凝胶及少量的 AH_3 凝胶状结晶体分布于水化产物中，构成了水泥石构架，然而水化产物较少，故而水泥强度呈发展趋势。

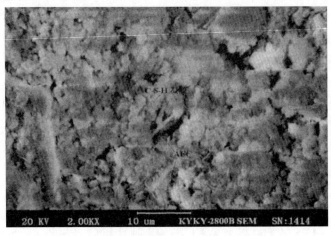

图 4-4-4　BCSA 水泥水化 1d 的 SEM 形貌图

水泥水化至 7d 龄期时，由图 4-4-5 可以观察到，大量钙矾石晶体已形成且已长大，表现为富集、长且粗大的长柱状和管状钙矾石晶体出现。钙矾石与与凝胶状水化产物交织生长，结构致密化，因此 7d 龄期的水泥浆体强度提高。

图 4-4-5　BCSA 水泥水化 7d 的 SEM 形貌图

水泥浆体水化至 28d 龄期时，由图 4-4-6 可以清楚地观察到浆体中出现大量纤维状及粒状等多种形貌的 C-S-H 凝胶（倾向于在界面处生长）、无数细长针状、长柱状发育完好的钙矾石晶体与铝胶以及六方板状的氢氧化钙等晶体紧密交织在一起，密集连生交叉结合。此外，由于 C-S-H 凝胶有巨大表面能，且颗粒间存在范德华力或化学键，浆体内水化产物之间容易相互交叉和镶嵌结合的纤维状、针状、菱柱状或六方板状等水化产物构成密实网架结构，从而使浆体具有优异的强度。

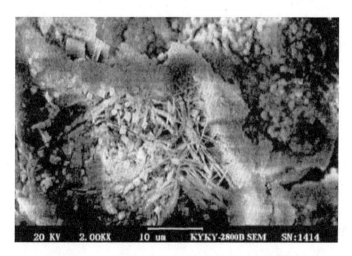

图 4-4-6　BCSA 水泥水化 28d 的 SEM 形貌图

综上所述，在石膏掺量 5%～18% 范围内水泥的 3d 强度达到 42～45MPa，28d 强度达到 48～66MPa，达到了既定的目标。

只有当 BCSA 水泥中石膏掺量为 15％时，水泥的 28d 强度达到 66MPa，水泥水化产物中观察到无数长针状、长柱状发育完好的钙矾石晶体与各种形貌的 C-S-H 凝胶、铝胶以及六方板状的氢氧化钙等晶体紧密交织在一起，密集连生交叉结合，构成密实网架水泥石结构，使水泥浆体具有较高强度。

三、贝利特硫铝酸盐水泥熟料矿物活化技术

（一）外掺离子对 BCSA 水泥熟料的稳定与活化作用

对贝利特硫铝酸盐熟料矿物活化进行了研究，认为，外掺离子对 BCSA 的影响有以下两个：

1. 提高水泥抗压强度

未掺化合物活化的水泥 28d 强度为 55.1MPa，与 1d 强度 28.6MPa 相比，强度增长率为 93％；掺入 Ba^{2+} 活化的水泥试件 28d 抗压强度约 70MPa，与 1d 强度 31.2MPa 相比，强度增长率为 124％，其强度比空白试样提高了约 15MPa，说明外掺化合物有效稳定与活化了水泥熟料矿物的水硬性，大大提高了水泥的强度。然而，掺入 B_2O_3 的试样，水泥 7d 强度略有降低，但 28d 强度降低幅度较大，说明其对矿物无水硫铝酸钙影响不显著，而对贝利特有显著负面影响。

2. 改变熟料矿物晶体结构

将离子 Ba^{2+}、P^{5+} 和 Zn^{2+} 掺入生料，经高温煅烧，进入熟料矿物中的 β-C_2S 晶格，造成晶体结构的对称性下降，引起晶格畸变，阻止了 β-C_2S 向 γ-C_2S 的转变，并通过富集于贝利特表面，阻碍其晶粒尺寸增长，增强了 β-C_2S 的水化反应活性；同时部分离子成功进入 $C_4A_3\bar{S}$ 晶格，引起晶格畸变，从而提高其水化反应活性。试验研究并未发现 B^{3+} 对熟料中两种矿物有明显的活化作用。

综上所述，外掺离子对水泥强度的影响为：$Ba^{2+}＞P^{5+}＞Zn^{2+}＞B^{3+}$；外掺离子对 β-C_2S 的稳定及活化影响顺序为：$Ba^{2+}＞P^{5+}＞Zn^{2+}＞B^{3+}$，对 CSA 的影响次序则为：$P^{5+}＞Ba^{2+}＞Zn^{2+}＞B^{3+}$。

（二）冷却速度对水泥熟料性能的影响

熟料的冷却速度虽不会导致 BCSA 水泥熟料的粉化，但熟料冷却速度直接影响水泥熟料强度和水泥工作性的优劣。在熟料慢冷时，水泥的胶砂流动度显著下降，同时水泥的 7～28d 强度大幅度下降；快冷条件下所得熟料 3d 强度比慢冷高出约 3～5MPa，7d 强度高 7～10MPa，28d 高 15～20MPa。这一方面是由于慢冷导致熟料的硅酸盐矿物晶粒尺寸增大，降低了硅酸盐相的水化活性；另一方面可能是由于贝利特矿物部分发生晶型转变，生成少量 γ-C_2S，虽未导致熟料明显粉化，但已对熟料的整体水化活性产生不利影响。慢冷熟料易磨性的显著提高可作为 γ-C_2S 存在的佐证，这可能是慢冷熟料 28d 强度锐减的最主要的原因。因此，在高贝利特硫铝酸盐水泥的实际生产中，应尽可能提高熟料冷却速度，以获得高活性的高贝利特硫铝酸盐水泥熟料。

四、熟料/石膏作用机理

石膏在硫铝酸盐水泥中有两种重要作用，一方面是作为原料掺入生料中，经煅烧形成重要矿物之一——高活性无水硫铝酸钙；另一方面是作为缓凝剂掺入熟料中，水化生

成钙矾石，影响硫铝酸盐水泥的凝结时间和强度性能。

通常，在石膏含量不足的条件下，将发生如下反应：

$$2C_4A_3\bar{S}+2CaSO_4 \cdot 2H+52H \longrightarrow C_6A\bar{S}_3H_{32}+C_4A\bar{S}H_{12}+4AH_3$$

在石膏含量充足的条件下，易于发生如下反应：

$$C_4A_3\bar{S}+8CaSO_4 \cdot 2H_2O+6Ca(OH)_2+54H_2O \longrightarrow C_6A\bar{S}_3H_{32}$$

从上述反应式可以得知，石膏不足的情况下，熟料中的 $C_4A_3\bar{S}$ 矿物无法完全水化生成钙矾石，从而降低了水泥的强度，且凝结时间较快，不利于施工；若石膏掺量过量，则生成低硫型水化硫铝酸钙，该矿物活性相对钙矾石较低，对水泥强度的贡献低于钙矾石，从而导致浆体强度降低。

因此，只有石膏掺量适宜，水泥才能水化生成钙矾石等活性水化产物，使浆体获得最优性能。通过研究探究不同石膏掺量对水泥物理性能的影响以优化石膏掺量。向水泥熟料中加入 5%、7.5%、10%、12.5% 和 15%（占水泥质量的百分数）的石膏，混合磨细，控制比表面积在（400±20）m²/kg 范围内，制得水泥产品，测试结果参见表 4-4-13，不同石膏掺量的 BCSA 水泥强度发展趋势图见图 4-4-7。

表 4-4-13　不同石膏掺量 BCSA 水泥物理性能检测结果

石膏掺量（%）	比表面积（m²/kg）	标准稠度用水量（%）	凝结时间（min）		抗压强度（MPa）			
			初凝	终凝	1d	3d	7d	28d
5	412	27.8	25	36	26.9	30.5	36.3	42.3
7.5	412	27.2	27	38	27.4	31.2	37.1	45.9
10	412	26.8	28	40	27.6	33.1	38.6	51.6
12.5	412	26.2	29	43	28.0	33.5	39.1	55.6
15	412	25.4	36	53	30.8	34.5	40.7	52.1

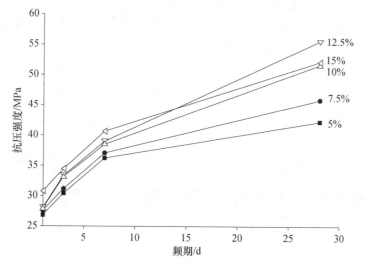

图 4-4-7　不同石膏掺量的 BCSA 水泥强度发展趋势图

石膏对水泥强度发展的影响规律如下：

1. 石膏掺量增加，早期强度得到提高，后期强度发展迅速

对水泥强度进行分析可知，分别掺加5%～12.5%石膏制得的水泥试样，随着石膏含量的增加，水泥抗压强度逐渐提高，水泥试样的1～7d早强增长率分别为：35%、35%、40%和40%，而7～28d后期强度增长率则分别为：17%、24%、34%和42%，可见水泥早期强度增长率高于后期强度，这可能由于$C_4A_3\bar{S}$水化速度较快，与充足的石膏快速水化生成大量钙矾石，从而早期强度显著提高。由图4-4-7中还可发现，试样后期强度增长率提高显著，石膏掺量每增加5%，水泥的28d强度提高3～6MPa，这可能是由于石膏掺量的增加，$C_4A_3\bar{S}$发生水化反应消耗大量$Ca(OH)_2$，大大促进了C_2S水化成C-S-H凝胶，故而后期强度显著提高。

石膏掺量为5%～7.5%时，水泥强度偏低，这表明石膏量不足的情况下$C_4A_3\bar{S}$发生水化反应易于生成单硫型水化硫铝酸钙，其对水泥强度贡献小于钙矾石，且该过程伴随微膨胀，不利于水泥浆体强度的发展。

2. 适宜石膏掺量下水泥的强度发展机理

石膏掺量为12.5%条件下，$C_4A_3\bar{S}$与适量石膏发生水化反应生成大量钙矾石，利于水泥浆体早期强度的快速发展；同时，该水化反应消耗大量的$Ca(OH)_2$，促进了C-S-H凝胶的形成，其巨大的表面能使水化产物间相互吸引，构成密实的空间架构，水泥浆体在各龄期内强度达到最佳。如图4-4-8所示的12.5%石膏掺量的水泥28d龄期水化产物的SEM形貌扫描可以看出，12.5%石膏掺量的水泥水化产物中有大量各种形貌的C-S-H凝胶及AH_3凝胶和大量针状及柱状钙矾石交织在一起，构成密实网络状结构，从而具有较高的强度。这说明石膏量增加，$C_4A_3\bar{S}$水化反应生成的钙矾石较多，同时钙矾石的形成过程消耗了体系的$Ca(OH)_2$，促使C_2S的水化反应速度加快，C-S-H凝胶增多，故而水泥强度提高。

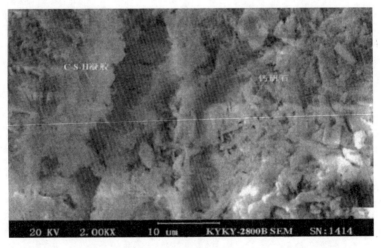

图4-4-8　12.5%石膏掺量的水泥28d龄期水化产物的SEM形貌

3. 石膏掺量过量，水泥后期强度发生倒缩

当石膏掺量提高至15%时，其水泥浆体28d强度与12.5%石膏掺量样品相比强度

发生倒缩，其原因可能为：一是过量石膏与 $C_4A_3\bar{S}$ 水化反应生成大量钙矾石，易于发生二次结晶，降低了钙矾石活性；二是钙矾石的二次结晶过程引起微膨胀和开裂，对强度造成不利影响；三是水泥中石膏掺量的增加减少了水泥中熟料的有效成分。

以上研究结果表明，不足或者过量的石膏对水泥强度都将造成不利影响，可见适宜石膏掺量对水泥强度的发展起到关键作用。综上所述，在该水泥熟料矿物组成的优选范围内，掺入优选的石膏量，所得水泥早期强度和后期强度发展较快，28d 强度平均为 55MPa 以上，优于 P·O42.5 级普通硅酸盐水泥的 28d 强度（42.5MPa），说明该矿物组成范围内各矿物达到最优匹配，且熟料与适量石膏的水化反应达到最优程度，充分发挥了各自对水泥早期和后期强度的积极作用。

五、贝利特硫铝酸盐水泥能效和低排放情况分析

（一）BCSA 水泥熟料与普通硅酸盐水泥熟料理论能耗对比

由于 BCSA 水泥熟料形成温度为 1300℃，比普通硅酸盐水泥低 100～150℃，且熟料组分为低钙设计，故占总含量约 50％的石灰石分解的能耗也大幅下降。由表 4-4-14 可知，与普通硅酸盐水泥相比，BCSA 水泥理论熟料热耗节约 29％，生产总热耗节能超过 16％。此外，由于熟料的煅烧温度低，相应的窑尾气、冷却空气和窑体辐射的热量也低，因此 BCSA 水泥熟料的总热耗低于 2800kJ/kg-熟料。

表 4-4-14　BCSA 水泥熟料和普通硅酸盐水泥熟料生产理论热耗对照

科目	能耗（kJ/kg-熟料）		BCSA 水泥节能率（％）
	BCSA 水泥	普通硅酸盐水泥	
A. 熟料理论热耗	1330	1882	29
B. 热损失	—	—	—
窑尾气	<732	732	—
冷却空气	<418	418	—
窑体辐射	<314	314	—
小计	<627	627	—
总热耗（A+B）	<2797	3349	>16

注：普通硅酸盐水泥的理论能耗为采用新型干法生产技术后的平均值；BCSA 水泥烧成温度为 1300℃，普通硅酸盐水泥烧成温度为 1400～1450℃。

（二）BCSA 水泥的资源节约

基于贝利特硫铝酸盐水泥低钙设计、低煅烧温度的特性，根据 BCSA 水泥熟料实际成分分析，计算 BCSA 水泥与普通硅酸盐水泥相比的资源节约情况，仅以石灰石和煤为例进行简要分析。

贝利特硫铝酸盐水泥中 CaO 含量比普通硅酸盐水泥降低约 15％，以石灰石中 CaO 含量为 53％计算，则石灰石节约 28％；按表 4-4-14 计算所得 BCSA 水泥熟料的理论能耗比普通硅酸盐水泥熟料节约超过 16％。

以上分析表明，与普通硅酸盐水泥生产资源消耗相比，贝利特硫铝酸盐水泥生产过程中，石灰石资源可节约 28％，标煤可节约 16％，有效地减少了资源和能源消耗。

（三）BCSA 水泥的碳排放

水泥生产过程中排放的 CO_2 主要来自三方面：碳酸盐分解，一般称为"原料 CO_2"；化石燃料的燃烧称为"燃料 CO_2"；外部发电及运输过程的资源消耗等间接产生的 CO_2。其中，碳酸盐和化石燃料产生的 CO_2 为直接排放，外购电力等产生 CO_2 为间接排放。

1. 碳酸盐分解产生的 CO_2

生产 1kg 熟料，原料中 CO_2 排放量为：

$$
\begin{aligned}
m_{co_2} = & [(CaO_{sh} - CaO_A \times m_A) / 100] \times (44/56) + \\
& [(MgO_{sh} - MgO_A \times m_A) / 100] \times (44/40.3) \\
= & [(48.74 - 0.58 \times 0.02375) / 100] \times (44/56) + [(2.48 - 2.61 \times \\
& 0.02375) / 100] \times (44/40.3) = 409 (kgCO_2/t\text{-熟料})
\end{aligned}
$$

2. 燃料排放 CO_2

根据政府间气候变化专门委员会（IPCC）公布的数据可知，煤的默认 CO_2 排放系数为 96kg-CO_2/GJ-煤。

1kgBCSA 熟料的热耗为 2797kJ。以生产过程中仅以煤为燃料，则：

CO_2 排放量＝2797kJ×96kg/GJ＝0.268kg-CO_2/kg-熟料＝268kg-CO_2/t-熟料

1kg 硅酸盐水泥熟料的热耗为 3349kJ。以生产过程中仅以煤为燃料，则：

CO_2 排放量＝3349kJ×96kg/GJ＝0.322kg-CO_2/kg-熟料＝322kg-CO_2/t-熟料

3. 外购电力排放 CO_2

水泥生产中，每生产 1t 水泥需要粉磨各种物料 3t 左右，使得粉磨电耗占水泥生产总电耗的 60%～70%。根据邦德（F.C.Bond）提出的几种主要原料的粉磨指数（表 4-4-15）可计算出 1t 物料粉磨到 80% 通过 $100\mu m$ 方孔筛理论上所需的功。

表 4-4-15　n 种主要原料的粉磨指数

指标	石灰石	矾土	黏土	石膏	煤
密度（g/cm³）	2.68	2.38	2.23	2.69	1.63
粉磨指数（kW·h）	14.59	13.54	10.18	11.70	16.30

根据世界可持续发展工商理事会（Getting the Numbers Right，GNR）项目统计数据表明，目前我国普通硅酸盐水泥耗电为 98.1kW·h/t-熟料，则：

CO_2 排放量＝893.6×98.1/1000＝87kg-CO_2/t-熟料（893.55－电排放系数，kg-CO_2/MW·h）

普通硅酸盐水泥的制备原料主要为钙质材料和硅质材料，即石灰石和黏土矿物，贝利特硫铝酸盐水泥的主要原料为石灰石、矾土、黏土和石膏，显然，电耗较大的原料为石灰石原料。BCSA 水泥生产过程节约了 28% 的石灰石，节约煤 16%，故而原料及燃料的粉磨电耗降低量为：

粉磨电耗降低量＝0.28×14.59＋0.16×16.30×0.114＝2.5kW·h

可减少 CO_2 排放约为：

CO_2 排放减少量＝893.6×2.5/1000＝2kg-CO_2/t-熟料

目前，普通硅酸盐水泥耗电所排放 CO_2 为 87kg-CO_2/t-熟料，贝利特硫铝酸盐水泥排放的 CO_2 小于 85kg-CO_2/t-熟料。BCSA 水泥与普通硅酸盐水泥的 CO_2 排放情况对比见表 4-4-16。

表 4-4-16　BCSA 水泥与普通硅酸盐水泥的 CO_2 排放情况对比

CO_2 来源	BCSA 水泥 （kg-CO_2/t-熟料）	普通硅酸盐水泥 （kg-CO_2/t-熟料）	CO_2 减排率（％）
原料＋燃料	677	867	22％
耗电（原料预处理及 燃料粉磨）所排放的 CO_2	85	87	2％
合计	762	954	20％

综上所述，与普通硅酸盐水泥相比，贝利特硫铝酸盐水泥 CO_2 排放减少 20％。此外，该水泥生产过程节约标煤超过 16％，减少了粉磨燃煤的电耗；煅烧温度低，熟料易磨性优于普通硅酸盐水泥，因此，贝利特硫铝酸盐水泥与普通硅酸盐水泥相比，其 CO_2 减排量可达 20％以上。

第五章 水泥工业碳捕集技术

第一节 水泥工业碳捕集方法研究进展

2011年,全球生产水泥约35亿吨。水泥生产是主要的工业CO_2排放源头。据测算,生产1吨水泥约产生$0.7\sim0.8$吨CO_2。鉴于我国国民经济对水泥的旺盛需求,以及我国经济对基础设施投资的过分依赖,水泥行业绝对能源用量和CO_2排放量将随之增长或高位徘徊。图5-1-1是欧洲水泥学会对全球水泥需求量的预测,全球范围的水泥需求量近年来仍然有稳步提高。而水泥是能源和排放密集型工业,水泥工业的碳排放主要是熟料制备过程中的原料碳酸盐分解(约占60%)、燃料燃烧(约占30%)和生产用电的电力排放(约占10%),这些在短期内不能有明显地降低。使用混合材虽然减少了单位水泥的碳排放量,但是减少混凝土阶段的混合材用量,也增加了混凝土配合比设计的难度,不利于混凝土的性能提升,从水泥整个生命周期来看,增加了混合材的转运成本和碳排放。要实现水泥工业的减排,必须要通过增加非碳酸盐钙质原料(电石渣、钢渣、高钙灰等)对石灰石的替代量、利用生物质等可再生能源、协同处理废弃物等途径,从原材料和能源技术方面创新加以解决。

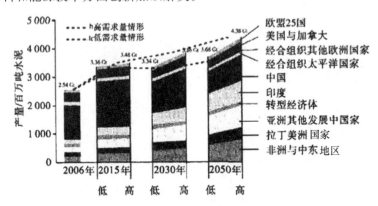

图 5-1-1 欧洲水泥学会对全球水泥需求量的预测

本节将对国际上碳捕集方面的研究进展进行收集和整理,这些研究在国外虽然仍处于方案探讨、研究和小规模试验阶段,但对我国这样的水泥大国(水泥占全球产量的60%,熟料占全球产量的45%,水泥工业的碳排放在工业碳排放中占12%~15%),为实现我国政府关于碳达峰和碳中和的承诺,进行碳捕集的探索和研究非常重要。随着技术的进步、碳信用价格的提高以及今后随着全球变暖的加剧,低碳政策将日趋严格,碳捕集技术会成为必然的选择。

一、碳捕集与储存技术

目前，美国的碳捕集与储存技术（Carbon capture and storage，CCS）在几家电力企业进行了工程试验研究，并对其成本等进行了分析，在水泥行业的研究目前还没有工程试验的报告，但是仍有很多关于方案研讨的资料可以参考。通常，碳捕集技术主要为四种：预燃烧捕集技术（Pre-combustion capture）、氧燃料捕集技术（Oxy-fuel combustion capture）、燃烧后捕集技术（Post-combustion capture）和碳回路技术（Carbon looping）。这些技术旨在获取高纯度的 CO_2，方便后续的运输和储存。

预燃烧捕集技术通常是将燃料和氧气进行预反应，形成 CO_2 和 H_2，生产过程中将形成的 CO_2 进行储存，将 H_2 作为燃料来生产水泥熟料，如图 5-1-2 所示。

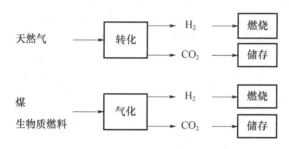

图 5-1-2　预燃烧捕集技术

氧燃料捕集技术又称富氧燃烧技术。空气中 N_2 含量为 78%，O_2 只有 21%。该技术对空气进行分离，将富含氮气的部分排入空气，富氧部分用于燃烧，这样可以将废气中 CO_2 的含量提高到 90% 以上，用于碳的储存和运输。该技术具体过程见图 5-1-3。

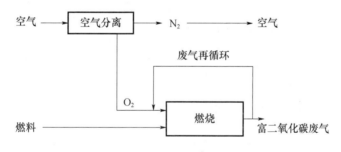

图 5-1-3　氧燃料捕集技术

燃烧后捕集技术就是将燃烧后的废气通过物理或化学方法将 CO_2 与其他成分分离，进行吸附后形成高浓度的 CO_2 气体，用于储存和运输，其过程如图 5-1-4 所示。

烟气 CO_2 捕集纯化（CCS）技术将经过富集后的 CO_2 经高压喷射，填充于地下，通常喷射到废弃的油气田、保水盐田、玄武岩、油页岩岩洞、未开采的深沉煤田等地点。采用该技术可以提高废弃油田附近的油田的产量，减少石油资源的浪费（图 5-1-5）。对于一些自燃的深层煤矿的矿井，可以用此技术扑灭煤田火对煤资源的侵蚀。因此，该技术的应用也具有比较高的附加价值。在国外水泥行业，CCS 技术的应用研究成果尚未见报道。

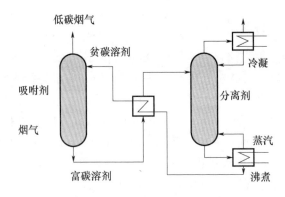

图 5-1-4　燃烧后技术的碳分离过程

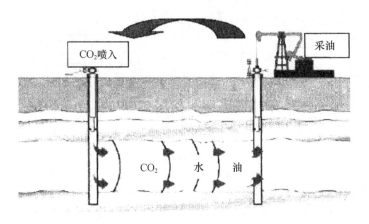

图 5-1-5　CCS技术对油田产量的影响

二、利用烟气生产生物质燃料

生物质能源是一种对太阳能的间接利用，由于其在形成过程（光合作用）中从大气中吸收了 CO_2，被认为是可再生能源，不产生绝对碳排放。水泥厂采用可再生能源，每吨熟料可以减少约 275kg 由于燃料燃烧产生的 CO_2 排放，是一项非常有价值的低碳技术。

目前，全球已有不少采用生物质能源生产水泥的企业，有的水泥企业还利用空地种植玉米，利用其秸秆等制备生物质燃料用于水泥生产，还有企业利用水泥厂烟气中的氮氧化物使水体富营养化，在光合作用下产生大量的藻类，固定了水泥生产中产生的碳，也形成了水泥厂生产所需的原料，这就是所谓的"燃料农场"。通常，可以直接从空气中吸收氮的藻类、生长迅速的草本植物（如芦苇等）是生物质能源的首选。

生物质能源可以直接在水泥窑中燃烧，也可以在转化为气体燃料后生产水泥，是一种能大量减少水泥工业碳排放的技术之一，也是化石燃料的替代燃料。生物质能源和化石燃料相比，其含硫量少，是水泥工业实现清洁生产的选择之一。生物质能源在国外，特别是欧洲和加拿大已经有一些成功的应用实例，在一些水泥生产量少的国家，生物质能源的替代率已经十分可观。利用烟气生产生物质能源的技术对净化烟气，特别是对脱硝和降低水泥烟气中的微细粉尘有非常好的效果，但目前尚处于工程试验阶段。我国是农业大国，每年秸秆的就地燃烧都会造成空气污染，采用秸秆制备生物质能源用于水泥生产具有非常可观的生态价值，生物质能源生产水泥的成套技术在我国亟待研发。

三、氧化镁水泥吸附碳

自澳大利亚 Harrison 博士发明活性氧化镁水泥后，以镁为基础的水泥备受关注，Harrison 博士将这种水泥进行了商业化炒作，在很多国家（包括中国）申请了发明专利。后来，英国的帝国理工大学衍生公司开发了一种名为"Novacem"的水泥，也申请了诸多国家的专利，这是采用硅酸镁类的原料低温制备的低碱度水泥。他们宣传的原理是水泥中的 MgO 成分水化生产 Mg（OH）$_2$ 吸附空气中的 CO_2，生成碳酸镁或三水合碳酸镁，因此这类水泥基本无碳排放。由于自然界有些镁元素以氢氧化镁形态存在，所以，这种水泥甚至是"负碳排放"的水泥，被命名为"逆型碳吸附水泥"。图 5-1-6 是这类水泥宣传的碳吸附原理。

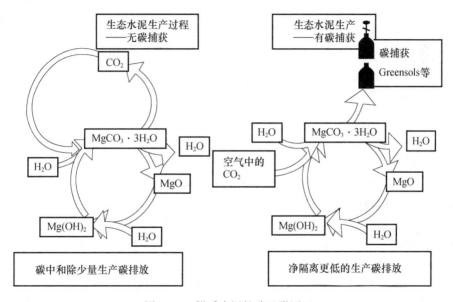

图 5-1-6　镁质水泥的碳吸附原理

如果真的能达到他们所宣传的效果，镁质水泥无疑是非常有潜力的低碳水泥，可以用于碳吸附，并能增强水泥的强度。在自然界中，Mg（OH）$_2$ 比 $MgCO_3$ 更稳定，不可能主动吸附 CO_2，这一点与 Ca（OH）$_2$ 不同。但是，如果真正要获得这个反应，需要气相中高的 CO_2 分压和较长的反应时间才行。另外，这类水泥的研究者也忽略了一种情况，即使是普通的硅酸盐类水泥，100 年的时间也可以将碳酸盐分解产生的 CO_2 吸附 50% 左右。从整个生命周期来看，这类所谓的"逆型碳吸附水泥"也并不具有任何优势。尽管此项技术在西方比较时髦，但是其商业炒作的成分非常高，目前未见真正可信的研究成果。两家镁质水泥开发企业都没有提出镁质水泥中碳酸镁或三水合碳酸镁大量形成的试验证据。此外，希望致密的水泥浆体在短期内大量吸附 CO_2 的愿望，即便是在有强吸附能力的硅酸盐水泥浆体里也是不现实的，这种碳吸附方法要引起警惕和质疑。

经过对国外一些大型企业、研究组织关于碳捕集技术进行分析和探讨，得到如下结论：

（1）碳捕集与储存技术在水泥行业的应用目前尚处于方案究阶段，该技术可以大量减少碳排放乃至达到零排放，有非常重要的研究价值。

（2）水泥行业生物质能源的应用目前已经有相当规模，但利用水泥厂烟气生产生物质能源的技术尚在研究阶段，具有非常重要的研究价值。

（3）镁质水泥技术在国外有两家公司进行商业化运作，其商业炒作的成分很大，其技术原理疑点重重，对此要引起警惕和质疑。

第二节　水泥工业碳捕集工艺技术

水泥行业是我国 CO_2 排放的主要行业之一，生产水泥所产生的 CO_2 占全球 CO_2 排放总量的 7%。国际能源署（IEA）和世界可持续发展工商理事会（WBCSD）2009 年发布的《2050 年水泥技术路线图》中提出：到 2050 年，全球水泥行业生产每吨水泥的碳排放量需降至 0.42 吨，商业化 CCS 技术运行数量要达到 200～400 个，CO_2 储存量要达到 4.9 亿～9.2 亿吨。

CO_2 的捕集方法有膜分离法、吸附分离法、低温蒸馏法、物理吸收法、化学吸收法等，对于工业上捕集的 CO_2，目前也有较为成功的储存与利用途径。本节将分析这些 CO_2 捕集技术的特点，并简要介绍这些技术在水泥工业脱碳领域的应用情况。

一、二氧化碳捕集技术

（一）膜分离法

膜分离法主要是利用混合气体中的不同组分在膜中渗透速率和渗透能力的不同，达到将混合气体分离的目的。目前，常用于 CO_2 分离的膜材料有二氧化硅、醋酸纤维素、聚碳酸酯、聚碳胺类和聚苯醚等有机或无机薄膜。膜分离法的优点是结构简单、容易操作、便于维修，适用于分离提纯出高浓度 CO_2。其缺点是分离性能取决于膜材料的化学属性和物理性能，烟气中其他化学物质对分离膜存在破坏性作用，一些有机高分子薄膜的适用温度不宜过高。另外，该工艺需要施加高压，能耗较大，不太适合于大规模工业应用。2019 年 5 月，华润某电厂一台投产的 1050MW 机组碳捕集平台应用了膜分离提纯技术，先采用化学吸收法得到一定纯度的 CO_2，然后通过膜分离技术提纯得到食品级 CO_2，分离能力为 20t/d，该平台每年可捕集 2 万吨食品级和工业级 CO_2。

（二）吸附分离法

吸附分离法通常是用一些固态吸附剂，如活性炭、沸石、分子筛、活性氧化铝、硅胶、锂化合物等，对混合气体中的 CO_2 进行选择性吸附，然后再解吸存储。吸附分离法又分为变温吸附（TSA）与变压吸附（PSA）。吸附分离法的优点是工艺设备比较简单，能耗比较低，缺点是吸附剂的吸附容量有限，吸附剂用量比较大，吸附解吸比较频繁，CO_2 的分离效率比较低。

（三）低温蒸馏法

低温蒸馏法的原理是先将混合气体低温冷凝液化，再根据不同气体的蒸发温度不同，依次蒸馏分离。该方法的优点是可以分离出高浓度的 CO_2，对于处理 CO_2 浓度高的烟气，经济性比较好，缺点是 CO_2 的临界状态温度是 30.98℃，压力为 7.375MPa，要达到液化临界条件需要加压，能耗比较高。

（四）物理吸收法

物理吸收法是用选择性好、对 CO_2 溶解度大的有机溶剂，如聚乙二醇二甲醚、甲醇、乙醇、碳酸丙烯酯等，先经过加压或降温等条件使溶液吸收 CO_2，再改变条件（减压、升温等）将 CO_2 分离出来。该技术的优点是吸收液可以再生，缺点是需要控制合适的温度和压力，操作比较复杂，一般适用于 CO_2 分压较高的烟气，吸收液易被烟气中的硫化物污染导致再生能力降低。神华某公司在煤液化项目中，采用了低温甲醇法捕集煤液化过程中排出的 CO_2，该工艺能回收到浓度为 86.7% 的 CO_2。

（五）化学吸收法

化学吸收法是利用碱性化学吸收剂与 CO_2 之间产生的化学反应，形成液相或固相盐类产物，再将生成的盐类产物送入再生塔加热分解释放出浓度较高的 CO_2，吸收剂得到再生，继续送入吸收塔吸收。常用的吸收液包括有机胺溶液、氨水溶液、碳酸钾溶液等。该方法的优点是对于 CO_2 分压较低的烟气，仍然有较高的吸收效率，吸收快，效率普遍较高，碱性吸收剂也能同时吸收 H_2S、SO_2，缺点是化学吸收剂再生能耗较高，再生后吸收效率会下降，循环再生利用次数不多。目前，化学吸收法在我国电力行业碳捕集中已经有了一些应用项目，具体项目应用情况见表 5-2-1。由于火电厂烟气组分和水泥生产中排出的烟气组分接近，火电厂碳捕集工程对水泥厂的碳捕集工作有借鉴意义。

表 5-2-1　电力行业碳捕集项目应用情况

项目名称	投产时间	设计单位	碳捕集规模
华能北京高碑店热电厂总装 845MW 机组	2008 年	西安热工研究院有限公司	3000～5000 吨/年，食品级 CO_2、工业级 CO_2
华能上海石洞口电厂 2 台 660MW 机组	2009 年	西安热工研究院有限公司	10 万吨/年，食品级 CO_2、工业级 CO_2
中电投重庆合川双槐电厂 2 台 300MW 机组	2010 年	中电投远达环保工程有限公司	1 万吨/年，工业级 CO_2
华电江苏句容电厂 2 台 1000MW 机组	2019 年	中国石油工程建设公司节能环保公司	1 万吨/年，食品级 CO_2
广东华润海丰电厂 1 台 1050MW 机组	2019 年	广东电力设计研究院	2 万吨/年，食品级 CO_2、工业级 CO_2

由于化学吸收法的研究较早，其技术已较为成熟，加之其具有较快的吸收速率和较大的吸收容量，被认为是比较有前景的 CO_2 捕集方法，而膜分离法、吸附分离法、物理吸收法一般不适合处理流量巨大、CO_2 浓度低的烟气，更适合于用来提纯 CO_2。2018 年 10 月投产的安徽某水泥生产线碳捕集平台，采用了有机胺法吸收粗分离与精分离（物理吸收法、低温蒸馏法）相结合的技术，可获得食品级 CO_2 3 万吨/年，工业级 CO_2 2 万吨/年。

二、水泥生产工艺中的化学吸收法

（一）化学吸收剂的选择

化学吸收剂种类繁多，有机胺类吸收剂有伯胺（一乙醇胺 MEA；二甘醇胺 DGA）、仲胺（二乙醇胺 DEA；二异丙醇胺 DIPA）、叔胺（三乙醇胺 TEA；N-甲基二乙醇胺 MDEA）、空间位阻胺（AMP）等，无机碱性吸收剂有氨水等，其性能特点见表 5-2-2。

表 5-2-2　各类酸性气体化学吸收剂的性能特点

吸收剂类型	优点	缺点
伯胺：MEA	有机强碱、吸收速度快、吸收能力强	易被 O_2、SO_2 氧化；沸点低、易被热降解、造成吸收剂损耗大；再生热耗较大；对设备腐蚀严重；吸收容量小
仲胺：DEA	沸点比 MEA 高，热降解损耗小；吸收能力与 MEA 相当	CO_2 吸收速率比 MEA 慢；易对设备造成腐蚀
叔胺：MDEA	中高压下 CO_2 溶解度高、溶剂稳定，用于中高压气体脱碳、中高压下吸收解吸循环后 CO_2 溶解度高于伯胺、仲胺；沸点高、降解率低；再生热耗小	CO_2 吸收速率比伯胺、仲胺慢很多
空间位阻胺：AMP	沸点高，蒸发损失少；CO_2 吸收容量较高、循环溶解度较高；再生热耗少；能选择性吸收 H_2S 气体	CO_2 吸收速率比伯胺、仲胺慢，但比叔胺快很多；吸收容量大；与 CO_2 反应生成的氨基甲酸盐不稳定、易分解
氨水	吸收速率较快、高于 MEA；再生能耗低于 MEA；吸收容量高于 MEA（$1.2kgCO_2/kgNH_3$、$0.4kgCO_2/kgMEA$）	极易挥发、再生过程氨逃逸严重；属于恶臭污染物、有排放标准；工业储存 $>10t$ 属于危险源

单组分吸收剂难以应对市场化要求，为使吸收剂具备高吸收速率、高吸收容量、低再生能耗、抗氧化、抗热降解、低腐蚀的特点，对于 CO_2 吸收剂的研究主要是集中在高效混合胺吸收剂、活化氨水吸收剂等方面。

单独使用 MDEA 吸收剂其吸收速率低，在以 MDEA 为主体的吸收剂中添加少量 MEA、哌嗪 PZ、AMP 可以活化 MDEA。有研究结果表明，MDEA 与 MEA 混合吸收剂吸收容量得到提高，再生能耗得到降低；MEA 与 PZ 混合吸收剂中 CO_2 溶解度得到提高，再生速率得到大大提升；在 MEA 吸收剂中添加 AMP 溶液，混合吸收剂吸收速率和吸收量均高于单一组分的 MEA 吸收剂。也有研究表明，在吸收剂中添加部分乙醇替代部分溶剂水，利用乙醇沸点低、再生时富液加热至沸点所需热量少的原理，可以降低吸收剂再生时的热耗。安徽某水泥生产线碳捕集工艺采用了伯胺、仲胺、叔胺三组分的混合吸收剂。为降低溶液氧化性和对系统的腐蚀性，还需要在吸收剂中混入抗氧化剂和缓蚀剂。

（二）化学吸收法工艺

化学吸收法碳捕集工艺粗分离系统如图 5-2-1 所示。

经脱硫、脱硝、除尘后的部分烟气或全部烟气经过烟气冷却器，从下部进入吸收塔，与从吸收塔顶部进入的吸收剂逆流接触发生吸收反应，经处理后的气体由吸收塔顶部排出；吸收 CO_2 后的富液从塔底由富液泵抽出并加压送至贫富液热交换器，富液在热交换器与来自再生塔底贫液泵排出的贫液换热升温后，送入再生塔塔顶，与再生塔内上升的蒸汽发生反应，解析出 CO_2；水蒸气、CO_2、气态吸收剂（再生气）进入冷却器冷却，并且经过分离器将再生气、水送入再生塔；再生后的吸收剂到达再生塔底部，被

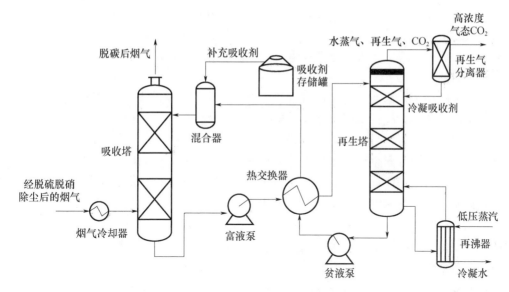

图 5-2-1　化学吸收法碳捕集工艺粗分离系统

再沸器提供的热量加热后送入贫液泵，经过贫富液换热器降温后与补充的吸收剂混合进入吸收塔继续吸收。吸收塔和再生塔可采用喷淋塔或填料塔，再沸器所需的低压蒸汽来自水泥厂余热锅炉蒸汽。

经再生气分离器分离出来的气体中的 CO_2 纯度较高，但尚达不到工业级标准，需要送入精分离提纯系统进行处理，以得到纯度更高的工业级和食品级 CO_2。化学吸收法碳捕集工艺 CO_2 提纯系统如图 5-2-2 所示。

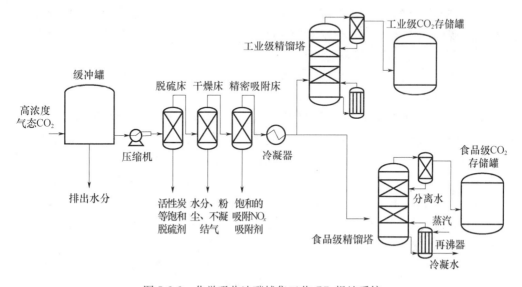

图 5-2-2　化学吸收法碳捕集工艺 CO_2 提纯系统

高浓度气态 CO_2 先送入缓冲罐排出部分水分，再经过压缩机加压，依次送入脱硫床、干燥床、精密吸附床吸附杂质。其中，脱硫床中布置有用来进一步脱硫的吸附剂（如活性炭等）；干燥床中可以布置沸石等干燥剂，沸石不但可以作为干燥剂，而且由于其巨大的比表面积，也可以作为吸附剂吸附粉尘、SO_x、NO_x 等物质；精密吸附床则可以布置氧化铝干燥剂、氧化硅过滤剂、脱除 NO_x 的高岭土等。经过吸附处理的烟气通过冷凝器冷凝后再送入工业级精馏塔或是食品级精馏塔进一步提纯，最后提纯的 CO_2 经过压缩处理后储存。

化学吸收法工艺繁杂，为降低系统投资（如吸收剂、吸附剂的消耗），通常在进入吸收系统前有旁路系统将烟气分流，吸收塔只处理部分烟气。

（三）化学吸收法粗分离系统能耗分析

化学吸收法粗分离系统一部分能耗来源于系统循环驱动泵和压缩机的厂用电耗，大部分（80%左右）的能耗为再生塔中的热耗。再生塔中所需热量由送入再沸器中的蒸汽提供，再沸器中热量需求 $Q_{reboiler}$ 由三部分组成：

$$Q_{reboiler} = Q_{bioling} + Q_{evaporating} + Q_{reaction}$$

式中，$Q_{reboiler}$——再沸器中热量需求；$Q_{boiling}$——富液加热到沸点的热量；$Q_{evaporating}$——富液中溶剂水的汽化潜热；$Q_{reaction}$——解析反应所需反应热。

再沸器需选择具有合格参数的汽源，在满足再沸器热量需求的同时，也要尽量保证汽轮机组的正常稳定运行。抽汽往往会导致电厂和水泥厂汽轮机组发电效率降低，对厂区发电量产生一定影响。由于低压蒸汽量消耗巨大，极易造成汽轮机运行不稳定，从中压缸部位抽中压蒸汽，可能会超出再沸器对所需蒸汽参数的要求，易造成蒸汽能量损失，达不到能量梯级利用的目的。因此，需要选择合适的抽汽位置，并对脱碳系统与厂区热力系统进行合理改造与整合。

再生能耗一般与再生过程的运行工况有很大关系。以 MEA 脱碳再生过程为例，再生能耗随着再生塔出口贫液中 CO_2 负载量的减小而增大，贫液中 CO_2 负载量要求越低，说明富液解析得越彻底，所需的解析反应热越大；再生能耗随着富液进料温度的升高而显著降低，富液温度越高，加热富液至沸点所需热量越少；再生能耗随着再沸器温度的升高而逐渐增加，原因在于再沸器温度升高，溶剂水蒸发量变大，所以汽化潜热增加；提高再生塔操作压力会降低再生能耗，提高塔内压力有利于解析反应的进行，减少解析反应所需反应热。

韩中合分析了国内某 600MW 机组添加氨法脱碳系统后能耗的变化情况。研究表明，CO_2 捕集率达到 85% 时，机组净输出功率降低了 103MW，发电效率降低了 7.8%，捕集系统中捕集每吨 CO_2 需冷却功 0.1373GJ，CO_2 再沸器热耗为 1.256GJ/t，氨气捕集系统热耗为 1.417GJ/t，脱碳成本为 284.9 元/t。赵明德的研究表明，600MW 发电机组烟气量达到 2400t/h，采用 MEA 吸收剂脱碳，CO_2 捕集效率为 85% 时，富液再生时需要从中压缸抽汽 365t/h，占中压缸排汽的 30%，增加脱碳系统后，电厂机组出力减少 71.4MW，净输出功率降低了 121MW，净热效率降低 8.49%，新增 CO_2 分离功耗 21.28MW，新增 CO_2 压缩功耗 28.62MW，厂用电增加 50.1MW。宋卫宁的研究表明，300MW 发电机组采用 MEA 吸收剂，CO_2 捕集效率达 90%、CO_2 捕集量为 312.2t/h 时，再生蒸汽消耗量为 3945.41MJ/tCO_2，压缩功消耗 29.82MW。该套 CCS 系统运行费用为 37764.8 元/h，捕集 CO_2 运行费用为 120.97 元/t。鞠付栋等研究了 660MW 机组增加 MEA 吸收法脱碳系统后能耗情况，结果显示，捕集 CO_2 需消耗能量 3489kJ/kg，消耗低压蒸汽 182t/h，新增辅机电耗 18.87MW，发电效率下降 1.78%。

（四）外燃式高温煅烧回转窑碳捕集工艺

外燃式高温煅烧回转窑碳捕集工艺如图 5-2-3 所示，原理是根据捕集 CO_2 量的要求，将原本送入预热器下料管的生料，分出一定量送入外燃式高温煅烧回转窑中分解。由于采用外燃式技术，生料在回转窑内被窑外燃料燃烧加热，窑内分解出的 CO_2 浓度很高，同时由于燃料与物料不直接接触，分解出来的氧化钙活性较高，可以直接吸收原料中分解出来的 SO_x。分解出来的气体只含少量的 SO_x、NO_x、粉尘，先经过换热器将高温分解气体冷却降温后送入除尘器除尘，再送入脱硫床、干燥床、精密吸附床进一步脱硫、干燥、除尘并除去氮氧化物等杂质，然后送入食品级精馏塔精馏提纯，最后送入储存罐。燃料燃烧烟气废热和高温 CO_2 冷却余热可用余热锅炉回收发电，也可以用来预热燃料燃烧所需要的空气。

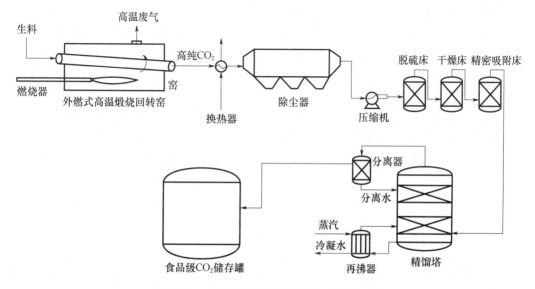

图 5-2-3　外燃式高温煅烧回转窑碳捕集工艺

外燃式高温煅烧回转窑碳捕集工艺的优点是其工艺原理简单，工艺系统没有化学吸收法复杂，投资费用和运行成本都比较低；其缺点是外燃式高温煅烧回转窑内生料分解的温度在 850℃ 以上，窑外温度在 930℃ 以上，对窑筒体材料的耐高温特性要求非常高，且该种方法只能捕集碳酸钙分解产生的 CO_2，不能捕集水泥熟料生成时燃煤释放的 CO_2。福建某公司一条 4500t/d 水泥熟料生产线采用该种技术，已经实现年产 10 万吨食品级液态 CO_2、3 万吨食品级固态 CO_2（干冰）。

（五）小结

1. 膜分离法与低温蒸馏法能耗较高，不适于处理较大流量的烟气；吸附分离法对吸附剂的消耗量比较大，吸附解吸比较频繁；物理吸收法一般适用于吸收 CO_2 浓度高、分压高的烟气。以上方法一般适用于 CO_2 提纯。

2. 化学吸收法吸收速率快、吸收容量大，能处理 CO_2 分压低的大流量烟气，是一种适用于水泥行业的碳捕集方法，目前已有现场应用实例。高性能化学吸收剂的研究已有很大进展，也有一些商业应用，化学吸收法工艺正在逐渐优化完善，捕集到的 CO_2 能够供应市场，使得运行成本大大降低，且有可能出现盈利。

3. 新型的外燃式高温煅烧回转窑碳捕集工艺原理简单，但对窑筒壁材料耐温特性要求较高。

第三节 水泥行业烟气二氧化碳捕集纯化技术实例

水泥行业是国民经济的重要支柱产业，城市化进程与经济的快速发展离不开水泥工业的贡献，但同时也带来了不可忽视的环境问题，水泥行业因其产量巨大而成为能耗和大气污染的重点控制对象。

根据国际能源署发布的数据，2017 年全球碳排放总量已达 325 亿 t，其中，火电 CO_2 排放占总排放的 40%，水泥 CO_2 排放占总排放的 7.5%。因此研究水泥行业烟气 CO_2 捕集纯化技术，对水泥行业 CO_2 减排具有重要意义。

白马山水泥厂烟气 CO_2 捕集纯化示范项目主要由海螺集团与大连理工大学进行产学研合作，联合开展技术开发工作，对捕集纯化方法进行研究。

一、脱硫脱硝除尘的研究

水泥生产线窑尾烟气成分较为复杂，为了进一步提高 CO_2 的捕集和纯化效果，首先对烟气中的其他杂质成分进行脱除。白马山水泥厂窑尾烟气杂质成分见表 5-3-1。

表 5-3-1   白马山水泥厂窑尾烟气杂质成分

名称	指标	备注
NO_x（mg/Nm³）	90	10%O_2含量
SO_2（mg/Nm³）	3	10%O_2含量
粉尘质量分数（mg/Nm³）	15	10%O_2含量

通过对烟气成分的分析，研究决定采用保碳脱硫脱硝除尘技术进行杂质的脱除，窑尾烟气杂质处理流程如图 5-3-1 所示。窑尾烟气先经过初步脱水、压缩、除尘、脱硫、脱硝后进入下一步的吸收塔，采用水洗和固体脱硫吸收的方法，将 SO_2 和 NO_x 去除，在此过程中，粉尘会一同被分离。

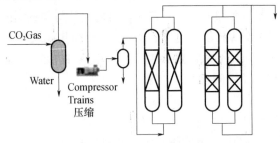

图 5-3-1   窑尾烟气杂质处理流程

二、捕集纯化方法的研究

目前，CO_2 捕集回收技术主要有化学吸收、物理吸收、变压吸附等方法。本项目由于尾气压力低、CO_2 含量相对较低，物理吸收和变压吸附不适合本项目低分压尾气吸收。白马山水泥厂窑尾烟气气体情况见表5-3-2。

表 5-3-2　白马山水泥厂窑尾烟气气体情况

名称	指标
废气温度（℃）	90
压力（Pa）	−100
CO_2浓度（%）	22.2

通过表5-3-2可以看出，窑尾烟气成分中CO_2浓度为22.2%，含量较低，且烟气的压力仅为−100Pa，成分较为复杂，不利于CO_2的捕集和纯化，可通过较为先进和成熟的吸附方法，将CO_2捕集后提取出来。

有机胺吸收工艺在实现工业化后成为工业净化的主要方法之一，是以胺类化合物吸收CO_2的方法，与其他方法相比具有吸收量大、吸收效果好、成本低、可循环使用并能回收到高纯度产品的特点，得到广泛应用。

三、主要工艺流程

1. CO_2捕集纯化工艺系统流程

CO_2捕集纯化工艺系统流程如图5-3-2所示。从水泥窑尾收尘器排风机出口与烟囱之间的管道引出窑尾烟气部分气体，进口温度为90℃左右，经冷却分水、稳压后进入脱硫床，用固体脱硫剂净化气态硫化物，再进入干燥床，用固体干燥剂彻底脱水；脱出硫化物和水的气流再分成两股，一股是3.0万t食品级物流，进入吸附床进一步用固体吸附剂脱除磷、砷、汞、NO_x等杂质；再被冷冻机降温液化，进入精馏塔，塔底得到纯度99.99%以上的食品级CO_2产品，经贮存后装车出厂。

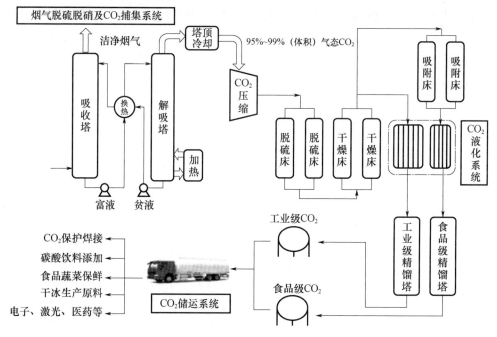

图 5-3-2　CO_2捕集纯化工艺系统流程示意图

2. 主要成果及经济技术指标

利用白马山水泥厂 5000t/d 预分解窑熟料生产线捕集纯化 CO_2，建设年产 5 万吨 CO_2 捕集装置，目前，该项目已经建成并连续运转投产（图 5-3-3）。从目前系统运行情况来看，生产工业级 CO_2 每小时产量为 6.5t，纯度达到 99.95％，已实现产销平衡，真正做到了 CO_2 的减量化和资源化利用。

图 5-3-3　白马山水泥厂 CO_2 捕集及纯化利用项目

水泥窑烟气 CO_2 捕集纯化示范项目将 CCS 技术同水泥传统产业相结合，通过利用技术手段对窑尾废气中的 CO_2 进行"捕捉"，提纯达到工业级和食品级 CO_2 要求后转化为产品，满足生产、生活需要，既减少了 CO_2 排入大气产生温室效应，又减少了传统 CO_2 开采和生产过程中对资源的浪费和对环境的破坏。

海螺集团水泥窑烟气 CO_2 捕集纯化示范项目开创了世界水泥工业回收利用 CO_2 的先河，捕集纯化的 CO_2 可以作为灭火剂、保护焊接等下游产业的原料，真正开辟了一条变废为宝的新途径，形成新的绿色低碳产业体系。示范项目的建成对控制和减缓全国乃至全球水泥行业 CO_2 排放都具有较大的引领和示范作用，为全球"应对气候变化"战略贡献了自己的力量。

附 录

附录 A 《水泥助磨剂》（GB/T 26748—2011）节选

3 术语和定义

3.1 水泥助磨剂 cement grinding aids

在水泥粉磨时加入的起助磨作用而又不损害人体健康和水泥混凝土性能的外加剂，分为液体和粉体两种。

4 技术要求

4.1 助磨效果

粉磨相同时间，掺助磨剂磨制的水泥与不掺的相比，$45\mu m$ 筛筛余减少不小于 2％，或比表面积增加不小于 $10m^2/kg$。

4.2 助磨剂对水泥性能的影响

测试同一水泥样品中掺入助磨剂前后水泥的变化情况，符合表 1 要求。

表 1 助磨剂掺加前后水泥性能变化指标

试验项目	指标
标准稠度用水量	绝对值增加不大于 1.0％
凝结时间	绝对差值不大于 30min
沸煮安定性	结论不变
水泥胶砂流动度	相对值不小于 95％
水泥胶砂抗压强度	所有龄期相对值不小于 95％
胶砂干缩率	绝对值之差不大于 0.025％
氯离子	绝对值增加不大于 0.01％

注：a. 针对特种水泥应增加相应产品标准中规定的特性试验，试验结论不变。
　　b. 当有延长或缩短凝结时间的特殊要求时，可由供需双方在书面协议中约定。
　　c. 水泥胶砂强度龄期应包括 3d、28d、90d。
　　d. 干缩率龄期应包括 28d、56d。

4.3 助磨剂对混凝土性能的影响

掺助磨剂的水泥混凝土与不掺助磨剂的水泥混凝土相比，3d、7d、28d、90d 等所有龄期抗压强度相对值不低于 90％。

4.4 匀质性指标

匀质性指标符合表 2 要求。

表 2 助磨剂匀质性指标

项目	指标	
	液体助磨剂	粉体助磨剂
气味	无刺激性气味	无刺激性气味
含固量（％）	$S\pm2.0$	—
含水量（％）	$W\pm2.0$	$W\pm2.0$
密度（g/cm³）	$D\pm0.03$	$D\pm0.03$

项目	指标	
	液体助磨剂	粉体助磨剂
pH 值	$A\pm1.0$	—

注 1：S、W、D、A 分别为含固量、含水量、密度、pH 值的生产厂控制值。
注 2：助磨剂定型后，生产厂控制值应固定，不随批次的变化而改变。
注 3：液体助磨剂含固量和含水量可选其一。

4.5　稳定性

当生产或使用环境温度较低，或用户要求控制液体助磨剂的稳定性时，助磨剂的稳定性试验符合表 3 规定。

表 3　助磨剂稳定性指标

项目	指标
稳定性	不应析晶和分层
	$-10℃$ 放置 28d 后上层液体含固量与 20℃ 含固量相差不大于 3%

附录 B 《砌筑水泥》（GB/T 3183—2017）节选

3 术语和定义

下列术语和定义仅适用于本文件。

3.1 砌筑水泥 masonry cement

由硅酸盐水泥熟料加入规定的混合材料和适量石膏，磨细制成的保水性较好的水硬性胶凝材料。

4 组成与材料

4.1 熟料

熟料符合 GB/T 21372 的规定。

4.2 石膏

4.2.1 天然石膏

天然石膏符合 GB/T 5483 的规定。

4.2.2 工业副产石膏

工业副产石膏符合 GB/T 21371 的规定。

4.3 水泥混合材料

4.3.1 活性混合材料

活性混合材料为符合 GB/T 203 规定的粒化高炉矿渣、GB/T 1596 规定的粉煤灰、GB/T 2847 规定的火山灰质混合材料、GB/T 6645 规定的粒化电炉磷渣和 JC/T 418 规定的粒化高炉钛矿渣。

4.3.2 非活性混合材料

非活性混合材料为活性低于 GB/T 203 规定的粒化高炉矿渣、GB/T 1596 规定的粉煤灰、GB/T 2847 规定的火山灰质混合材料、GB/T 6645 规定的粒化电炉磷渣和 JC/T 418 规定的粒化高炉钛矿渣，以及符合 GB/T 35164 规定的石灰石粉。

4.4 窑灰

窑灰符合 JC/T 742 的规定。

4.5 水泥助磨剂

水泥粉磨时允许加入助磨剂，其加入量不超过水泥质量的 0.5%，助磨剂符合 GB/T 26748 的规定。

5 代号及强度等级

砌筑水泥，代号 M，强度等级分为 12.5、22.5 和 32.5 三个等级。

6 技术要求

6.1 化学成分

6.1.1 三氧化硫（SO_3）

三氧化硫含量（质量分数）不大于 3.5%。

6.1.2 氯离子（Cl^-）

氯离子含量（质量分数）不大于 0.06%。

6.1.3 水泥中水溶性铬（Ⅵ）

水泥中水溶性铬（Ⅵ）含量不大于 10.0mg/kg。

6.2　物理性能

6.2.1　细度

80μm方孔筛筛余不大于10.0%。

6.2.2　凝结时间

初凝时间不小于60min，终凝时间不大于720min。

6.2.3　沸煮法安定性

沸煮法合格。

6.2.4　保水率

保水率不小于80%。

6.2.5　强度

水泥不同龄期的强度应符合表1的规定。

表1　水泥的强度指标

水泥等级	抗压强度（MPa）			抗折强度（MPa）		
	3d	7d	28d	3d	7d	28d
12.5	—	≥7.0	≥12.5	—	≥1.5	≥3.0
22.5	—	≥10.0	≥22.5	—	≥2.0	≥4.0
32.5	≥10.0	—	≥32.5	≥2.5	—	≥5.5

6.2.6　放射性

水泥放射性内照射指数I_{Ra}不大于1.0，放射性外照射指数I_r不大于1.0。

7　试验方法

7.1　三氧化硫和氯离子

三氧化硫和氯离子按GB/T 176进行试验。

7.2　水泥中水溶性铬（Ⅵ）

水泥中水溶性铬（Ⅵ）按GB 31893进行试验。

7.3　细度

细度按GB/T 1345进行试验。

7.4　凝结时间、沸煮法安定性

凝结时间、沸煮法安定性按GB/T 1346进行试验。

7.5　保水率

保水率按附录A规定的方法进行试验。

7.6　强度

强度按GB/T 17671进行试验。

水泥胶砂用水量按胶砂流动度达到180mm～190mm来确定，胶砂流动度按GB/T 2419进行试验，其中胶砂制备按GB/T 17671进行。当水泥强度较低，试体成型后24h尚不易脱模时，可适当延长养护时间，但总湿气养护时间不得超过48h，并作记录。

7.7　放射性

放射性按GB 6566进行试验。

附录 C 建筑材料工业二氧化碳排放核算方法
（中国建筑材料联合会）

根据我国二氧化碳排放力争 2030 年前达到峰值，力争 2060 年前实现碳中和的目标要求，中国建筑材料联合会践行"宜业尚品、造福人类"行业发展新目标，向全行业郑重提出倡议，我国建筑材料行业要在 2025 年前全面实现碳达峰，水泥等行业要在 2023 年前率先实现碳达峰。为了摸清建筑材料及各行业碳排放现状，客观评估相关工作进展及效果，基于建筑材料各行业实际情况，研究制定了《建筑材料工业二氧化碳排放核算方法》，供建筑材料及各行业、各区域核算二氧化碳排放使用。

一、建筑材料工业二氧化碳排放核算的行业核算原则

为保证二氧化碳核算数据来源的可获得性、可靠性、可核查性和可持续性，《联合国气候变化框架公约》中明确，各缔约方均按国民经济行业核算本国生产和非生产部门温室气体排放。建筑材料工业二氧化碳排放核算从属我国温室气体排放核算体系，遵循行业核算原则。

1. 遵循国家应对气候变化部门统计、能源统计和国民经济核算、工业产值统计、工业产品产量统计等报表制度相关规定，在国民经济核算体系内，核算建筑材料工业生产活动的二氧化碳排放。

建筑材料工业二氧化碳排放核算包括建筑材料工业生产和非生产活动的二氧化碳排放（建筑材料工业统计范围见附录一）。

按建筑材料全社会、全行业核算二氧化碳排放。包括现行工业统计中的规模以上和规模以下全部建筑材料工业企业，包括现行能源统计中的重点耗能单位和非重点耗能单位全部建筑材料工业企业。

2. 不包括建筑材料工业以外行业生产建筑材料及非矿产品的能耗和二氧化碳排放。

3. 包括建筑材料工业企业生产非建筑材料产品的能耗和二氧化碳排放。

二、建筑材料工业二氧化碳排放核算方法

建筑材料及各行业的二氧化碳排放分为燃料燃烧过程排放和工业生产过程（工业生产过程中碳酸盐原料分解）排放两部分：

$$Q_{全} = \sum (Q_{燃} + Q_{过})$$

式中　$Q_{全}$——二氧化碳排放量。

　　　$Q_{燃}$——燃料燃烧过程二氧化碳排放量。

　　　$Q_{过}$——生产过程二氧化碳排放量。

1. 燃料燃烧过程二氧化碳排放（$Q_{燃}$）估算

$$Q_{燃} = \sum (F_i \times C_i)$$

式中　$Q_{燃}$——燃料燃烧过程二氧化碳排放量。

　　　F_i——各燃料品种消耗量。

　　　C_i——各燃料品种燃烧二氧化碳排放系数。

建筑材料工业燃料燃烧二氧化碳排放燃料品种见附录二。

计算建筑材料工业燃料燃烧过程二氧化碳排放，应采用燃料的实际发热值计算。

2. 生产过程二氧化碳排放（$Q_过$）估算

$$Q_过 = \sum (M_i \times C_i)$$

式中　$Q_过$——工业生产过程中二氧化碳排放量。

　　　M_i——碳酸盐原料使用量。

　　　C_i——碳酸盐原料二氧化碳排放系数。

各行业、各区域在计算工业生产过程二氧化碳排放量时，应根据本地资源状况确定碳酸盐原料中碳含量平均含量，并适时调整。

三、部分建筑材料产品工业生产过程二氧化碳排放估算

1. 水泥熟料工业生产过程二氧化碳排放

$$Q_{过C} = \sum (AD_C \times EF_C)$$

式中　$Q_{过C}$——工业生产过程中二氧化碳排放量。

　　AD_C——产量。

　　EF_C——工业生产过程二氧化碳排放系数。

各地区在计算水泥熟料工业生产过程二氧化碳排放量时，应根据本地资源状况确定熟料中氧化钙和氧化镁平均含量，并适时调整。

水泥熟料产量中扣除利用电石渣和冶炼渣、硫酸渣等工业废渣生产的水泥熟料产量。

2. 石灰工业生产过程二氧化碳排放

$$Q_{过L} = \sum (AD_L \times EF_L)$$

式中　$Q_{过L}$——工业生产过程中二氧化碳排放量。

　　AD_L——产量。

　　EF_L——工业生产过程二氧化碳排放系数。

各地区在计算石灰工业生产过程二氧化碳排放量时，应分别计算本地石灰企业生产建筑生石灰、冶金石灰、工业氧化钙中氧化钙和氧化镁平均含量，确定吨石灰工业生产过程二氧化碳排放系数，并适时调整。

四、建筑材料工业碳减排、碳中和核算

建筑材料工业二氧化碳排放核算中，体现了建筑材料工业碳减排成果，体现了建筑材料工业为全社会实现碳中和所做的贡献。

1. 核算建筑材料工业易燃的可再生能源和废弃物利用量。

易燃的可再生能源和废弃物包括固态和液态的生物遗体、沼气、工业垃圾（含用于燃料的煤矸石）和城市垃圾。易燃的可再生能源和废弃物碳排放视为零。

2. 核算建筑材料工业余热余压回收利用量和余热发电量。

按现行能源统计规定，余热余压回收利用计入能耗总量，在计算综合能耗时予以扣减。余热余压在燃料燃烧时已计算二氧化碳排放，回收利用不重复计算。

核算建筑材料工业余热余压回收利用的余热发电量，按当年火电发电标准煤耗计算

建筑材料工业为全社会贡献的二氧化碳减排量。

3. 核算水泥熟料工业生产过程消纳电石渣的二氧化碳减排量。

计算水泥熟料工业生产过程电石渣和冶炼渣、硫酸渣等工业废渣消纳量，计算替代的水泥用灰岩量，核算水泥熟料工业生产过程替代灰岩的二氧化碳减排量。

4. 估算建筑材料工业为社会提供的碳减排、碳中和产品。

估算建筑材料工业为建筑节能提供的新型墙体材料、低辐射节能玻璃产量，为风电、太阳能发电提供的部品部件产量，评估建筑材料工业为全社会碳减排、碳中和的贡献。

附录一　建筑材料及非金属矿工业统计范围

根据《国民经济行业分类》（GB/T 4754—2017），建筑材料行业所属行业小类30个，产品298类、1013种。建筑材料各行业、各区域二氧化碳排放核算，可根据实际情况，在《国民经济行业分类》范围内增减，并予以注明。

行业代码	行业名称和产品
1011	石灰石、石膏开采
1012	建筑装饰用石开采
1019	粘土及其他土砂石开采
1091	石棉、云母矿采选
1092	石墨、滑石采选
1093	宝石、玉石采选
1099	其他未列明非金属矿采选
3011	水泥制造
3012	石灰和石膏制造
3021	水泥制品制造
3022	砼结构构件制造
3023	石棉水泥制品制造
3024	轻质建筑材料制造
3029	其他水泥类似制品制造
3031	粘土砖瓦及建筑砌块制造
3032	建筑用石加工
3033	防水建筑材料制造
3034	隔热和隔音材料制造
3039	其他建筑材料制造
3041	平板玻璃制造
3042	特种玻璃制造

附录二　建筑材料工业燃料燃烧二氧化碳排放燃料品种及其排放推荐系数

参照联合国政府间气候变化专业委员会（IPCC）《国家温室气体排放清单方法指

南》，根据我国能源消费实际，制订建筑材料工业燃料燃烧二氧化碳排放燃料品种清单。

能源种类		能源种类		能源种类	
名称	二氧化碳排放推荐系数	能源名称	二氧化碳排放推荐系数	能源名称	二氧化碳排放推荐系数
煤和煤制品	（略）	石油制品	（略）	天然气	（略）
无烟煤		原油		天然气（气态）	
炼焦烟煤		汽油		液化天然气	
一般烟煤		煤油			
褐煤		柴油			
洗精煤（用于炼焦）		燃料油			
其他洗煤		石脑油			
煤制品		润滑油			
焦炭		石蜡			
其他焦化产品		溶剂油			
焦炉煤气		石油沥青			
高炉煤气		石油焦			
转炉煤气		液化石油气			
其他煤气		炼厂干气			
煤层气（煤田）		其他石油制品			

参考国家统计局能源统计报表制度（2010 年）。

参考文献

[1] 赵洪义. 水泥工艺外加剂技术 [M]. 北京：化学工业出版社，2006.

[2] 赵洪义. 绿色高性能生态水泥的合成技术 [M]. 北京：化学工业出版社，2007.

[3] 赵洪义，陈新忠，宋南京. 水泥助磨剂应用技术 [M]. 北京：化学工业出版社，2010.

[4] 刁江京，辛志军，张秋英. 硫铝酸盐水泥的生产与应用 [M]. 北京：中国建材工业出版社，2006.

[5] 王燕谋. 硫铝酸盐水泥 [M]. 北京：北京工业大学出版社，1999.

[6] 封孝信，杨立荣，白瑞英. 水泥产业节能减排技术路线图 [M]. 北京：中国建材工业出版社，2011.

[7] 曾燕伟，方永浩，徐玲玲. 化学激发胶凝材料研究进展 [M]. 南京：东南大学出版社，2005.

[8] 王迎军，苏英，周世华. 水泥混合材和混凝土掺和料 [M]. 北京：化学工业出版社，2011.

[9] 施惠生，郭晓潞，阚黎黎. 水泥基材料科学 [M]. 北京：中国建材工业出版社，2011.

[10] 杨南如. 化学激发胶凝材料的原料和激发机理 [M]. 上海：同济大学出版社，2004.

[11] 赵洪义. 全国水泥及混凝土外加剂技术文集 [C]. 北京：中国建材工业出版社，2004.

[12] 潘积信. 水泥质量研究 [M]. 武汉：武汉工业大学出版社，1998.

[13] 成希弼，吴兆琦. 特种水泥的生产与应用 [M]. 北京：中国建材工业出版社，1994.

[14] 陆平. 水泥材料科学导论 [M]. 上海：同济大学出版社，1991.

[15] 赵介山. 水泥生料易烧性的实验研究与评价 [J]. 广东建材，2002 (3)：23-27.

[16] 李娟. 高贝利特硫铝酸盐水泥的研究 [D]. 武汉：武汉理工大学，2013 (9).

[17] 隋同波，文寨军. 低能源资源消耗、低环境负荷的高性能水泥——高贝利特水泥 [M]. 北京：中国建材工业出版社，2009.

[18] 隋同波，刘克忠，王晶高，等. 高贝利特水泥的性能研究 [J]. 硅酸盐学报，1999 (4)：106-110.

[19] 杨南如，钟自茜. 活性 β-C_2S 的研究 [J]. 硅酸盐学报，1982 (2)：161-166.

[20] 要秉文，梅世刚，罗永会，等. 高贝利特硫铝酸盐水泥的熟料煅烧及其强度 [J]. 硅酸盐学报，2008 (3)：601-605.

[21] 冯修吉，龙世宗. 微量离子对 β-C_2S 稳定性的影响及其机理研究 [J]. 硅酸盐学报，1985 (4)：424-432.

[22] 张臣松，回志峰，高飞，等. 晶型稳定剂对高硅贝利特硫铝酸盐水泥强度的影响 [J]. 沈阳建筑大学学报（自然科学版），2005 (1)：38-42.

[23] 常钧，芦令超，刘福田. 含钡硫铝酸盐水泥矿物的研究 [J]. 盐酸盐学报，1999 (6)：644-650.

[24] 芦令超，张卫伟，轩红钟，等. 贝利特-硫铝酸钡钙水泥的煅烧及其性能 [J]. 硅酸盐学报，2008 (S1)：165-169.

[25] 黎奉武，黄少文，贾江涛. 利用低钙铝渣和低品位铝矾土制备贝利特硫铝酸盐水泥的研究 [J]. 水泥，2012 (6)：10-12.

[26] F. M. 李著，唐明述，杨南如，等译. 水泥与混凝土化学 [M]. 北京：中国建筑工业出版社，1974.

[27] 中国建筑材料科学研究院. 水泥窑热工测量 [M]. 北京：中国建筑工业出版社，1979.

[28] 陈绍龙. 水泥生产与粉磨技术及设备 [M]. 北京：化学工业出版社，2007.

[29] 于兴敏. 新型干法水泥实用技术全书 [M]. 北京：化学工业出版社，2006.

[30] 李俭之. 立窑水泥企业技术进步指南 [M]. 北京：中国矿业大学出版社，2003.

[31] 缪昌文. 高性能混凝土外加剂 [M]. 北京：化学工业出版社，2008.

[32] 中国水泥协会水泥助磨剂分会. 水泥助磨剂技术推广与应用文集 [C]. 北京：中国建材工业出版社，2009.

[33] 陈绍龙. 水泥助磨剂行业深度研究及市场竞争力分析报告 [N]. 中国建材报，2009 (9).

[34] 2018 年能源替代燃料专题研究报告 [ROL].

［35］吴爽．世界水泥工业替代燃料与协同处置技术的应用与分析［J］．西部论丛，2020（7）．

［36］王新春．国外水泥工业替代燃料政策跟踪和加快我国相关工作的政策建议［C］//第三届中国国际新型墙体材料发展论坛暨第二届中国建材工业利废国际大会论文集，2009：151-154．

［37］中国水泥协会．中国水泥行业可替代燃料及原材料的应用现状［R/OL］．

［38］陈永波．水泥行业首条烟气CO_2捕集纯化（CCS）技术的研究与应用［J］．新世纪水泥导报，2019，25（3）：6-7，95．

［39］丁琼华，龚秀美，兰青，等．水泥工业碳捕获方法研究进展［J］．新世纪水泥导报，2013，19（1）：9-12，1．

［40］朱建平．粒度调控特种性能水泥关键技术研究［D］．

［41］付新建．基于羟丙基纤维素多功能型聚羧酸超塑化剂的合成及其性能研究［D］．河南：河南理工大学，2015．

［42］赵洪义．洪义讲堂-水泥助磨剂生产管理及实践杂谈［M］．北京：化学工业出版社，2011．

［43］李江．水泥助磨剂研究与应用论文集［M］．北京：中国建材工业出版社，2006．

［44］李海涛．新型干法水泥生产技术与装备［M］．北京：化学工业出版社，2006．